卷烟烟气中巴豆醛的形成机制及降低技术

聂 聪 杨 松 主编

中国轻工业出版社

图书在版编目（CIP）数据

卷烟烟气中巴豆醛的形成机制及降低技术/聂聪，杨松主编
.—北京：中国轻工业出版社，2023.4
ISBN 978-7-5184-4062-7

Ⅰ.①卷… Ⅱ.①聂… ②杨… Ⅲ.①烟气分析（烟草）—有害物质—研究 Ⅳ.①TS41

中国版本图书馆 CIP 数据核字（2022）第 120840 号

责任编辑：张　靓
文字编辑：王宝瑶　　责任终审：白　洁　　封面设计：锋尚设计
版式设计：砚祥志远　　责任校对：朱燕春　　责任监印：张　可

出版发行：中国轻工业出版社（北京东长安街 6 号，邮编：100740）
印　　刷：北京君升印刷有限公司
经　　销：各地新华书店
版　　次：2023 年 4 月第 1 版第 1 次印刷
开　　本：720×1000　1/16　印张：15.75
字　　数：317 千字
书　　号：ISBN 978-7-5184-4062-7　定价：88.00 元
邮购电话：010-65241695
发行电话：010-85119835　传真：85113293
网　　址：http：//www.chlip.com.cn
Email：club@chlip.com.cn
如发现图书残缺请与我社邮购联系调换
201596K1X101ZBW

本书编委会

前言

PREFACE

当前，随着社会的发展与进步，人们对健康的关注程度越来越高，为众多不愿戒烟者的健康考虑，降低卷烟烟气有害成分释放量势在必行。《中华人民共和国烟草专卖法》中明确提出：“国家加强对烟草专卖品的科学研究和技术开发，提高烟草制品的质量、降低焦油和其他有害成分的含量。”

巴豆醛是卷烟烟气中的代表性有害成分，卷烟烟气中挥发性羰基化合物之一。巴豆醛具有纤毛毒性，在卷烟抽吸过程中会刺激人的呼吸系统和感觉器官，长期吸入会对人体造成危害。巴豆醛被列入加拿大政府烟气有害成分测试清单，也是我国烟草行业重点关注的七种代表性有害成分之一。

本书第一章到第四章总结了卷烟燃吸模拟条件和方法、前体成分与烟气挥发性羰基化合物的量效关系、前体成分热解影响因素、巴豆醛形成机理，为从根源上降低卷烟烟气巴豆醛提供思路和研究基础；第五章阐述了烟叶原料、“三丝”掺兑、卷烟辅助材料等因素对卷烟主流烟气巴豆醛释放量的影响规律；第六章到第十章介绍了通过亲核功能化材料、极性材料、活泼亚甲基纤维素材料、功能性沟槽滤棒成形纸等降低烟气中巴豆醛释放量的新技术。本书旨在令烟草行业科研人员对卷烟烟气巴豆醛的形成机制、影响因素及降低技术有全面的了解。

本书由中国烟草总公司郑州烟草研究院、河南中烟工业有限责任公司、湖南中烟工业有限责任公司、福建中烟工业有限责任公司等共同编写。全书由聂聪负责统筹编写，杨松、孙培健、孙学辉、王宜鹏、陈志燕等负责通稿定稿，共分九章。由于编写人员学识有限，时间仓促，书中难免存在不妥之处，恳请专家、读者批评指正，使其渐臻完善，共同为推进行业降焦减害技术的不断进步做出贡献。

编者

目录

CONTENTS

第一章
卷烟燃吸模拟条件和方法

卷烟烟气是在卷烟抽吸过程中由烟草成分燃烧、热解、蒸馏和升华而产生的，是一个极为复杂的化学体系，目前卷烟烟气中已鉴定出5000多种化合物，其中有害性成分有100多种。1990年，Hoffmann和Hecht公布了43种烟气有害成分名单。1998年，加拿大政府通过立法，要求卷烟生产商定期检测卷烟主流烟气中46种有害成分，名单中的有害成分得到了医学界和烟草行业的普遍认可。其中包括甲醛、乙醛、丙酮、丙烯醛、丙醛、巴豆醛、2-丁酮和丁醛在内的挥发性羰基化合物。

甲醛、丙烯醛和巴豆醛具有较强的纤毛毒性，会引起肺部疾病，甲醛还可诱发鼻癌；丙酮、2-丁酮和丁醛对呼吸道、眼睛有较强的刺激作用，并引发疾病。国际癌症研究所（IARC）将甲醛划分为“Ⅰ类致癌物”；巴豆醛和乙醛被归为2B组。甲醛、乙醛被Hoffmann名单收录，巴豆醛为主流烟气中7种代表性有害成分之一。

为了从根本上降低卷烟烟气中挥发性羰基化合物的产生量，需要从其形成机理入手，通过考察烟草中不同物质及燃烧条件等因素对挥发性羰基化合物释放量的影响，研究卷烟烟气中巴豆醛的形成机制，建立卷烟燃吸模拟装置，研究适合的模拟燃吸条件和方法，在原料选择及烟支参数设计方面为选择性降低卷烟烟气中羰基化合物含量提供指导。

第一节　卷烟燃吸模拟装置及巴豆醛释放量测试方法

采用实验室搭建的卷烟模拟燃吸装置模拟卷烟实际燃吸条件进行热解实验。卷烟燃吸模拟装置如图1-1和图1-2所示，主要包括气体流量控制器、红外线聚焦全面反射炉、捕集器、吸收瓶以及程序升温控制器。石英管的内径为8mm（模拟卷烟内径），壁厚1mm，长413mm；通过程序升温控制器和热电偶控制聚焦红外炉进行快速加热；气体氛围和流量可通过两个气体流量控制计实现，流量控制计的进气口端分别与氮气、氧气源相连，气体经混合后进入聚焦红外炉中的石英管；热解产物采用剑桥滤片（粒相物）和吸收溶液（气相部分）进行捕集。

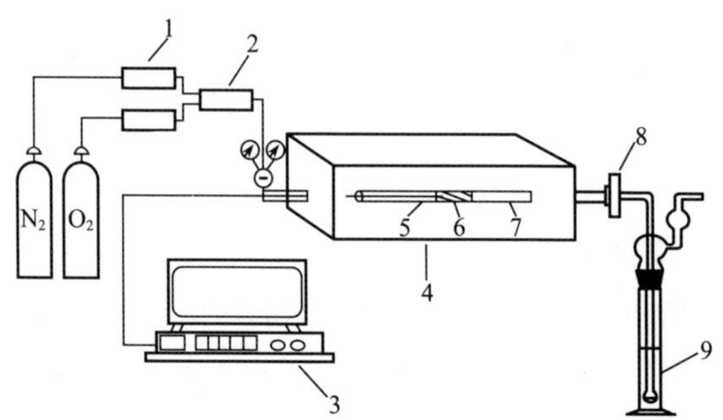

1—气体流量控制器；2—气体混合阀；3—程序升温控制器；4—红外线聚焦金面反射炉；5—热电偶；6—烟丝样品；7—石英管；8—捕集器；9—吸收瓶。

图 1-1　卷烟燃吸模拟装置示意图

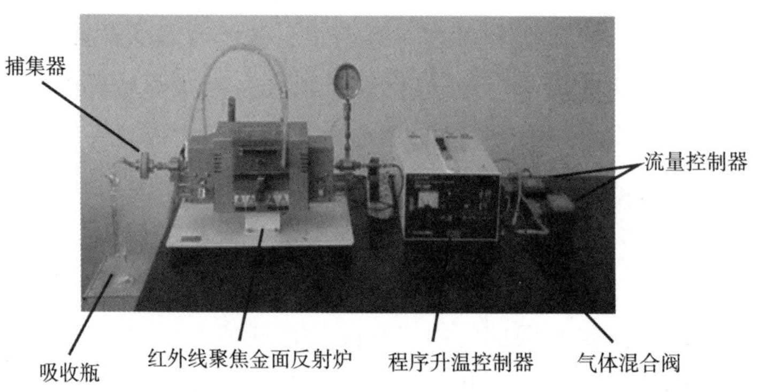

图 1-2　卷烟燃吸模拟装置

先后将两份装有 100mg 烟丝样品的石英管置于卷烟模拟燃吸装置中热解，热解条件：40℃（保持 5s），以 100℃/s 的升温速率加热至 900℃（保持 5s）；气体氛围为 O_2/N_2（体积比 9∶91）；流量为 17.5mL/s；热解产物经过未加装剑桥滤片的捕集器后进入吸收瓶中进行衍生化反应。待两份烟丝样品反应完毕，取下吸收瓶静置 15min，移取 4mL 反应后的吸收液并用 Trizma 碱定容至 10mL，充分混合均匀，使用 0.45μm 有机相滤膜过滤，滤液进行高效液相色谱（HPLC）分析，HPLC 分析方法参考 YC/T 254—2008《卷烟　主流烟气中

主要羰基化合物的测定　高效液相色谱法》。

第二节　模拟热解条件的确定

为了确定卷烟模拟热解条件，以烤烟型及混合型烟丝为样品，对热解终温、气氛、升温速度和载气流速等条件对热解产物中挥发性羰基化合物的影响进行了考察。

首先根据文献报道，设定一个基础条件：热解终温（900℃）、含氧量（9%）、升温速度（100℃/s）、载气流速（17.5mL/s）。然后对4种影响条件进行单因素研究。具体热解条件设置见表1-1。

表1-1　不同热解条件设置

温度/℃	300，400，500，600，700，800，900，1000
升温速率/(℃/s)	30，60，90，120，150
气氛	100% N_2，9% O_2（O_2 : N_2），21% O_2（O_2 : N_2）
气体流量/(mL/s)	2.5，17.5，27.5

一、热解条件对烟丝产生挥发性羰基化合物的影响

1. 温度对烟丝产生羰基化合物的影响

图1-3和图1-4为烤烟型卷烟烟丝和混合型卷烟烟丝在不同温度条件下挥发性羰基化合物的释放量。

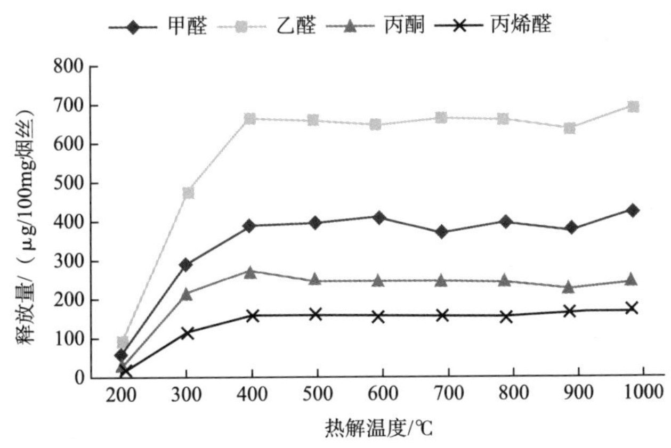

图1-3　烤烟型卷烟烟丝在不同温度条件下挥发性羰基化合物的释放量

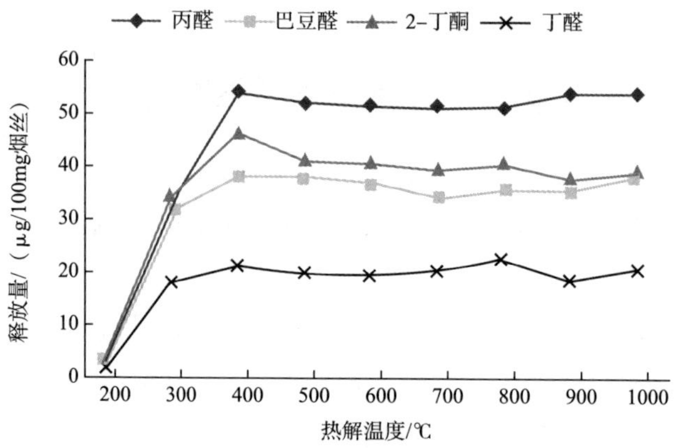

图 1-3　烤烟型卷烟烟丝在不同温度条件下挥发性羰基化合物的释放量（续）

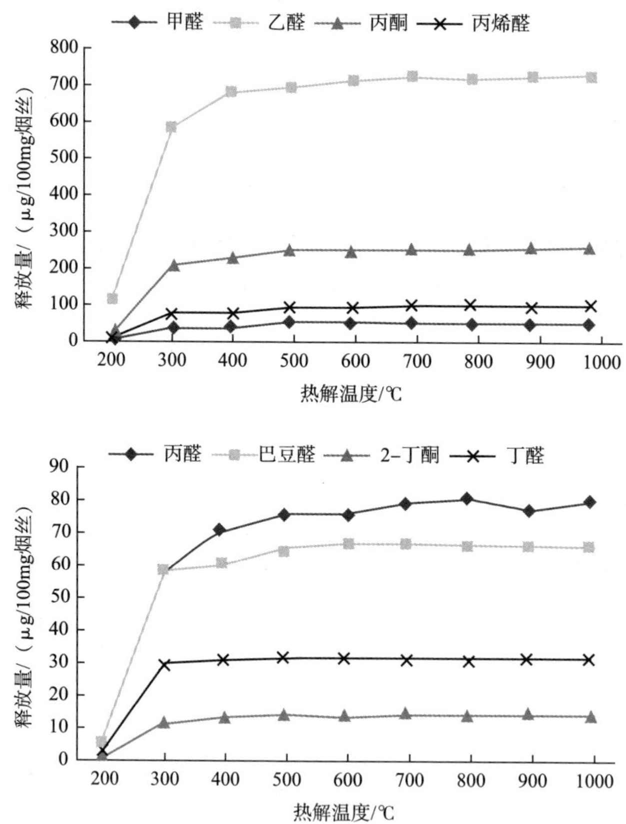

图 1-4　混合型卷烟烟丝在不同温度条件下挥发性羰基化合物的释放量

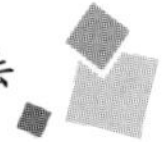

从图中可以看到，同样温度条件下，挥发性羰基化合物在200～400℃释放量迅速升高，500℃以上变化很小。表明挥发性羰基化合物的形成温度不高。烤烟型卷烟烟丝的甲醛释放量几乎是混合型卷烟烟丝甲醛释放量的4倍，其他挥发性羰基化合物的释放量在各温度则相对接近。

2. 升温速率对烟丝产生挥发性羰基化合物的影响

图1-5和图1-6为烤烟型卷烟烟丝和混合型卷烟烟丝在不同升温速率条件下挥发性羰基化合物的释放量。

当升温速率由30℃/s升至150℃/s时，烤烟型烟丝中甲醛和丙醛的释放量分别增加63%和32%，乙醛、丙酮和丙烯醛的增加量在20%以上，升温速率对巴豆醛、2-丁酮和丁醛并无明显影响。

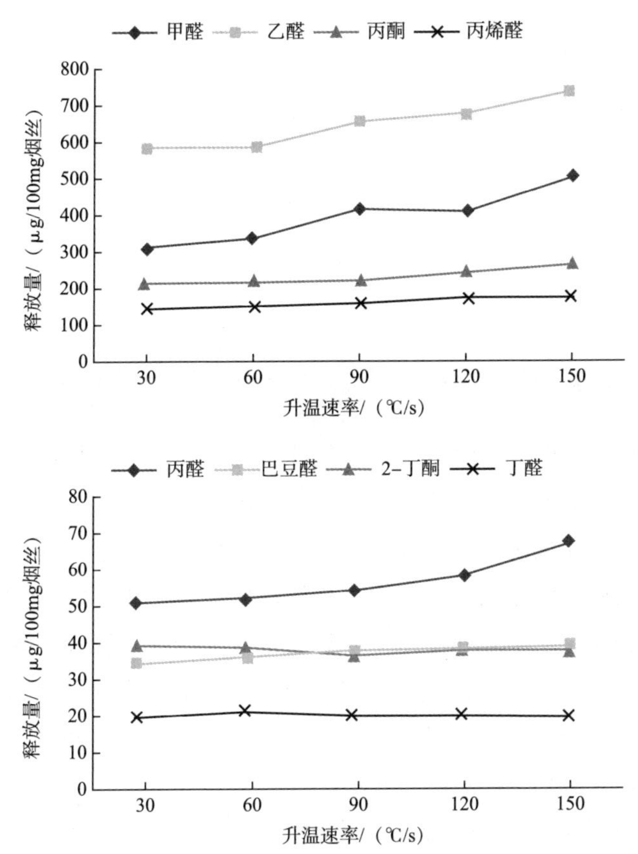

图1-5　烤烟型卷烟烟丝在不同升温速率条件下挥发性羰基化合物释放量

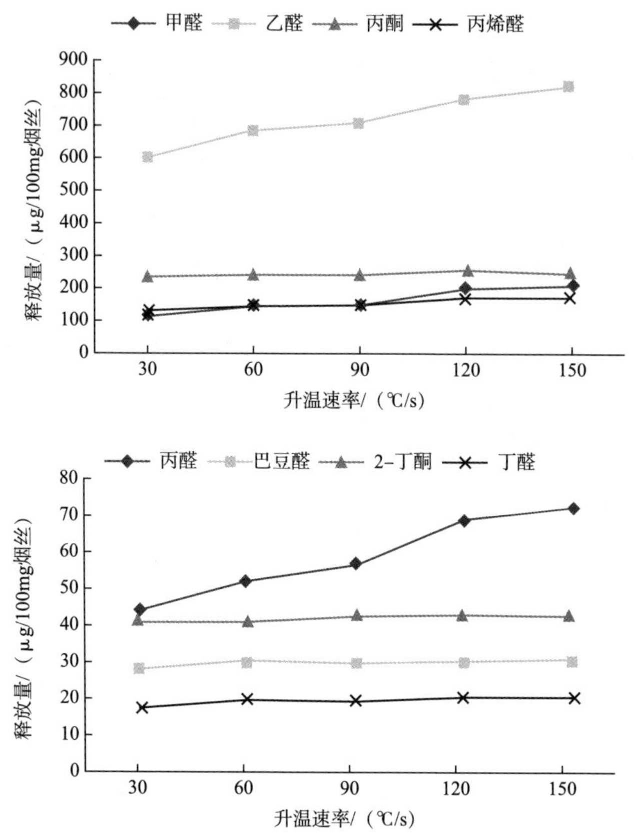

图 1-6　混合型卷烟烟丝在不同升温速率条件下挥发性羰基化合物释放量

混合型烟丝中甲醛和丙醛释放量随升温速率的变化趋势和烤烟型卷烟相比更加明显，分别增加 92%和 63%，乙醛和丙烯醛的增加量在 30%以上，丙酮、巴豆醛、2-丁酮和丁醛的释放量受升温速率影响并不明显。卷烟燃吸时烟丝中单一物质可以在同一时刻通过不同反应途径产生多种烟气成分，不同温度条件下各反应速率不同导致不同烟气成分的释放量存在差异。低温条件下，甲醛等挥发性羰基化合物的前体成分产生其他物质的反应速率较快，随着升温速率的提高，烟丝可以更快到达高温条件，低温条件下其他烟气成分的释放量降低，有利于挥发性羰基化合物的产生。

3. 气氛条件对烟丝产生挥发性羰基化合物的影响

图 1-7 和图 1-8 为烤烟型卷烟烟丝和混合型卷烟烟丝在不同气氛条件（气体含氧量）下挥发性羰基化合物的释放量。

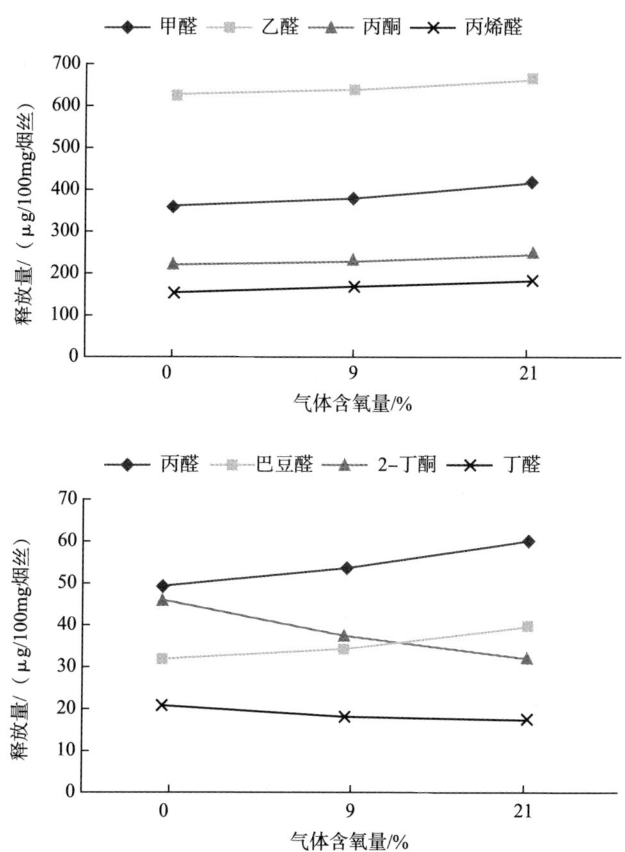

图 1-7　烤烟型卷烟烟丝不同气氛条件下挥发性羰基化合物释放量

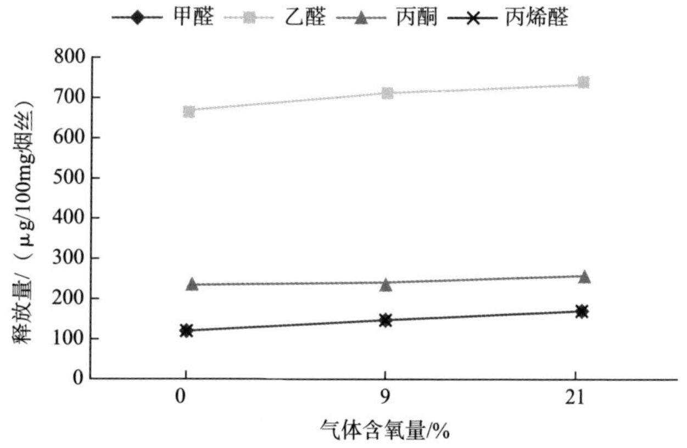

图 1-8　混合型卷烟烟丝不同气氛条件下挥发性羰基化合物释放量

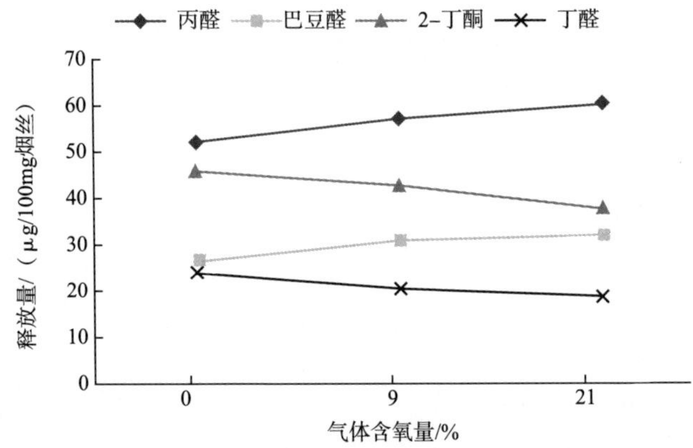

图 1-8　混合型卷烟烟丝不同气氛条件下挥发性羰基化合物释放量（续）

烤烟型卷烟烟丝的丙烯醛、丙醛和巴豆醛在空气条件下的释放量与 N_2 条件下相比增加了 20%以上，甲醛增加了 15%，乙醛的增加量不明显，2-丁酮和丁醛的释放量减少五分之一。混合型卷烟烟丝中甲醛和丙烯醛在空气条件下的释放量与 N_2 条件下相比增加 40%，气体条件影响比较明显，而乙醛、丙酮、丙醛和巴豆醛的增加量则低于 20%，2-丁酮和丁醛的释放量变化情况与烤烟型卷烟类似。

4. 气体流量对烟丝产生挥发性羰基化合物的影响

图 1-9 和图 1-10 为烤烟型卷烟烟丝和混合型卷烟烟丝在不同载气气体流量条件下挥发性羰基化合物的释放量。

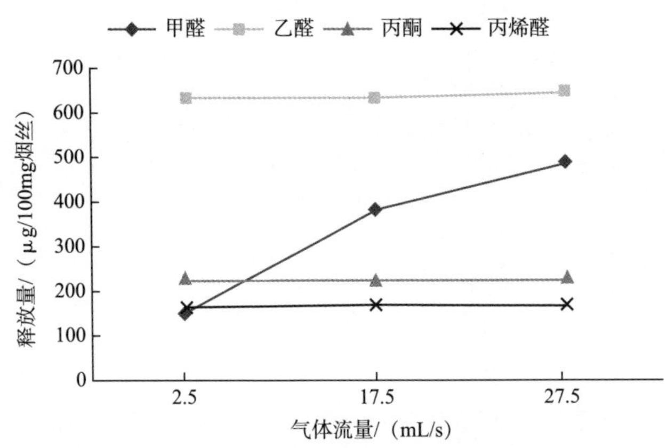

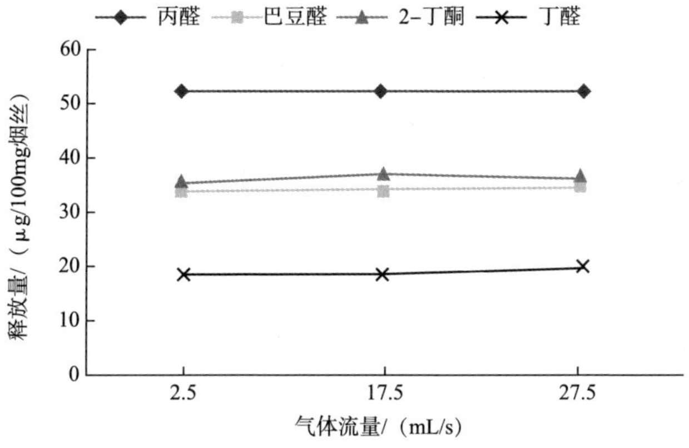

图 1-9　烤烟型卷烟烟丝不同载气流量下挥发性羰基化合物释放量

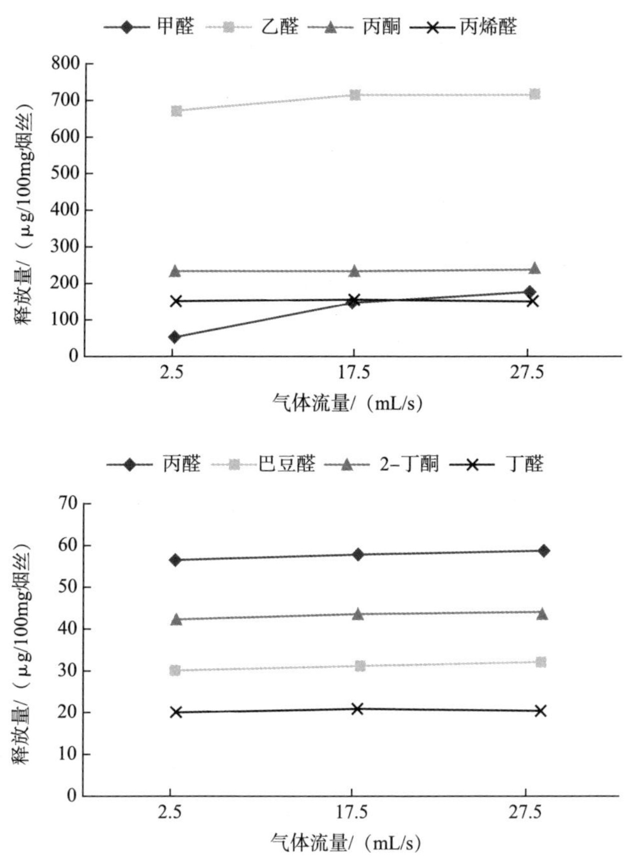

图 1-10　混合型卷烟烟丝不同载气流量下挥发性羰基化合物释放量

从图中可以看出，当气体流量从 2.5mL/s 增大到 27.5mL/s 时，烤烟型卷烟烟丝和混合型卷烟烟丝的甲醛产生量增加到原来的 2 倍以上。而两种类型卷烟烟丝的其余 7 种挥发性羰基化合物释放量受气体流量影响并不明显（未在图中全部显示）。一般而言，烟气中的成分在形成之后可以很快从烟丝固体表面转移到气相中，受到气体流量的作用较小，但甲醛可能由于其良好的反应性能，在形成后容易发生二次反应，因此受到气体流量的影响较大。

二、确定模拟热解条件

两种卷烟烟丝在不同条件下的热解结果表明，温度对挥发性羰基化合物释放量影响主要在 500℃以下，随着温度升高挥发性羰基化合物迅速增加，在 500℃以上区域释放量变化相对较慢；升温速率对烟丝产生挥发性羰基化合物的影响较大，当升温速率由 30℃/s 逐渐增加至 150℃/s 时，甲醛的产生量增加一半以上，其余各物质变化情况有所差异；气氛条件对烟丝产生挥发性羰基化合物影响相对较小，除 2-丁酮和丁醛外，其余 6 种挥发性羰基化合物在有氧环境条件下产生量略有增加；气体流量从 2.5mL/min 增加到 17.5mL/min，甲醛的释放量升高 2 倍以上，其他挥发性羰基化合物释放量变化不显著。

根据 Baker 等研究文献报道，在国际标准化组织的标准抽吸模式（简称 ISO 抽吸模式，35mL/2s）下，主流烟气形成时，燃烧区温度在 2~3s 内可以从 600℃升高至 800~900℃，平均含氧量在 9%左右。

因此，最终确定主流烟气模拟热解条件为：终温 900℃，含氧量 9%。升温速率 100℃/s，载气流速为 17.5mL/s。

第三节 卷烟燃吸模拟方法表征

根据上述确定的主流烟气模拟热解条件，参考 YC/T 254—2008《卷烟 主流烟气中主要羰基化合物的测定 高效液相色谱法》对热解产物中的挥发性羰基化合物进行分析。图 1-11 为热解产物捕集样品的色谱图。

采用烤烟型卷烟和混合型卷烟两种配方烟丝对建立的模拟卷烟主流烟气热解挥发性羰基化合物方法精密度进行表征。表 1-2 和表 1-3 分别为测得烤烟型卷烟和混合型卷烟烟丝的挥发性羰基化合物热解结果及精密度，从表中可以看出，两种烟丝样品的 5 次测定结果的 RSD（变异系数）均小于 10%，结果平行性较好，可以满足考察卷烟烟气中挥发性羰基化合物热解相关影响因素研究要求。

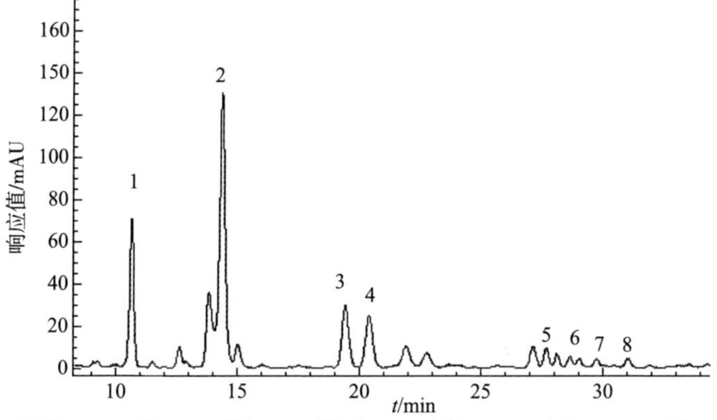

1—甲醛；2—乙醛；3—丙酮；4—丙烯醛；5—丙醛；6—巴豆醛；7—2-丁酮；8—丁醛。

图 1-11　热解产物色谱图

表 1-2　　烤烟型卷烟烟丝热解产物中挥发性羰基化合物的实验精密度（*n*=5）

单位：μg/100mg

项目	甲醛	乙醛	丙酮	丙烯醛	丙醛	巴豆醛	2-丁酮	丁醛
1	381.5	647.4	232.0	165.8	55.6	34.3	37.0	20.0
2	395.8	665.7	228.7	162.6	54.9	36.2	38.0	19.0
3	375.6	626.4	223.2	163.2	53.4	34.3	37.0	20.7
4	391.0	637.2	230.2	168.9	53.2	35.9	36.0	19.3
5	391.0	633.4	226.1	162.2	50.6	34.3	36.9	19.9
平均值	387.0	642.0	228.0	164.5	53.5	35.0	37.0	19.8
RSD	2.1%	2.4%	1.5%	1.7%	3.6%	2.8%	1.9%	3.3%

表 1-3　　混合型卷烟烟丝热解产物中挥发性羰基化合物的实验精密度（*n*=5）

单位：μg/100mg

项目	甲醛	乙醛	丙酮	丙烯醛	丙醛	巴豆醛	2-丁酮	丁醛
1	126.4	690.6	245.5	140.9	58.2	28.7	41.5	21.6
2	141.9	701.9	240.7	141.1	55.5	29.9	40.6	20.5
3	145.8	714.4	242.8	147.6	57.4	29.0	39.9	20.7
4	147.0	690.9	237.9	149.8	55.5	29.3	42.7	19.9
5	129.0	687.1	243.2	155.5	57.0	29.4	42.7	19.4
平均值	138.0	697.0	242.0	147.0	56.7	29.3	41.5	20.4
RSD	7.0%	1.6%	1.2%	4.2%	2.1%	1.5%	2.9%	4.1%

第二章
前体成分与烟气挥发性羰基化合物的量效关系

本章主要研究可能的前体成分与烟气挥发性羰基化合物的量效关系，确定最重要的前体成分。首先进行烟叶各溶剂提取组分热解分析，初步了解烟气中挥发性羰基化合物的来源；然后对各种可能前体成分进行热解贡献率研究，结合前体成分的含量水平，确定重要的前体成分，并进行卷烟添加验证。

第一节　烟草基质的影响

称取 10mg 的葡萄糖、果糖、半纤维素、淀粉、纤维素、果胶、木质素分别置于石英管中，再称取 100mg 烟丝样品并加入 10mg 的葡萄糖、果糖、半纤维素、淀粉、纤维素、果胶、木质素置于石英管中，进行模拟热解实验。由于半纤维素没有纯品，采用半纤维素主要成分木聚糖替代研究。

表 2-1 表明纯品热解结果与烟草基质下的热解结果有明显差异。前体成分在烟草基质下的乙醛、丙酮、丙醛、2-丁酮释放量均高于其纯品释放量；纤维素和木质素在烟草基质下的甲醛释放量高于其纯品释放量，其余物质在烟草基质下的甲醛释放量则低于其纯品释放量；果胶和半纤维素在烟草基质下的丙烯醛释放量低于其纯品的释放量；烟草基质下半纤维素的巴豆醛释放量低于其纯品释放量，其余前体成分在烟草基质下巴豆醛释放量则要高于其纯品释放量；各物质在烟草基质下与纯品物质所产生丁醛的比值差异较大。卷烟燃吸时烟草中各物质除了主要反应外，反应过程的中间体之间存在自由基或者离子时对反应也有一定的影响。

表 2-1　　前体成分纯品热解产率与烟草基质下的热解产率的比例

成分	甲醛	乙醛	丙酮	丙烯醛	丙醛	巴豆醛	2-丁酮	丁醛
葡萄糖	1.35	0.22	0.16	0.41	0.16	0.41	0.35	2.17
果糖	1.77	0.17	0.22	0.42	0.21	0.28	0.54	0.61
半纤维素	1.90	0.94	0.16	1.31	0.22	1.44	0.75	6.56

续表

成分	甲醛	乙醛	丙酮	丙烯醛	丙醛	巴豆醛	2-丁酮	丁醛
淀粉	2.72	0.71	0.34	0.84	0.37	0.80	0.09	0.31
纤维素	0.87	0.49	0.21	0.46	0.26	0.29	0.06	0.15
果胶	3.59	0.77	0.69	1.04	0.69	0.45	0.16	0.10
木质素	0.41	0.74	0.54	0.43	0.34	0.63	0.10	0.13

第二节　烟丝各溶剂提取组分对挥发性羰基化合物的贡献率

一、溶剂提取物

采用不同溶剂对烤烟型卷烟烟丝进行提取（表2-2），得到不同溶剂的提取物，制备烟叶的石油醚、丙酮、乙醇、甲醇、水提取物以及不溶性残渣等组分，然后开展量效关系研究，初步了解烟气中挥发性羰基化合物的来源，为进一步确定前体成分提供信息。

表2-2　各溶剂提取物占烟丝质量比例

组分	提取物占烟丝质量比例/%
石油醚提取物	3.4
丙酮提取物	11.0
乙醇提取物	25.9
甲醇提取物	7.7
水提取物	6.7
剩余残渣	39.2
总和	93.9

从各溶剂提取物所占比例来看，剩余残渣（即溶剂不溶物）占烟丝质量最高，达到39.2%，这部分主要是纤维素、木质素、半纤维素、蛋白质等大分子物质；其次是乙醇提取物占25.9%，主要包括糖类物质。

二、溶剂提取物对挥发性羰基化合物的贡献率

热解方法：称取100mg的烤烟烟丝样品，加入5、10、15mg溶剂提取物或剩余残渣，按照热解模拟条件，进行热解，捕集并测定热解产物中挥发性羰基化合物的含量。

数据分析方法：计算提取物添加后烟丝热解产生挥发性羰基化合物的释

放量变化，对不同添加量的数据进行线性拟合，得到斜率为单位溶剂提取物产生的挥发性羰基化合物的量，即热解产率，见表 2-3。

表 2-3　各溶剂提取物产生的挥发性羰基化合物热解产率　单位：μg/mg

组分	巴豆醛	甲醛	乙醛	丙酮	丙烯醛	丙醛	2-丁酮	丁醛
石油醚提取物	0.02	-10.71	1.98	5.52	0.40	0.33	0.19	0.05
丙酮提取物	0.21	6.46	1.80	1.04	1.76	0.33	0.05	0.18
乙醇提取物	0.31	1.19	6.24	3.04	2.40	0.72	0.36	0.13
甲醇提取物	-0.13	2.04	0.96	0.48	-0.96	0.50	-0.35	0.07
水提取物	0.19	-5.10	1.68	0.72	-0.72	0.06	0.04	0.29
剩余残渣	0.54	9.35	11.34	3.28	3.04	0.88	0.80	0.38

各溶剂提取组分对挥发性羰基化合物产生量的贡献率=提取组分所占烟丝比例×热解产率/单位质量烟丝热解生成量，具体结果见表 2-4。

表 2-4　各溶剂提取物对挥发性羰基化合物产生量的贡献率　单位:%

组分	巴豆醛	甲醛	乙醛	丙酮	丙烯醛	丙醛	2-丁酮	丁醛
石油醚提取物	0	-10	1	8	1	2	2	1
丙酮提取物	7	18	3	5	12	7	1	10
乙醇提取物	23	8	22	35	38	35	25	17
甲醇提取物	-3	4	1	2	-5	7	-7	3
水提取物	4	-9	2	2	-3	1	1	10
剩余残渣	61	95	60	56	72	65	84	76
合计	91	107	88	108	115	116	106	115

从表中可以看出，各种溶剂提取的剩余残渣是 8 种挥发性羰基化合物最主要的前体成分，贡献率均在 50%以上。其次是乙醇提取物，对挥发性羰基化合物的贡献较大。剩余残渣和乙醇提取物包含有大量不溶性多糖、可溶性糖等碳水化合物，也提示我们挥发性羰基化合物的主要前体成分是碳水化合物。

第三节　前体成分与挥发性羰基化合物量效关系

为了较为全面地了解烟草组分对于挥发性羰基化合物形成的影响，选择

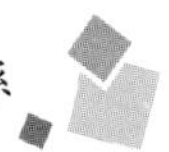

了如下碳水化合物和其他烟草主要成分进行量效关系考察。

碳水化合物：葡萄糖、果糖、纤维素、木聚糖（替代半纤维素）、淀粉、果胶；

酸类物质：苹果酸、柠檬酸、草酸、绿原酸；

难挥发含氮物质：铵盐（以草酸铵添加）、蛋白质、脯氨酸、天冬酰胺；

燃烧影响物质：钾离子（以硫酸钾添加）、氯离子（以氯化钙添加）；

烟草保润剂：丙二醇、甘油；

其他：木质素。

分别以烤烟型卷烟烟丝和混合型卷烟烟丝为基质，在100mg烟丝中分别添加5mg、10mg和15mg待考察化合物，进行热解和样品分析。分析热解产物中挥发性羰基化合物，与空白基质对比，考察挥发性羰基化合物增加量与化合物添加量之间的关系。以热解产物中挥发性羰基化合物增加量为Y，化合物添加量为X，对结果进行线性拟合，线性方程的斜率即单位质量前体成分产生挥发性羰基化合物的热解产率，对基质烟丝中各前体成分含量进行测试，计算烤烟基准卷烟烟丝前体成分热解贡献率，考察各化合物对挥发性羰基化合物的贡献率，各化合物对挥发性羰基化合物的贡献率=化合物在烟丝中的含量×热解产率/单位质量烟丝热解生成量。

一、前体成分与巴豆醛产率的量效关系

考察各前体成分与巴豆醛产率之间的量效关系，结果如表2-5所示。

表2-5　前体成分与巴豆醛产率量效关系

成分	烤烟型烟丝基质				混合型烟丝基质			
	含量/(mg/g)	产率/(μg/mg)	计算量/(g烟丝)	贡献率/%	含量/(mg/g)	产率/(μg/mg)	计算量/(g烟丝)	贡献率/%
纤维素	102	1.2	122	35.0	136	1.3	177	60.3
葡萄糖	88.7	1.2	106	30.4	47.9	1.2	57	19.6
果糖	101	0.79	80	22.8	55.9	0.93	52	17.7
淀粉	54.9	0.75	41	11.8	19.4	0.68	13	4.5
果胶	49.8	0.56	28	8.0	53.7	0.67	36	12.3
半纤维素	76.7	0.34	26	7.5	70.6	0.48	34	11.6
绿原酸	6.7	2.3	15	4.4	4.1	2.9	12	4.1

续表

成分	烤烟型烟丝基质				混合型烟丝基质			
	含量/(mg/g)	产率/(μg/mg)	计算量/(g 烟丝)	贡献率/%	含量/(mg/g)	产率/(μg/mg)	计算量/(g 烟丝)	贡献率/%
柠檬酸	6	1.2	7	2.1	21.4	0.9	19	6.6
氯	4.9	0.58	3	0.8	6.3	0.64	4	1.4
丙二醇	0	0.38	0	0.0	0	0.29	0	0.0
甘油	0	0.39	0	0.0	0	0.28	0	0.0
铵(草酸盐)	0.89	-0.48	0	-0.1	1.26	-0.39	0	-0.2
天冬酰胺	1.14	-1.5	-2	-0.5	2.39	-1.4	-3	-1.1
木质素	11.8	-0.16	-2	-0.5	15.4	-0.8	-12	-4.2
草酸	16.5	-0.16	-3	-0.8	20.1	-0.2	-4	-1.4
脯氨酸	4.35	-1.5	-7	-1.9	3.69	-1.2	-4	-1.5
苹果酸	62.2	-0.4	-25	-7.1	67.8	-0.6	-41	-13.9
钾(硫酸盐)	45	-0.76	-34	-9.8	71	-0.69	-49	-16.7
蛋白质	78.9	-0.5	-39	-11.3	73.8	-0.47	-35	-11.8
合计	—	—	—	90.7	—	—	—	87.2

注：烤烟型烟丝和混合型烟丝巴豆醛热解产率分别为 0.35μg/mg 和 0.293μg/mg。

比较表中不同成分的热解产率，纤维素、葡萄糖、绿原酸和柠檬酸等对烟草基质热解形成巴豆醛的影响较大。纤维素、葡萄糖、绿原酸等直接热解能够产生巴豆醛，而柠檬酸热解并不产生巴豆醛，其对巴豆醛形成的影响原因不详。天冬酰胺、草酸铵、脯氨酸、蛋白质等含氮化合物对巴豆醛的形成均有抑制作用，钾对巴豆醛形成有一定抑制作用，而氯有一定增强作用。

所选择的成分对烟丝热解产生巴豆醛的贡献总和在 85%以上，表明选择的这些成分基本能够代表对巴豆醛形成有影响的烟草组分。综合考虑各成分在烟丝中的含量水平和其热解产率，得到其对烟丝热解形成巴豆醛的贡献率。结果表明，纤维素、葡萄糖、果糖、淀粉、果胶、半纤维素等对巴豆醛的贡献率较高，是巴豆醛的主要前体成分；而蛋白质、钾盐、脯氨酸等对巴豆醛形成有抑制作用。

二、前体成分与甲醛的量效关系

考察各前体成分与甲醛之间的量效关系的研究结果如表 2-6 所示。

表 2-6　　前体成分与甲醛量效关系

成分	烤烟型烟丝基质				混合型烟丝基质			
	含量/(mg/g)	产率/(μg/mg)	计算量/(g 烟丝)	贡献率/%	含量/(mg/g)	产率/(μg/mg)	计算量/(g 烟丝)	贡献率/%
纤维素	102	14. 1	1438	37. 2	136	7. 8	1061	76. 9
果糖	101	11. 4	1151	29. 8	55. 9	5. 3	296	21. 5
半纤维素	76. 7	10. 7	821	21. 2	70. 6	4. 9	346	25. 1
葡萄糖	88. 7	6. 56	582	15. 0	47. 9	4. 2	201	14. 6
苹果酸	62. 2	7. 4	460	11. 9	67. 8	2. 9	197	14. 2
淀粉	54. 9	5. 6	307	7. 9	19. 4	3. 7	72	5. 2
果胶	49. 8	3. 8	189	4. 9	53. 7	1. 8	97	7. 0
草酸	16. 5	4. 7	78	2. 0	20. 1	3. 1	62	4. 5
柠檬酸	6. 1	4	24	0. 6	21. 4	2. 9	62	4. 5
氯化钙	4. 9	3. 6	18	0. 5	6. 3	2. 9	18	1. 3
绿原酸	6. 7	2. 2	15	0. 4	4. 1	1. 2	5	0. 4
木质素	11. 8	1. 2	14	0. 4	15. 4	0. 7	11	0. 8
丙二醇	0	0. 3	0	0. 0	0	0. 2	0	0. 0
甘油	0	14. 5	0	0. 0	0	13. 2	0	0. 0
天冬酰胺	1. 14	-9. 9	-11	-0. 3	2. 39	-8. 4	-20	-1. 4
铵（草酸盐）	0. 89	-34	-30	-0. 8	1. 36	-29	-39	-2. 9
脯氨酸	4. 35	-8. 7	-38	-1. 0	3. 69	-7. 3	-27	-2. 0
钾（硫酸盐）	45	-2. 6	-117	-3. 0	71	-2. 4	-170	-12. 3
蛋白质	78. 9	-7. 7	-608	-15. 7	73. 8	-7. 1	-524	-38. 0
合计	—	—	—	110. 9	—	—	—	121. 2

注：烤烟型烟丝和混合型烟丝甲醛热解产率分别为 3870μg/g 和 1380μg/g。

比较表中不同成分热解产率，甘油、纤维素、果糖、半纤维素等对烟草基质热解形成甲醛的影响较大。纯品热解显示这些物质直接热解能够产生甲醛。草酸铵、天冬酰胺、脯氨酸、蛋白质、钾盐等化合物对甲醛的形成均有抑制作用。

综合考虑各成分在烟丝中的含量水平和其热解产率，得到其对烟丝热解形成甲醛的贡献率。结果表明，纤维素、果糖、半纤维素、葡萄糖等对甲醛的贡献率较高，是甲醛的主要前体成分；而蛋白质对甲醛形成有较大抑制作用。

三、前体成分与乙醛的量效关系

考察各前体成分与乙醛之间的量效关系研究结果如表 2-7 所示。

表 2-7　前体成分与乙醛量效关系

成分	烤烟型烟丝基质				混合型烟丝基质			
	含量/（mg/g）	产率/（μg/mg）	计算量/（g 烟丝）	贡献率/%	含量/（mg/g）	产率/（μg/mg）	计算量/（g 烟丝）	贡献率/%
纤维素	102	17.1	1744	27.2	136	19.2	2611	37.5
半纤维素	76.7	14.2	1089	17.0	70.6	16.5	1165	16.7
果糖	101	7.6	768	12.0	55.9	8.8	492	7.1
葡萄糖	88.7	6.8	603	9.4	47.9	7.3	350	5.0
淀粉	54.9	10.1	554	8.6	19.4	7.8	151	2.2
蛋白质	78.9	6.2	489	7.6	73.8	4.8	354	5.1
果胶	49.8	8.1	403	6.3	53.7	11.7	628	9.0
苹果酸	62.2	3.3	205	3.2	67.8	2.9	197	2.8
木质素	11.8	2.3	27	0.4	15.4	2	31	0.4
氯	4.9	3.5	17	0.3	6.3	3.9	25	0.4
柠檬酸	6	2.4	14	0.2	21.4	2.4	51	0.7
丙二醇	0	11.4	0	0.0	0	9.7	0	0.0
甘油	0	20.2	0	0.0	0	19.4	0	0.0
绿原酸	6.7	-0.4	-3	0.0	4.1	-0.3	-1	0.0
天冬酰胺	1.14	-13.4	-15	-0.2	2.39	-11.2	-27	-0.4
铵（草酸盐）	0.89	-29.4	-26	-0.4	1.26	-27.9	-35	-0.5
脯氨酸	4.35	-11.9	-52	-0.8	3.69	-10.7	-39	-0.6
钾（硫酸盐）	45	-6.1	-275	-4.3	71	-5.2	-369	-5.3
合计	—	—	—	86.4	—	—	—	80.1

注：烤烟型烟丝和混合型烟丝乙醛热解产率分别为 6420μg/g 和 6970μg/g。

比较表中不同成分热解产率，甘油、纤维素、半纤维素、丙二醇等对烟

草基质热解形成乙醛的影响较大。纯品热解也显示这些物质直接热解能够产生乙醛。草酸铵、天冬酰胺、脯氨酸、钾盐等对乙醛的形成均有抑制作用。

综合考虑各成分在烟丝中的含量水平和其热解产率，得到其对烟丝热解形成乙醛的贡献率。结果表明，纤维素、半纤维素、果糖、葡萄糖等对乙醛的贡献率较高，是乙醛的主要前体成分；钾盐对乙醛形成有较明显的抑制作用。

四、前体成分与丙酮的量效关系

考察各前体成分与丙酮之间的量效关系的研究结果如表 2-8 所示。

表 2-8　　前体成分与丙酮量效关系

成分	烤烟型烟丝基质				混合型烟丝基质			
	含量/（mg/g）	产率/（μg/mg）	计算量/（g 烟丝）	贡献率/%	含量/（mg/g）	产率/（μg/mg）	计算量/（g 烟丝）	贡献率/%
果糖	101	3.5	354	15.5	55.9	4.1	229	8.2
葡萄糖	88.7	3.6	319	14.0	47.9	4.6	220	7.7
蛋白质	78.9	3.8	300	13.2	73.8	3.5	258	13.0
纤维素	102	2.9	296	13.0	136	2.5	340	17.2
半纤维素	76.7	1.9	146	6.4	70.6	2.3	162	6.1
果胶	49.8	2.8	139	6.1	53.7	3.2	172	6.5
淀粉	54.9	2.4	132	5.8	19.4	2.1	41	2.1
柠檬酸	6	12.8	77	3.4	21.4	14.7	315	11.6
苹果酸	62.2	0.6	37	1.6	67.8	0.8	54	2.7
绿原酸	6.7	4.3	29	1.3	4.1	3.6	15	0.7
氯	4.9	1.4	7	0.3	6.3	1.4	9	0.4
脯氨酸	4.35	1.2	5	0.2	3.69	1.4	5	0.3
铵（草酸盐）	0.89	2.5	2	0.1	1.26	2.9	4	0.2
天冬酰胺	1.14	1.1	1	0.1	2.39	1.5	4	0.3
木质素	11.8	0.04	0	0.0	15.4	0.08	1	0.1
丙二醇	0	4.6	0	0.0	0	4.4	0	0.0
甘油	0	0.5	0	0.0	0	0.3	0	0.0
钾（硫酸盐）	45	−0.63	−28	−1.2	71	−0.82	−58	−2.9
草酸	16.5	−2.5	−41	−1.8	20.1	−2.2	−44	−2.2
合计	—	—	—	77.8	—	—	—	71.9

注：烤烟型烟丝和混合型烟丝丙酮热解产率分别为 2280μg/g 和 2420μg/g。

比较表中不同成分热解产率，柠檬酸对烟草基质热解形成丙酮的影响最大，其次为丙二醇、绿原酸、葡萄糖、果糖等。脯氨酸、草酸铵、蛋白质等对烟草基质热解形成丙酮具有增强作用。草酸、钾盐等化合物对丙酮的形成均有抑制作用。

综合考虑各成分在烟丝中的含量水平和其热解产率，得到其对烟丝热解形成丙酮的贡献率。结果表明，果糖、葡萄糖、蛋白质、纤维素等对丙酮的贡献率较高，是丙酮的主要前体成分。

五、前体成分与丙烯醛的量效关系

考察各前体成分与丙烯醛之间的量效关系的研究结果如表 2-9 所示。

表 2-9　　前体成分与丙烯醛量效关系

成分	烤烟型烟丝基质				混合型烟丝基质			
	含量/（mg/g）	产率/（μg/mg）	计算量/（g 烟丝）	贡献率/%	含量/（mg/g）	产率/（μg/mg）	计算量/（g 烟丝）	贡献率/%
纤维素	102	4	408	24.8	136	3.4	462	31.5
果糖	101	3.6	364	22.1	55.9	3.9	218	14.8
半纤维素	76.7	4	307	18.7	70.6	3.6	254	17.3
葡萄糖	88.7	2.9	257	15.6	47.9	3.7	177	12.1
淀粉	54.9	2.8	154	9.3	19.4	3.2	62	4.2
果胶	49.8	1.6	80	4.8	53.7	2	107	7.3
绿原酸	6.7	6.5	44	2.6	4.1	4.5	18	1.3
苹果酸	62.2	0.3	19	1.1	67.8	0.24	16	1.1
木质素	11.8	1.3	15	0.9	15.4	1.4	22	1.5
柠檬酸	6	2.4	14	0.9	21.4	2.3	49	3.3
氯	4.9	1.7	8	0.5	6.3	1.6	10	0.7
丙二醇	0	1.3	0	0.0	0	1	0	0.0
甘油	0	7.9	0	0.0	0	6.8	0	0.0
天冬酰胺	1.14	−1.8	−2	−0.1	2.39	−1.7	−4	−0.3
铵（草酸盐）	0.89	−4.7	−4	−0.3	1.26	−4.3	−5	−0.4
脯氨酸	4.35	−1.6	−7	−0.4	3.69	−1.4	−5	−0.4
草酸	16.5	−1.7	−28	−1.7	20.1	−1.5	−30	−2.1

续表

成分	烤烟型烟丝基质				混合型烟丝基质			
	含量/（mg/g）	产率/（μg/mg）	计算量/（g 烟丝）	贡献率/%	含量/（mg/g）	产率/（μg/mg）	计算量/（g 烟丝）	贡献率/%
钾（硫酸盐）	45	-1.8	-81	-4.9	71	-1.5	-107	-7.2
蛋白质	78.9	-2.5	-197	-12.0	73.8	-2.3	-170	-11.5
合计	—	—	—	82.1	—	—	—	73.2

注：烤烟型烟丝和混合型烟丝丙烯醛热解产率分别为 1645μg/g 和 1470μg/g。

比较表中不同成分热解产率，甘油对烟草基质热解形成丙烯醛的影响最大，但烟草中自身含有甘油很低，主要以保润剂形式在卷烟制造时添加，其次是绿原酸、纤维素、果糖等产率较高。草酸铵、蛋白质等化合物对丙烯醛的形成均有抑制作用。

综合考虑各成分在烟丝中的含量水平和其热解产率，得到其对烟丝热解形成丙烯醛的贡献率。结果表明，纤维素、果糖、半纤维素、葡萄糖等对丙烯醛的贡献率较高，是丙烯醛的主要前体成分；蛋白质和钾盐对丙烯醛形成有较明显的抑制作用。

六、前体成分与丙醛的量效关系

考察各前体成分与丙醛之间的量效关系的研究结果如表 2-10 所示。

表 2-10　　前体成分与丙醛量效关系

成分	烤烟型烟丝基质①				混合型烟丝基质①			
	含量/（mg/g）	产率/（μg/mg）	计算量/（g 烟丝）	贡献率/%	含量/（mg/g）	产率/（μg/mg）	计算量/（g 烟丝）	贡献率/%
半纤维素	76.7	2.3	176	33.0	70.6	2.1	148	26.1
纤维素	102	1.3	133	24.8	136	1.5	204	36.0
葡萄糖	88.7	1.2	106	19.9	47.9	1.1	53	9.3
果糖	101	0.95	96	17.9	55.9	0.9	50	8.9
淀粉	54.9	1.1	60	11.3	19.4	0.8	16	2.7
果胶	49.8	0.5	25	4.7	53.7	0.54	29	5.1
绿原酸	6.7	2.7	18	3.4	4.1	1.9	8	1.4
柠檬酸	6	1.6	10	1.8	21.4	1.7	36	6.4
木质素	11.8	0.7	8	1.5	15.4	2.6	40	7.1

续表

成分	烤烟型烟丝基质①				混合型烟丝基质①			
	含量/（mg/g）	产率/（μg/mg）	计算量/（g 烟丝）	贡献率/%	含量/（mg/g）	产率/（μg/mg）	计算量/（g 烟丝）	贡献率/%
氯	4.9	0.7	3	0.6	6.3	0.9	6	1.0
丙二醇	0	5	0	0.0	0	4.5	0	0.0
甘油	0	0.4	0	0.0	0	0.4	0	0.0
天冬酰胺	1.14	-1.5	-2	-0.3	2.39	-1.3	-3	-0.5
铵（草酸盐）	0.89	-2.3	-2	-0.4	1.26	-1.8	-2	-0.4
脯氨酸	4.35	-1.4	-6	-1.1	3.69	-1.2	-4	-0.8
蛋白质	78.9	-0.15	-12	-2.2	73.8	-0.13	-10	-1.7
苹果酸	62.2	-0.2	-12	-2.3	67.8	-0.2	-14	-2.4
草酸	16.5	-1.4	-23	-4.3	20.1	-1.2	-24	-4.3
钾（硫酸盐）	45	-0.7	-32	-5.9	71	-0.8	-57	-10.0
合计	—	—	—	102.3②	—	—	—	83.9②

注：①烤烟型烟丝和混合型烟丝丙醛热解产率分别为 535μg/g 和 567μg/g。

②此数据为计算值。

比较表中不同成分热解产率，丙二醇对烟草基质热解形成丙醛的影响最大，但烟草中自身含有丙二醇很低，主要以保润剂形式在卷烟制造时添加，其次是绿原酸、半纤维素、纤维素等产率较高。草酸铵、天冬酰胺等化合物对丙醛的形成均有抑制作用。

综合考虑各成分在烟丝中的含量水平和其热解产率，得到其对烟丝热解形成丙醛的贡献率。结果表明，半纤维素、纤维素、葡萄糖、果糖、淀粉等对丙醛的贡献率较高，是丙醛的主要前体成分；钾盐对丙醛形成有较明显的抑制作用。

七、前体成分与 2-丁酮的量效关系

考察各前体成分与 2-丁酮之间的量效关系的研究结果如表 2-11 所示。

表 2-11　　前体成分与 2-丁酮量效关系

成分	烤烟型烟丝基质				混合型烟丝基质			
	含量/（mg/g）	产率/（μg/mg）	计算量/（g 烟丝）	贡献率/%	含量/（mg/g）	产率/（μg/mg）	计算量/（g 烟丝）	贡献率/%
纤维素	102	0.76	78	21.0	136	0.86	117	28.2
果糖	101	0.55	56	15.0	55.9	0.64	36	8.6

续表

成分	烤烟型烟丝基质				混合型烟丝基质			
	含量/（mg/g）	产率/（μg/mg）	计算量/（g 烟丝）	贡献率/%	含量/（mg/g）	产率/（μg/mg）	计算量/（g 烟丝）	贡献率/%
蛋白质	78.9	0.59	47	12.6	73.8	0.6	44	10.7
半纤维素	76.7	0.43	33	8.9	70.6	0.59	42	10.0
葡萄糖	88.7	0.36	32	8.6	47.9	0.47	23	5.4
淀粉	54.9	0.56	31	8.3	19.4	0.68	13	3.2
果胶	49.8	0.5	25	6.7	53.7	0.67	36	8.7
钾（硫酸盐）	45	0.36	16	4.4	71	0.37	26	6.3
苹果酸	62.2	0.1	6	1.7	67.8	0.1	7	1.6
柠檬酸	6	0.74	4	1.2	21.4	0.64	14	3.3
绿原酸	6.7	0.54	4	1.0	4.1	0.29	1	0.3
脯氨酸	4.35	0.8	3	0.9	3.69	0.7	3	0.6
氯	4.9	0.32	2	0.4	6.3	0.3	2	0.5
天冬酰胺	1.14	1.2	1	0.4	2.39	1.4	3	0.8
铵（草酸盐）	0.89	0.06	0	0.0	1.26	0.05	0	0.0
丙二醇	0	0.45	0	0.0	0	0.41	0	0.0
甘油	0	0.25	0	0.0	0	0.31	0	0.0
木质素	11.8	−0.22	−3	−0.7	15.4	−0.29	−4	−1.1
草酸	16.5	−0.67	−11	−3.0	20.1	−0.55	−11	−3.0
合计	—	—	—	87.4	—	—	—	84.1

注：烤烟型烟丝和混合型烟丝 2−丁酮热解产率分别为 370μg/g 和 415μg/g。

比较表中不同成分热解产率，天冬酰胺对烟草基质热解形成 2−丁酮的影响最大，其次是纤维素、果糖、蛋白质等产率较高。草酸对 2−丁酮的形成有抑制作用。

综合考虑各成分在烟丝中的含量水平和其热解产率，得到其对烟丝热解形成 2−丁酮的贡献率。结果表明，纤维素、果糖、蛋白质、半纤维素等对 2−丁酮的贡献率较高，是 2−丁酮的主要前体成分。

八、前体成分与丁醛的量效关系

考察各前体成分与丁醛之间的量效关系的研究结果如表 2−12 所示。

表 2-12　　前体成分与丁醛量效关系

成分	烤烟型烟丝基质				混合型烟丝基质			
	含量/(mg/g)	产率/(μg/mg)	计算量/(g 烟丝)	贡献率/%	含量/(mg/g)	产率/(μg/mg)	计算量/(g 烟丝)	贡献率/%
蛋白质	78.9	1.4	110	55.8	73.8	1.7	125	61.3
纤维素	102	0.31	32	16.0	136	0.36	49	24.0
果糖	101	0.29	29	14.8	55.9	0.26	15	7.1
葡萄糖	88.7	0.24	21	10.8	47.9	0.21	10	4.9
淀粉	54.9	0.24	13	6.7	19.4	0.21	4	2.0
果胶	49.8	0.22	11	5.5	53.7	0.24	13	6.3
绿原酸	6.7	1.1	7	3.7	4.1	0.9	4	1.8
半纤维素	76.7	0.09	7	3.5	70.6	0.12	8	4.2
氯	4.9	0.33	2	0.8	6.3	0.4	3	1.2
柠檬酸	6	0.23	1	0.7	21.4	0.34	7	3.6
丙二醇	0	0.01	0	0.0	0	0.02	0	0.0
甘油	0	0.02	0	0.0	0	0.01	0	0.0
铵（草酸盐）	0.89	-0.54	0	-0.2	1.26	-0.62	-1	-0.4
天冬酰胺	1.14	-1.1	-1	-0.6	2.39	-1.2	-3	-1.4
钾（硫酸盐）	45	-0.05	-2	-1.1	71	-0.1	-7	-3.5
脯氨酸	4.35	-0.9	-4	-2.0	3.69	-0.9	-3	-1.6
草酸	16.5	-0.27	-4	-2.3	20.1	-0.25	-5	-2.5
木质素	11.8	-0.79	-9	-4.7	15.4	-0.38	-6	-2.9
苹果酸	62.2	-0.82	-51	-25.8	67.8	-0.69	-47	-22.9
合计	—	—	—	81.5	—	—	—	81.2

注：烤烟型烟丝和混合型烟丝丁醛热解产率分别为 198μg/g 和 204μg/g。

比较表中不同成分热解产率，蛋白质、绿原酸等对烟草基质热解形成丁醛的影响较大。天冬酰胺、草酸铵、脯氨酸、苹果酸等成分对丁醛的形成均有抑制作用。

综合考虑各成分在烟丝中的含量水平和其热解产率，得到其对烟丝热解形成丁醛的贡献率。结果表明，蛋白质、纤维素、果糖、葡萄糖等对丁醛的

贡献率较高，是丁醛的主要前体成分。

第四节　卷烟加入实验验证

量效关系研究表明，葡萄糖、果糖、纤维素、淀粉、果胶等碳水化合物是挥发性羰基化合物的主要前体。为验证量效关系研究结果，将前体成分添加到卷烟中，进行烟气分析实验，比较其对烟气挥发性羰基化合物的热解贡献率，但只有葡萄糖和果糖具有较好的水溶性，可以配制较高浓度水溶液，均匀添加到烟丝上。因此，以葡萄糖和果糖进行卷烟添加实验，测定卷烟烟气中挥发性羰基化合物的变化，验证热解确定的前体成分。

将葡萄糖和果糖分别以水溶液喷加到烤烟型卷烟配方烟丝上，分别进行添加量2.5%和5%的实验分析，参考GB/T 16447—2004《烟草及烟草制品　调节和测试的大气环境》调节气氛平衡，制作实验卷烟。相同烟丝添加等量的水，平衡水分后，制作对照卷烟。

将平衡后的卷烟进行质量挑选（平均质量±20mg）和吸阻挑选（平均吸阻±50Pa）；挑选后的卷烟样品按照YC/T 254—2008《卷烟　主流烟气中主要羰基化合物的测定　高效液相色谱法》所述测定方法进行主流烟气中甲醛、乙醛、丙酮、丙烯醛、丙醛、巴豆醛、2-丁酮和丁醛8种挥发性羰基化合物的测定，每个样品平行测定5次，取平均值，结果见图2-1和图2-2。

图2-3为8种烟气羰基化合物释放量和葡萄糖、果糖添加量的线性拟合结果。拟合方程斜率为每克烟丝中每添加1mg前体成分后烟气释放量变化值。

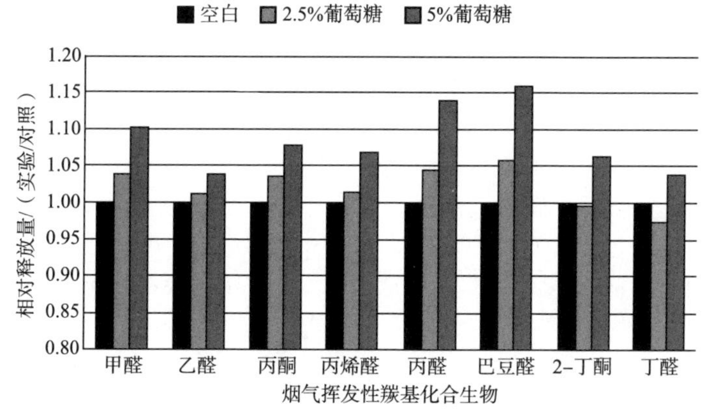

图2-1　葡萄糖添加量对烟气挥发性羰基化合物的影响

空白
2.5%果糖
5%果糖
相对释放量/（实验/对照）
甲醛
乙醛
丙酮
丙烯醛
丙醛
巴豆醛
2-丁酮
丁醛
烟气挥发性羰基化合物

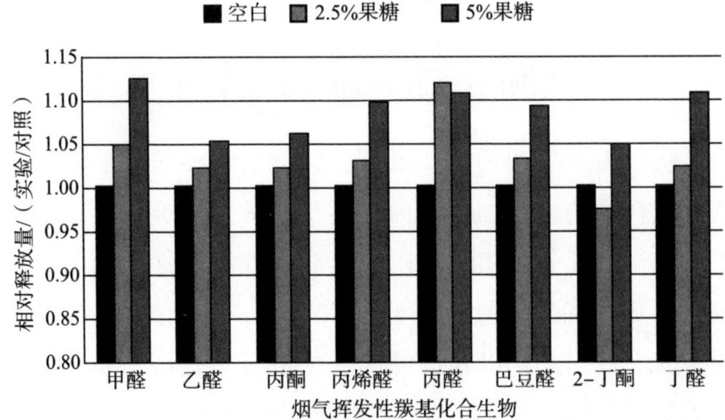

图 2-2　果糖添加量对烟气挥发性羰基化合物的影响

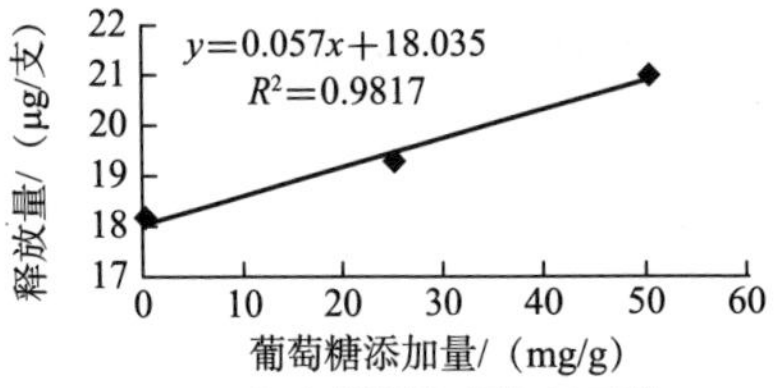

y=0.057x+18.035
R²=0.9817
释放量/（μg/支）
葡萄糖添加量/（mg/g）

（1）葡萄糖-烟气巴豆醛

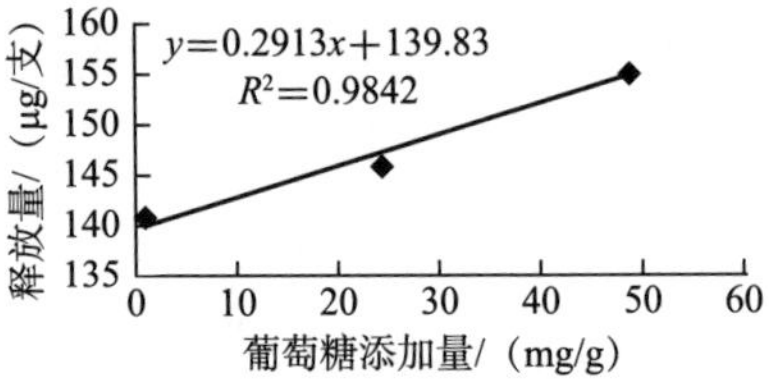

y=0.2913x+139.83
R²=0.9842
释放量/（μg/支）
葡萄糖添加量/（mg/g）

（2）葡萄糖-烟气甲醛

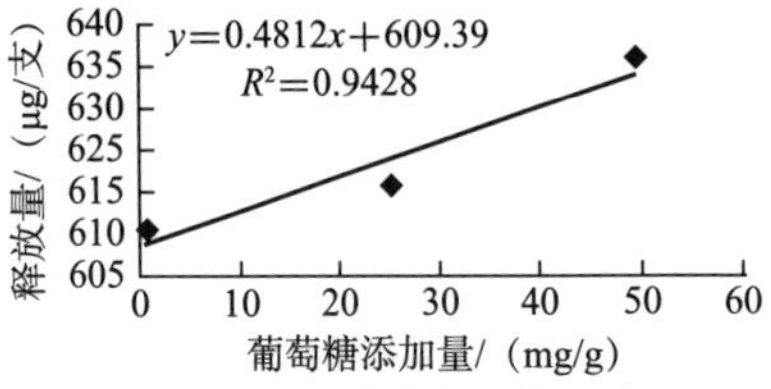

y=0.4812x+609.39
R²=0.9428
释放量/（μg/支）
葡萄糖添加量/（mg/g）

（3）葡萄糖-烟气乙醛

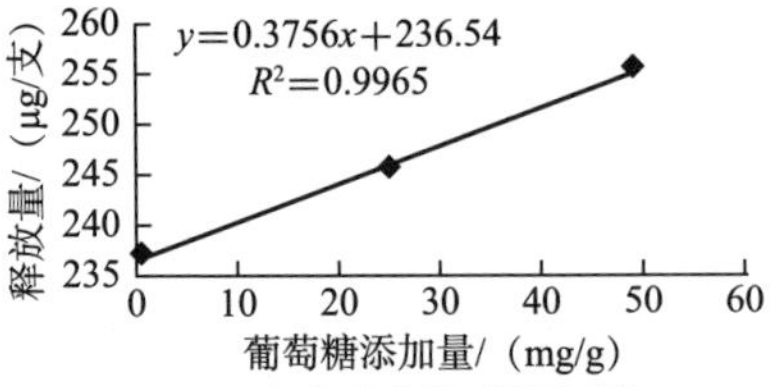

y=0.3756x+236.54
R²=0.9965
释放量/（μg/支）
葡萄糖添加量/（mg/g）

（4）葡萄糖-烟气丙酮

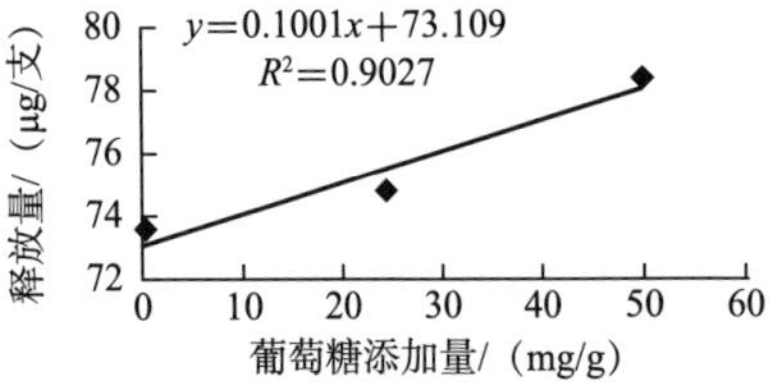

y=0.1001x+73.109
R²=0.9027
释放量/（μg/支）
葡萄糖添加量/（mg/g）

（5）葡萄糖-烟气丙烯醛

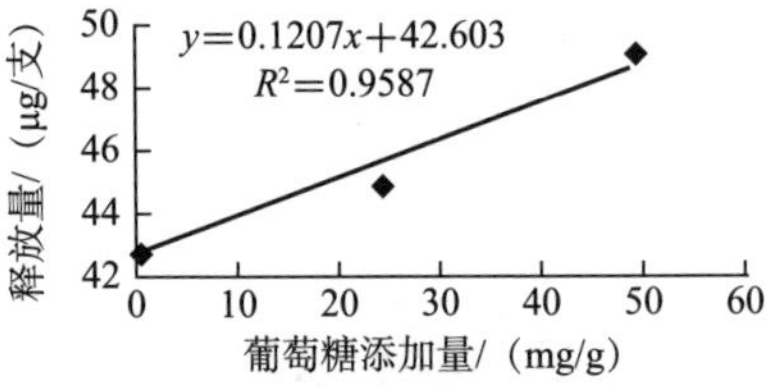

y=0.1207x+42.603
R²=0.9587
释放量/（μg/支）
葡萄糖添加量/（mg/g）

（6）葡萄糖-烟气丙醛

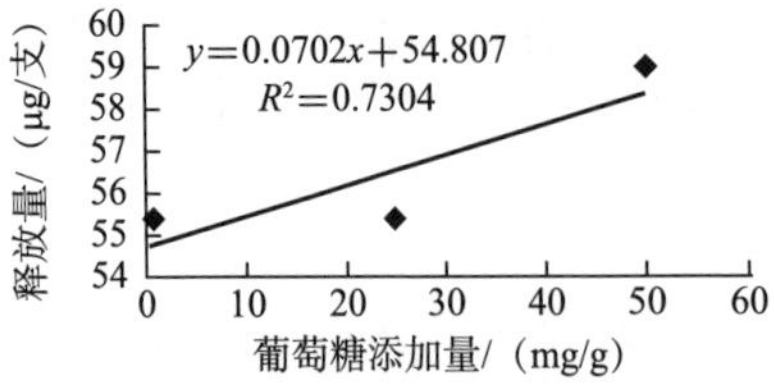

y=0.0702x+54.807
R²=0.7304
释放量/（μg/支）
葡萄糖添加量/（mg/g）

（7）葡萄糖-烟气2-丁酮

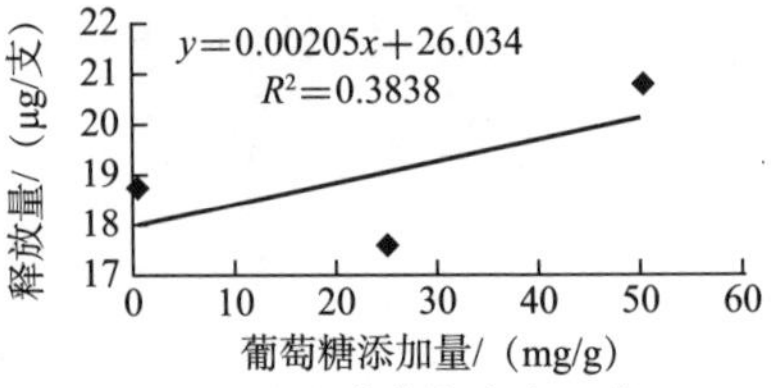

y=0.00205x+26.034
R²=0.3838
释放量/（μg/支）
葡萄糖添加量/（mg/g）

（8）葡萄糖-烟气丁醛

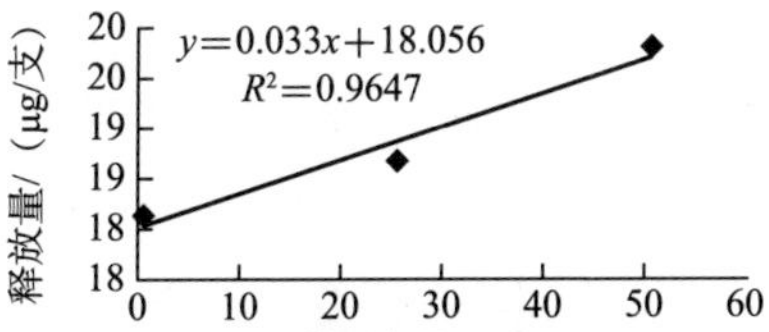

（9）果糖-烟气巴豆醛

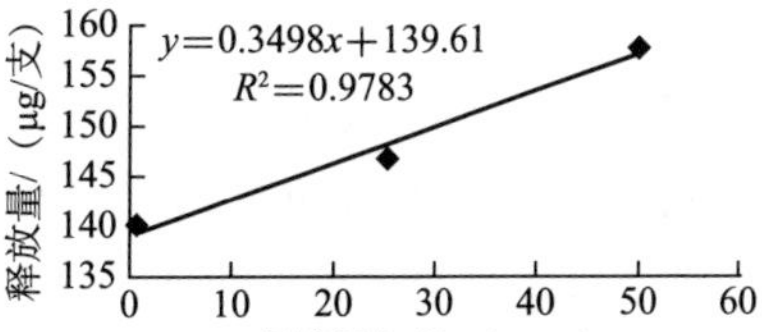

（10）果糖-烟气甲醛

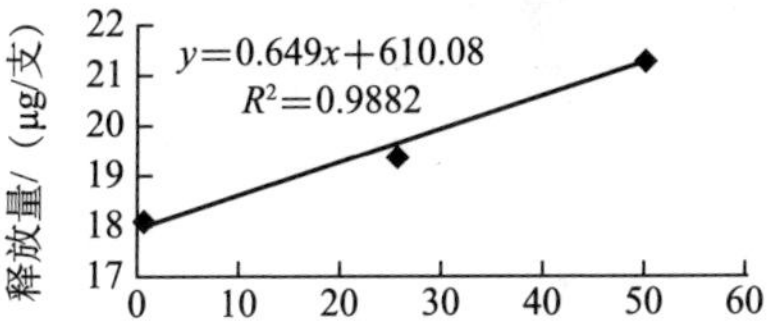

（11）果糖-烟气乙醛

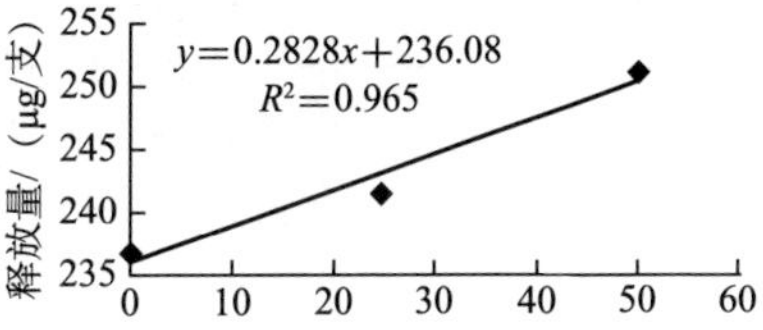

（12）果糖-烟气丙酮

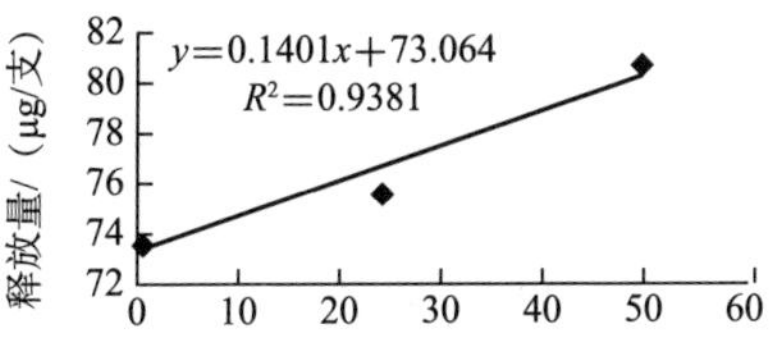

（13）果糖-烟气丙烯醛

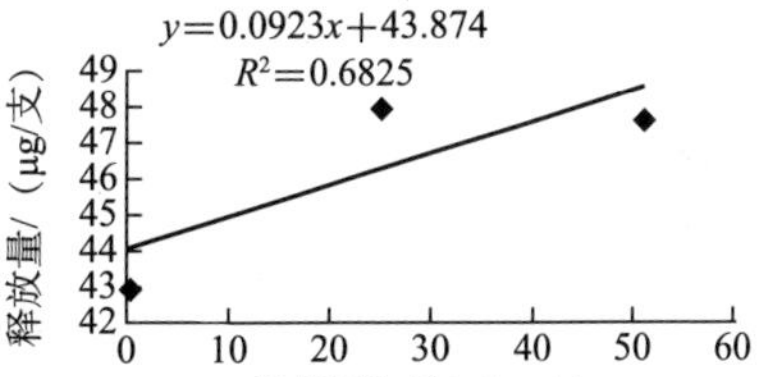

（14）果糖-烟气丙醛

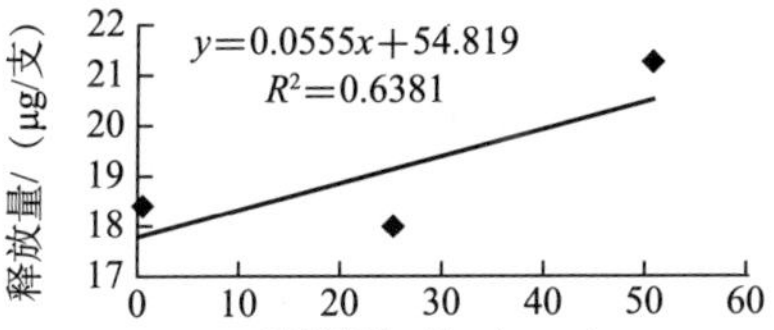

（15）果糖-烟气2-丁酮

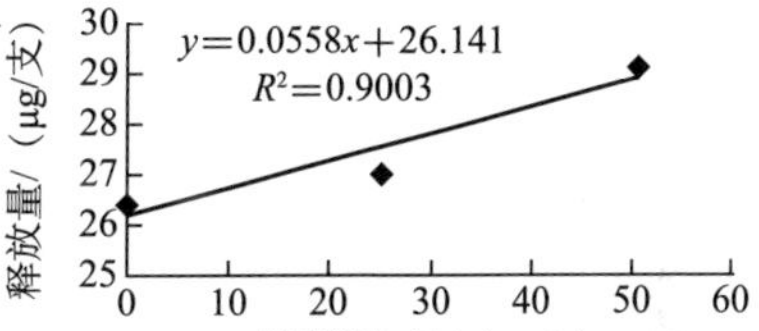

（16）果糖-烟气丁醛

图 2-3　葡萄糖、果糖添加量与烟气挥发性羰基化合物释放量拟合方程

注：图中 x 为果糖添加量，y 为各图中烟气挥发性羰基化合物释放量，R^2 为相关系数。

图 2-2 的结果表明，烟丝中加入果糖和葡萄糖后，烟气中 8 种挥发性羰基化合物均呈现增加趋势，证实了果糖和葡萄糖对 8 种挥发性羰基化合物的产生均有一定贡献。图 2-3 的结果显示，随着葡萄糖和果糖的加入，葡萄糖-烟气巴豆醛、果糖-烟气巴豆醛、葡萄糖-烟气甲醛、葡萄糖-烟气丙酮、果糖-烟气甲醛、果糖-烟气乙醛量效关系比较明显，相关系数 $R^2>0.95$。由于 2-丁酮和丁醛在烟气中的释放量较低，且热解贡献率较低，导致卷烟加入实验中，果糖和葡萄糖与 2-丁酮和丁醛之间虽然存在一定的量效关系，但线性

关系较差。

依据卷烟加入实验的拟合直线斜率和配方中果糖、葡萄糖的实际含量，可以得到配方中葡萄糖和果糖对挥发性羰基化合物的烟气实际贡献率，并与热解模拟贡献率相比结果见表 2-13，烟气计算贡献率=拟合直线斜率×前体成分含量/烟气释放量。

表 2-13　　烟气计算贡献率与热解估算贡献率

前体成分含量	烟气成分	拟合直线斜率/[（μg/支）/（mg/g）]	计算贡献量/（μg/支）	烟气释放量/（μg/支）	烟气计算贡献率/%	热解模拟贡献率/%	绝对偏差/%
葡萄糖（88.7mg/g）	甲醛	0.2913	25.8	140.4	18	15	-3
	乙醛	0.4812	42.7	611.1	7	9	2
	丙酮	0.3756	33.3	236.9	14	16	2
	丙烯醛	0.1001	8.9	73.6	12	16	4
	丙醛	0.1207	10.7	43.0	25	20	-5
	巴豆醛	0.0570	5.1	18.1	28	30	2
	2-丁酮	0.0702	6.2	55.4	11	9	-2
	丁醛	0.0205	1.8	26.4	7	11	4
果糖（101mg/g）	甲醛	0.3498	35.3	140.4	25	30	5
	乙醛	0.6494	65.6	611.1	11	12	1
	丙酮	0.2828	28.6	236.9	12	14	2
	丙烯醛	0.1401	14.2	73.6	19	22	3
	丙醛	0.0923	9.3	43.0	22	18	-4
	巴豆醛	0.0330	3.3	18.1	18	23	5
	2-丁酮	0.0555	5.6	55.4	10	15	5
	丁醛	0.0558	5.6	26.4	21	15	-6

由表 2-13 可知，采用模拟评价方法得到的前体成分对卷烟烟气羰基化合物释放量贡献率与卷烟添加实验得到的烟气实际贡献率一致性良好，绝对偏差基本在 5%以内。表明本实验所建立的模拟评价方法较为符合卷烟实际燃烧情况，采用该方法筛选得到的主流烟气中巴豆醛等羰基化合物的主要前体成分以及贡献率结果较为可靠。

第三章
前体成分热解产率影响因素

采用卷烟燃吸模拟装置，对葡萄糖、果糖、淀粉、纤维素和果胶等重要挥发性羰基化合物前体成分热解的主要影响因素进行了研究。考察的因素包括温度、升温速率、气氛条件（含氧量）和载气流速。基础条件设置：热解终温（900℃）、含氧量（9%）、升温速率（100℃/s）、载气流量（17.5mL/s），然后对4种影响条件进行单因素研究。所有研究均在烟草基质条件下进行，进行数据分析时扣除烟草基质空白值的影响。

第一节　温度

葡萄糖、果糖、淀粉、纤维素、果胶5种前体成分在烟草基质中不同温度条件下的羰基化合物释放量如图3-1～图3-5所示。

分析葡萄糖热解情况可以看出，温度对挥发性羰基化合物的影响主要在中低温区间（图3-1）。甲醛、丙酮、丙烯醛、丁醛、巴豆醛、2-丁酮的释放量在200～600℃时随温度升高迅速增加，温度继续升高其释放量基本不变。乙醛、丙醛<700℃时随温度升高释放量增加较为明显，温度继续升高时则只是略有增加。

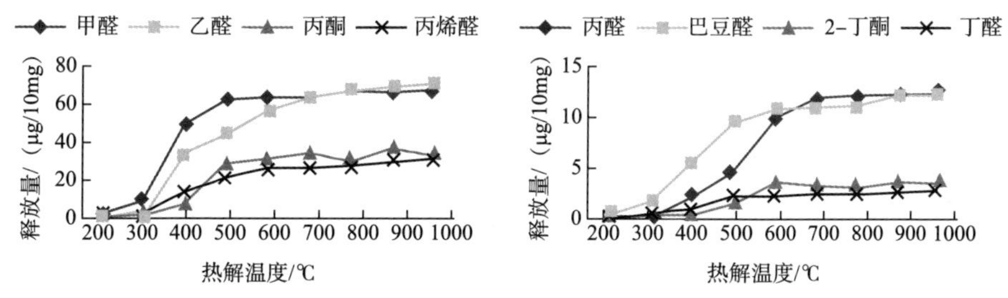

图3-1　温度对葡萄糖热解产生挥发性羰基化合物的影响

与葡萄糖类似，温度对果糖热解产生挥发性羰基化合物的影响主要在中低温区间（图3-2）。甲醛、丙酮、丙烯醛、丁醛、巴豆醛、丙醛、2-丁酮的

释放量在 200～600℃时随温度升高迅速增加，温度继续升高其释放量基本不变。乙醛在 600℃随温度升高释放量增加较为明显，温度继续升高则只是略有增加。

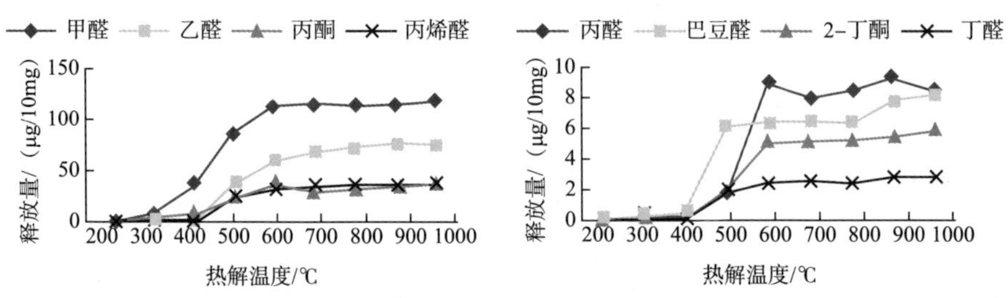

图 3-2　温度对果糖热解产生挥发性羰基化合物的影响

温度对纤维素热解产生挥发性羰基化合物的影响主要在中低温区间（图 3-3）。甲醛、丙酮、丙烯醛、丁醛、巴豆醛、丙醛、2-丁酮的释放量在 200～500℃时随温度升高，释放量迅速增加，温度继续升高其释放量基本不变。乙醛在 500℃随温度升高释放量增加较为明显，温度继续升高则只是略有增加，并在 800℃达到最大释放量。

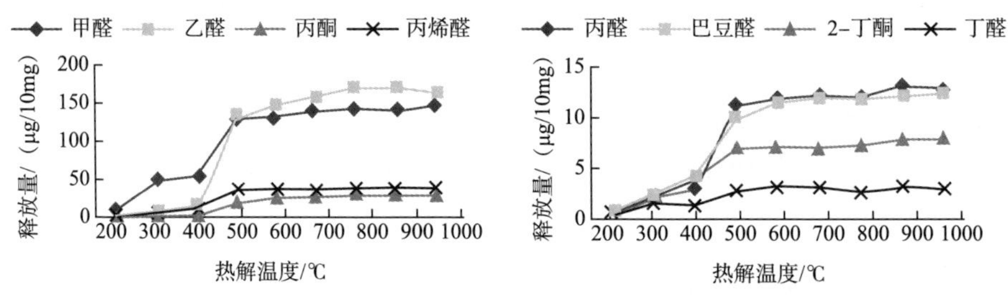

图 3-3　温度对纤维素热解产生挥发性羰基化合物的影响

温度对淀粉热解产生挥发性羰基化合物的影响主要在中低温区间（图 3-4）。8 种挥发性羰基化合物在 200～500℃时随温度升高，释放量迅速增加，温度继续升高其释放量变化不大。

温度对果胶热解产生挥发性羰基化合物的影响主要在中低温区间（图 3-5）。甲醛、丙酮、丙烯醛、丁醛、巴豆醛、2-丁酮在 200～500℃时随温度升高，释放量迅速增加，温度继续升高时其释放量基本不变。丙醛在 600℃随温度升高释放量增加较为明显，800℃以后释放量降低。

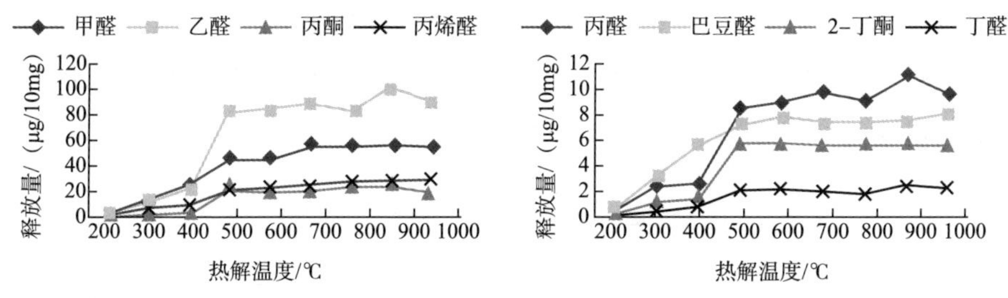

图 3-4　温度对淀粉热解产生挥发性羰基化合物的影响

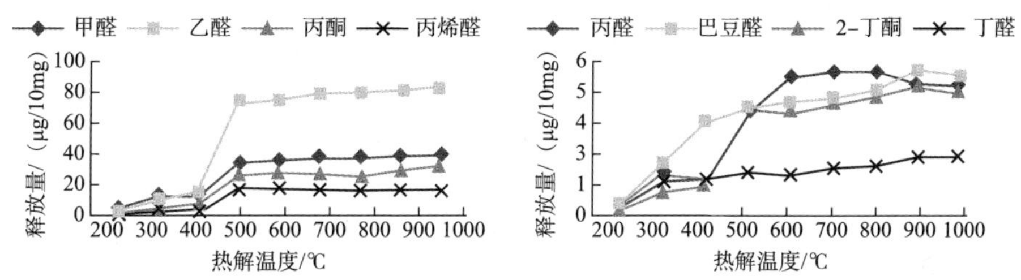

图 3-5　温度对果胶热解产生挥发性羰基化合物的影响

从以上结果可以看出，前体成分热解产生 8 种挥发性羰基化合物的主要温度区间在 600℃以下，温度继续升高，对挥发性羰基化合物影响不大。

第二节　升温速率

图 3-6~图 3-10 为葡萄糖、果糖、淀粉、纤维素、果胶等前体成分在烟草基质中不同升温速率条件下的挥发性羰基化合物释放量。

随着升温速率从 30℃/s 增加到 150℃/s，除丁醛变化不明显外，葡萄糖热解产生挥发性羰基化合物释放量呈增加趋势，甲醛、乙醛增加超过 1 倍，巴豆醛增加超过 50%（图 3-6）。

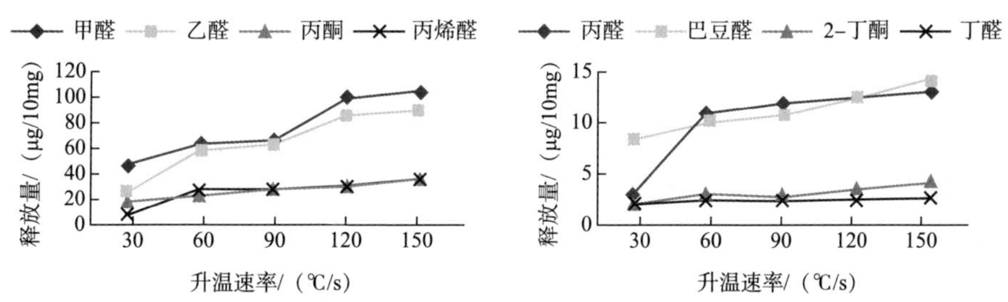

图 3-6　升温速率对葡萄糖热解产生挥发性羰基化合物的影响

与葡萄糖热解类似，随着升温速率从 30℃/s 增加到 150℃/s，除丁醛变化不明显外，果糖热解产生挥发性羰基化合物释放量呈增加趋势，甲醛、乙醛增加超过 1 倍，巴豆醛增加接近 50%（图 3-7）。

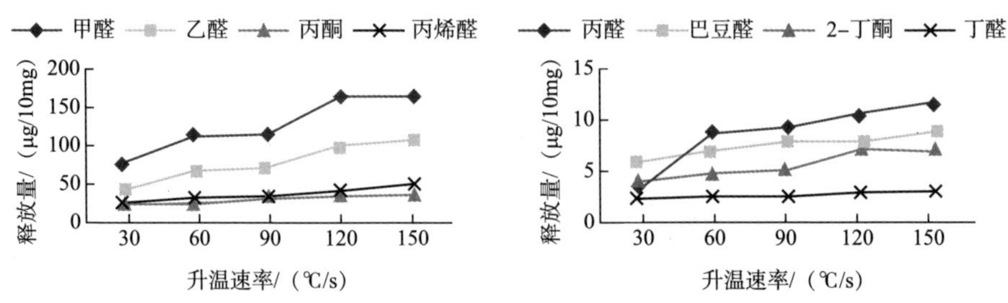

图 3-7 升温速率对果糖热解产生挥发性羰基化合物的影响

随着升温速率从 30℃/s 增加到 150℃/s，纤维素所产生的甲醛、乙醛、丙酮、丙烯醛变化不大，丙醛、巴豆醛、2-丁酮和丁醛略有增加（图 3-8）。

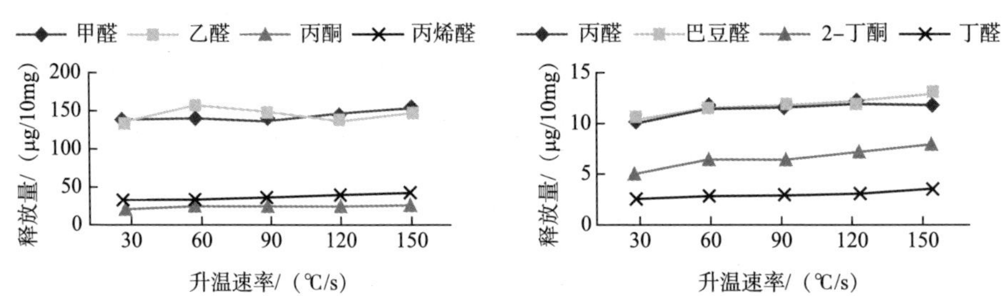

图 3-8 升温速率对纤维素热解产生挥发性羰基化合物的影响

随着升温速率从 30℃/s 增加到 150℃/s，淀粉所产生的甲醛、丙酮、丙烯醛变化不大，乙醛、丙醛、巴豆醛、2-丁酮和丁醛略有增加（图 3-9）。

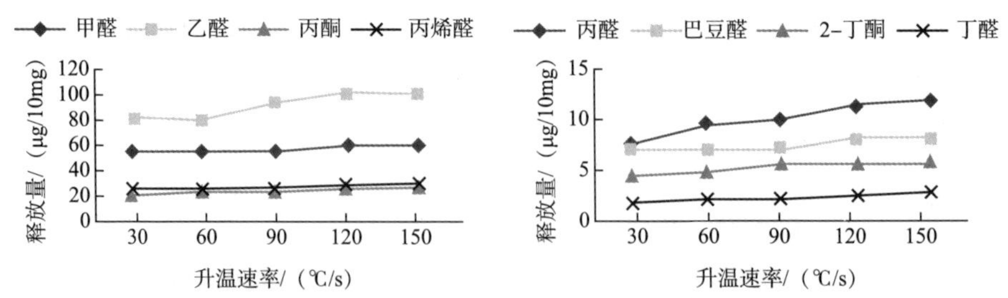

图 3-9 升温速率对淀粉热解产生挥发性羰基化合物的影响

随着升温速率从 30℃/s 增加到 150℃/s，果胶所产生的甲醛、丙酮、丙烯醛变化不大，乙醛、丙醛、2-丁酮、巴豆醛和丁醛略有增加（图 3-10）。

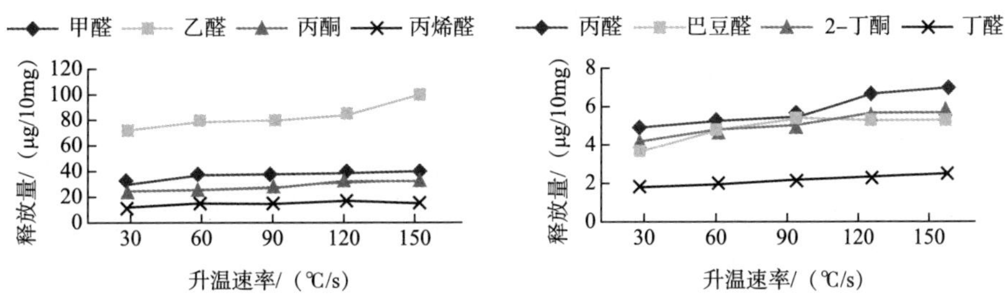

图 3-10　升温速率对果胶热解产生挥发性羰基化合物的影响

综上所述，葡萄糖、果糖在不同升温速率条件下各挥发性羰基化合物的变化与淀粉、纤维素和果胶存在明显差异。当升温速率由 30℃/s 增大为 150℃/s 时，葡萄糖、果糖的甲醛、乙醛、丙醛的产生量均增加 1 倍以上，葡萄糖的丙烯醛产生量增加 3 倍，葡萄糖和果糖的巴豆醛增加近 0.5 倍，葡萄糖所产生的 2-丁酮增加 1 倍，而淀粉、纤维素和果胶的所产生的各挥发性羰基化合物受升温速率的影响相对较小。

第三节　气氛条件

图 3-11~图 3-15 为葡萄糖、果糖、淀粉、纤维素、果胶前体成分在烟草基质中不同气氛条件下的前体成分释放量。

随着热解气氛中含氧量从 0%增加到 21%，葡萄糖热解丙酮、巴豆醛有增加趋势，2-丁酮略有降低，其他挥发性羰基化合物变化不大（图 3-11）。

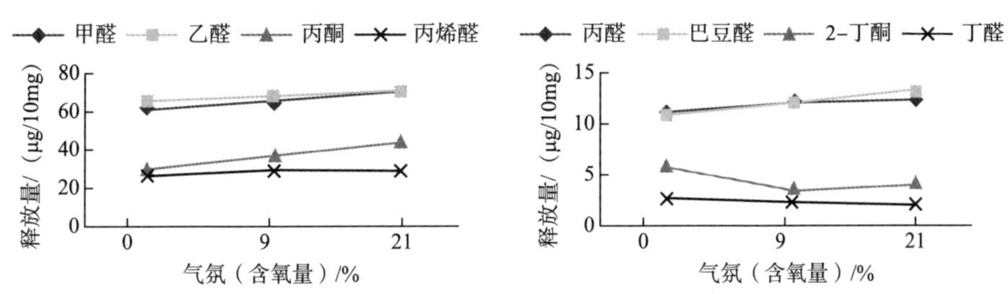

图 3-11　热解气氛对葡萄糖热解产生挥发性羰基化合物的影响

随着热解气氛中含氧量从0%增加到21%，果糖热解甲醛、乙醛、丙醛、巴豆醛有增加趋势，2-丁酮降低，其他挥发性羰基化合物变化不大（图3-12）。

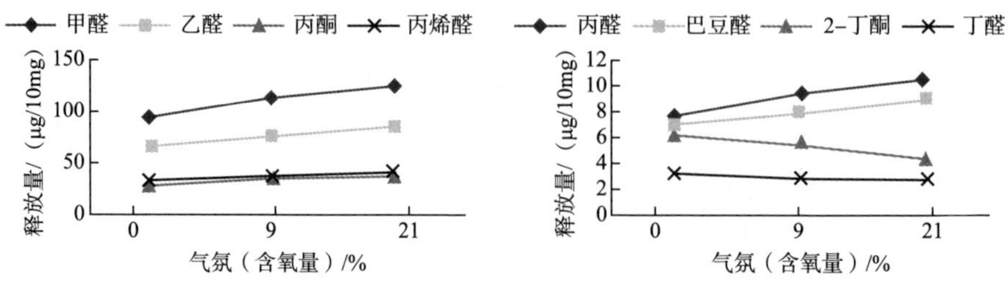

图3-12 热解气氛对果糖热解产生挥发性羰基化合物的影响

随着热解气氛中含氧量从0%增加到21%，纤维素热解乙醛、丙醛、巴豆醛有增加趋势，2-丁酮降低，其他挥发性羰基化合物变化不大（图3-13）。

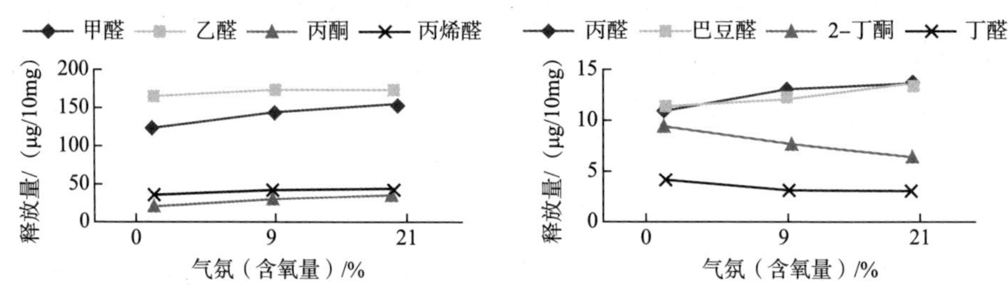

图3-13 热解气氛对纤维素热解产生挥发性羰基化合物的影响

随着热解气氛中含氧量从0%增加到21%，淀粉热解甲醛、乙醛、丙酮、丙烯醛、丙醛、巴豆醛有增加趋势，2-丁酮降低（图3-14）。

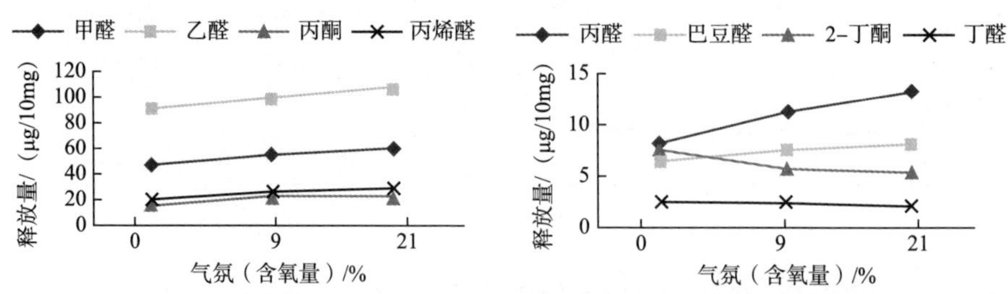

图3-14 热解气氛对淀粉热解产生挥发性羰基化合物的影响

随着热解气氛中含氧量从 0%增加到 21%，果胶热解乙醛、丙醛、巴豆醛有增加趋势，2-丁酮、丁醛降低（图 3-15）。

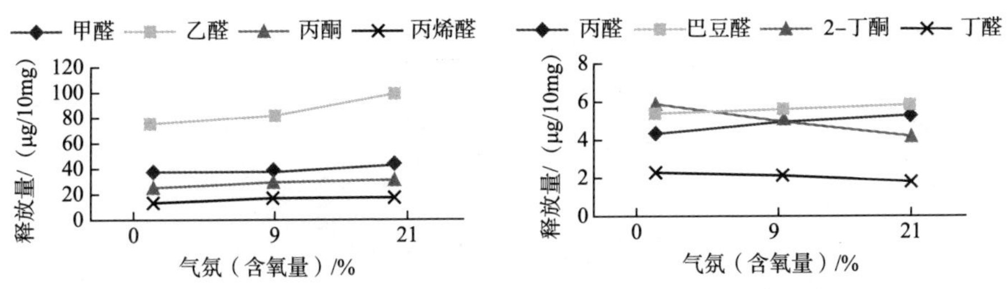

图 3-15　热解气氛对果胶热解产生挥发性羰基化合物的影响

综上所述，当热解气氛中的 O_2 含量从 0%（即 N_2 条件）增加到 21%时，5 种前体成分的甲醛、乙醛、丙酮、丙烯醛、丙醛和巴豆醛的释放量有不同程度的增加。其中，葡萄糖的丙酮释放量在空气条件下与 N_2 条件下相比增加 46%，淀粉的丙酮和丙醛的释放量分别增加 53%和 65%，纤维素的丙酮释放量增加 69%。5 种前体成分在空气条件下的 2-丁酮的释放量比 N_2 条件中的释放量均降低近 30%，各前体成分中除果糖、葡萄糖和淀粉的丁醛的释放量减少不明显外，其余均减少约五分之一。

第四节　载气流量

葡萄糖、果糖、淀粉、纤维素、果胶等前体成分在烟草基质中不同气体流量条件下的前体成分释放量如图 3-16~图 3-20 所示。

随着载气流量从 2.5mL/s 增加到 27.5mL/s，除甲醛显著增加 3 倍以上，葡萄糖热解所产生的其他挥发性羰基化合物基本不变（图 3-16）。

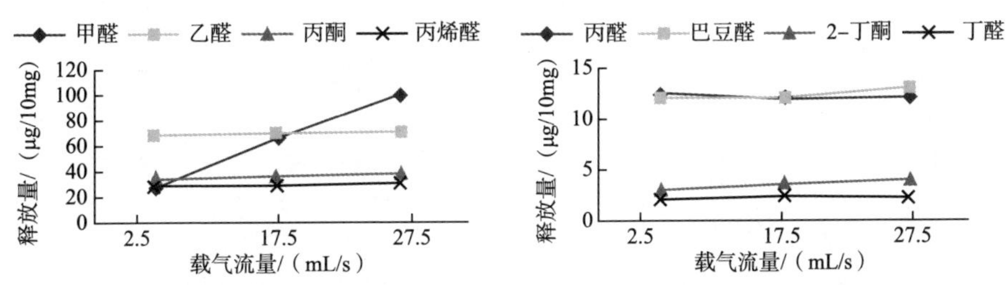

图 3-16　载气流量对葡萄糖热解产生挥发性羰基化合物的影响

随着载气流量从 2. 5mL/s 增加到 27. 5mL/s，除甲醛显著增加 2 倍以上，果糖热解所产生的其他挥发性羰基化合物基本不变（图 3-17）。

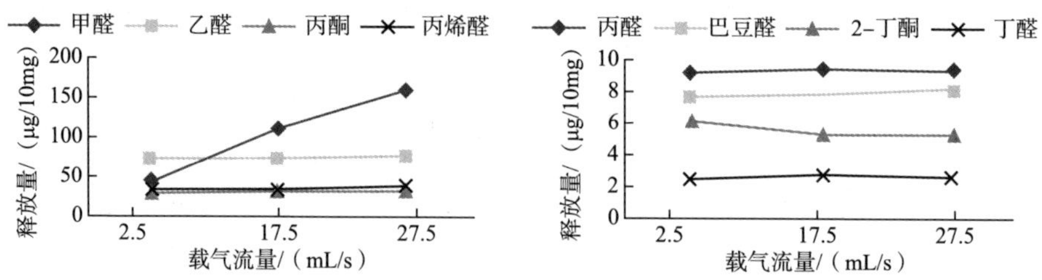

图 3-17 载气流量对果糖热解产生挥发性羰基化合物的影响

随着载气流量从 2. 5mL/s 增加到 27. 5mL/s，除甲醛显著增加外，纤维素热解所产生的其他挥发性羰基化合物基本不变（图 3-18）。

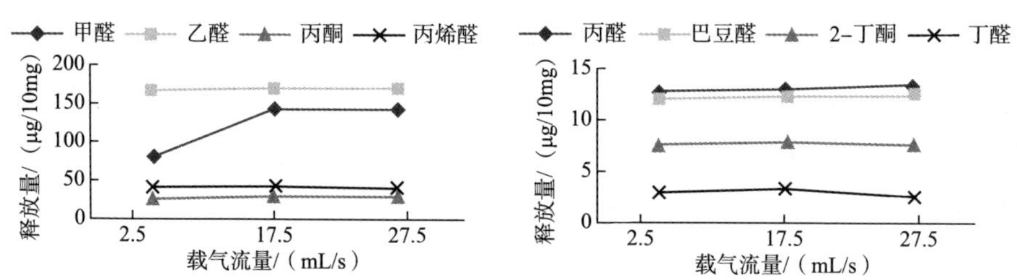

图 3-18 载气流量对纤维素热解产生挥发性羰基化合物的影响

随着载气流量从 2. 5mL/s 增加到 27. 5mL/s，除甲醛增加外，淀粉热解所产生的其他挥发性羰基化合物基本不变（图 3-19）。

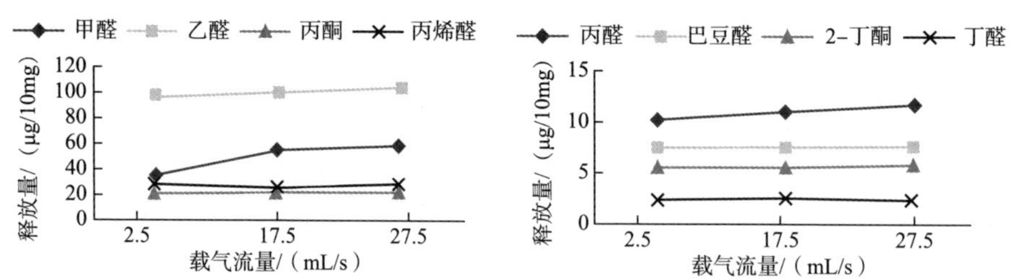

图 3-19 载气流量对淀粉热解产生挥发性羰基化合物的影响

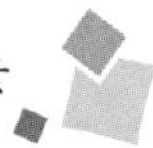

随着载气流量从 2. 5mL/s 增加到 27. 5mL/s，除甲醛显著增加外，果胶热解所产生的其他挥发性羰基化合物基本不变（图 3-20）。

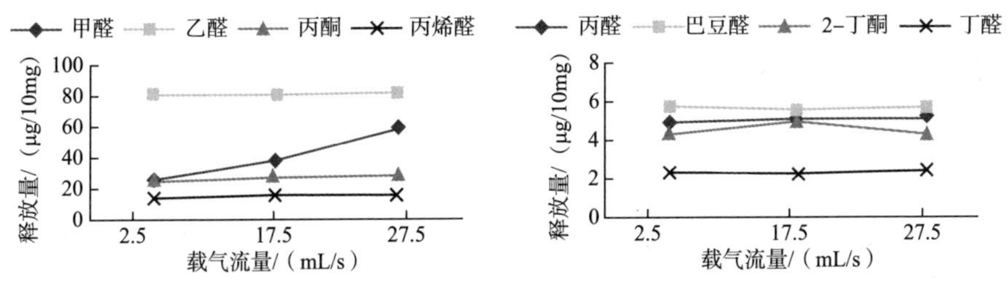

图 3-20　载气流量对果胶热解产生挥发性羰基化合物的影响

综上所述，当载气流量增加时，各前体成分热解产物中甲醛的释放量明显增加，而其余挥发性羰基化合物的释放量则并无显著性变化。随着载气流量从 2. 5mL/s 增加到 27. 5mL/s，葡萄糖、果糖热解产物中甲醛增加 2 倍以上，淀粉、纤维素和果胶等相对分子质量高的前体成分热解甲醛释放量增加 70%以上。与卷烟烟丝在不同气体流速条件下各挥发性羰基化合物释放量变化相比，葡萄糖、果糖的甲醛释放量增加幅度大于卷烟烟丝的甲醛释放量增加幅度，而淀粉、纤维素和果胶的甲醛幅度增加值小于卷烟烟丝的甲醛释放量增加幅度。

第四章 巴豆醛形成机理

通过对前体成分和挥发性羰基化合物的量效关系研究，筛选出纤维素、葡萄糖、果糖、淀粉、果胶等碳水化合物为挥发性羰基化合物的重要前体成分。针对这些前体成分采用热重行为分析、热解-质谱、热解-气质（气相色谱/质谱）联用、同位素标记物热解等技术手段，进行了挥发性羰基化合物形成机理研究，并对巴豆醛的形成机理进行了推断。

第一节　葡萄糖形成巴豆醛机理

葡萄糖是烟草中重要的水溶性还原糖，在烟草制品燃吸过程中能调整酸碱平衡，增加烟气的和顺性，其反应产物能协调烟草香气，增加香气浓度，在烟草制造过程中常作为重要的料液添加成分。由于葡萄糖在食品和天然植物中广泛存在，文献中对葡萄糖的热解有广泛的研究。葡萄糖热解从熔融温度开始，主要形成1，6-脱水葡萄糖和几种寡聚葡萄糖。在更高温度下，葡萄糖热解产生大量分子碎片，主要为醛、酮、呋喃类化合物。本节开展了葡萄糖的热重行为、热解-质谱、热解-气质联用、同位素标记热解等研究，探讨葡萄糖热解过程和巴豆醛等挥发性羰基化合物的形成。

一、葡萄糖热重行为

1. 不同气氛葡萄糖的热失重

图4-1是葡萄糖在不同气氛下的热重曲线（TG）和热重微分曲线（DTG）。在氮气氛围下，葡萄糖的主要热失重区间有三个，分别为170～260℃、260～440℃和440～730℃。达到730℃时，葡萄糖失重率超过95%，再升高温度，样品质量不再有显著变化。从DTG曲线上可以看出，氮气氛围下，三个主要的热失重区间对应的失重速率峰分别在230℃、320℃和600℃。230℃和320℃两个温度处DTG峰较锐，表明此处发生的热失重反应较为激烈，而600℃附近的DTG曲线较为平缓，表明此处发生的热失重反应相对速率较慢。

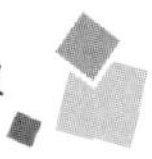

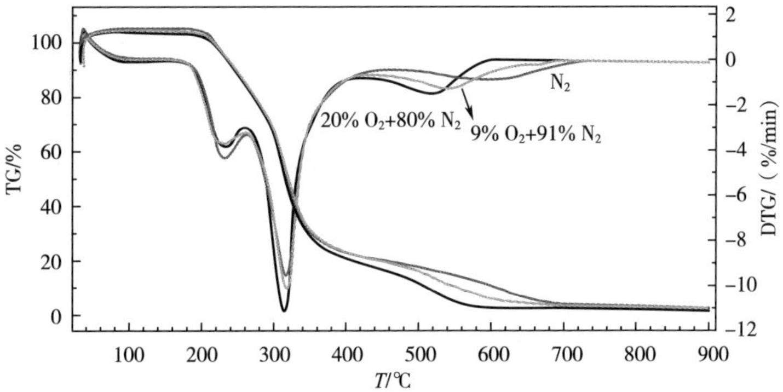

图 4-1　不同气氛下葡萄糖的热重曲线

（升温速率：10℃/min；流量：35mL/min。）

比较不同气氛条件下葡萄糖的 TG 和 DTG 曲线可以看出，氧气对 170～260℃、260～440℃两个区间的热失重没有显著影响，最大失重速率峰和峰面积没有显著变化。但对于 440～730℃的热失重峰，氧气的存在将最大失重速率峰向低温方向移动，对该温度区间发生的热失重反应具有促进作用，表明氧气参与葡萄糖的热解反应发生在较高温度。

2. 不同升温速率葡萄糖的热失重

图 4-2 是升温速率对葡萄糖热重和微分热重的影响。从热重微分曲线看，增加升温速率，三个最大失重速率峰均向高温移动，升温速率越高，失重速率峰越大。这是因为升温速率越高，试样达到相同温度经历的反应时间越短，在固定的温度具有越高的失重速率。

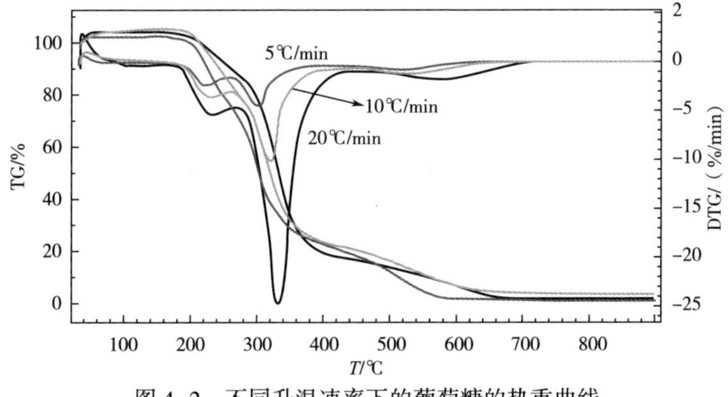

图 4-2　不同升温速率下的葡萄糖的热重曲线

（热解气氛：9% O_2+N_2；流量：35mL/min。）

二、葡萄糖热解-质谱分析

采用热解仪直接与质谱连接，可以实时监测热解析出产物随热解温度的变化。在该实验中，热解产物未经色谱柱分离，得到的质谱信号为混合物的离子碎片。为了分析特定产物随热解温度的析出情况，需要找出具有较高丰度的特征产物离子。

1. 实验方法

热解条件：起始温度 50℃，以 50℃/min 升高至 900℃；传输线 280℃；阀温 280℃；载气为氦气。

气相质谱（GC-MS）条件：进样口温度 280℃，恒流模式，流量 1.5mL/min；分流比 50 ∶ 1；色谱柱为 0.62m，内径 0.1mm，空管柱；炉温 280℃，保持 30min；质谱扫描范围：12~200u。

2. 结果与讨论

（1）总离子流图　由图 4-3 可知，与热重结果一致，葡萄糖热解存在主要产物析出温度（主析出）和次要产物析出温度（次析出）。主析出位置在 420℃附近，次析出位置在 340℃附近。与热重显示的两个温度有所差异，这是因为热重加热速率低，而热解加热速率高，造成峰的偏移。

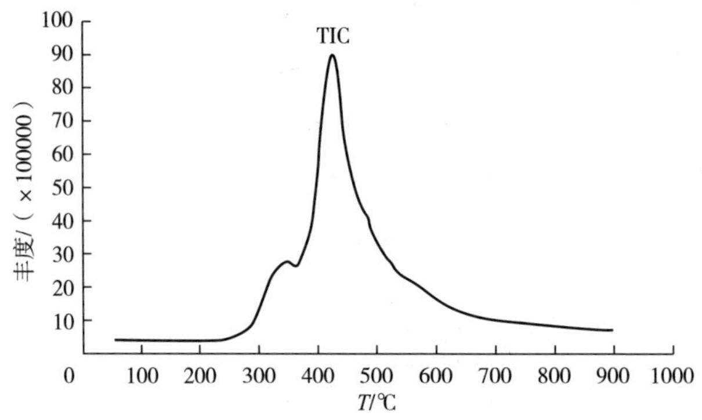

图 4-3　葡萄糖热解-质谱（Py-MS）总离子流图

（2）特征离子选择　化合物特征离子的选择方法：对葡萄糖进行热解气质联用分析，对热解产物中具有较大丰度的化合物进行碎片离子分析，以碎片离子占有全部色谱图该离子丰度的 80%以上作为该化合物的特征离子，如图 4-4 所示。

从葡萄糖热解产物总离子流色谱图可以得到糠醛的保留时间为 38.5min。糠醛质谱中主要离子为 $m/z=96$，$m/z=95$，如图 4-5 所示。

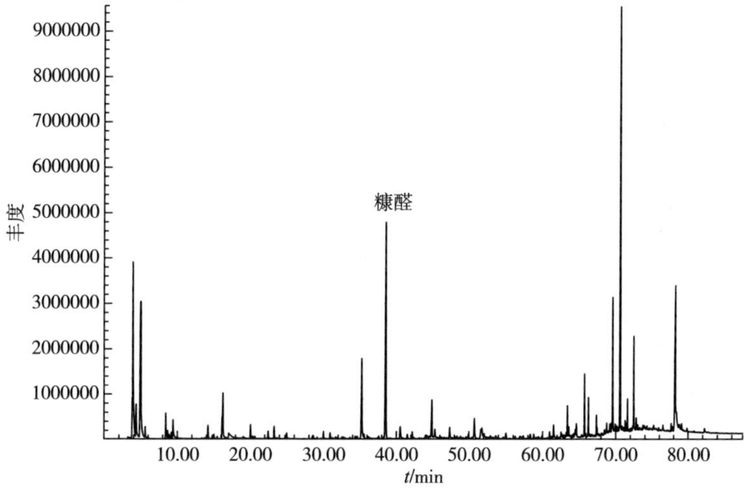

图 4-4　葡萄糖热解产物总离子流色谱图

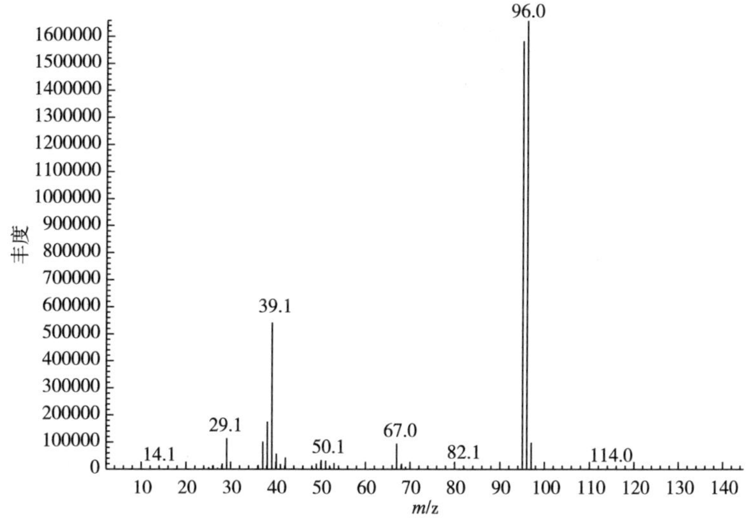

图 4-5　糠醛质谱图

从葡萄糖热解产物 $m/z=96$ 选择离子色谱图（图 4-6）可以得出，具有 $m/z=96$ 碎片离子的化合物主要为糠醛。糠醛 $m/z=96$ 离子峰面积占总 $m/z=96$ 峰面积的 89.5%。因此，可以认为在葡萄糖的热解-质谱实验中，$m/z=96$ 碎片离子主要来自于糠醛，$m/z=96$ 碎片离子随热解温度的变化可以近似视作葡萄糖热解产物中糠醛随温度的析出变化。

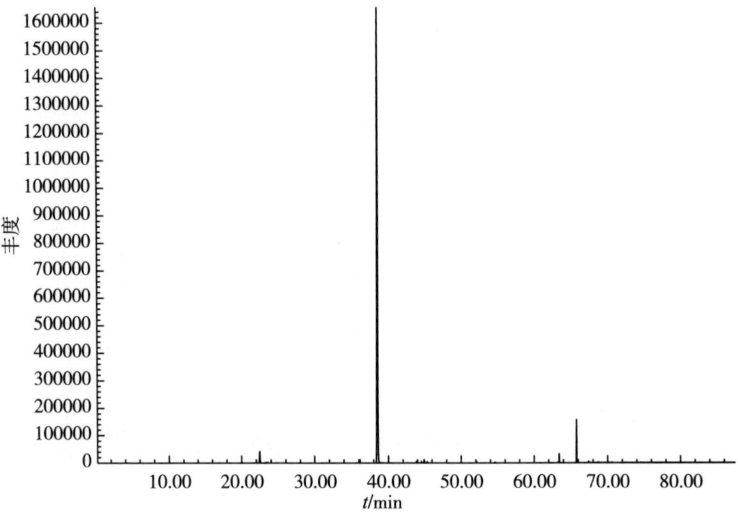

图 4-6 葡萄糖热解产物 $m/z=96$ 选择离子色谱图

按照该方法，选出的特征离子包括二氧化碳（$m/z=44$）、水（$m/z=18$）、羟基乙醛（$m/z=32$）、5-羟甲基糠醛（$m/z=126$）、糠醛（$m/z=96$）。

这些化合物特征离子随热解温度的析出曲线见图 4-7。

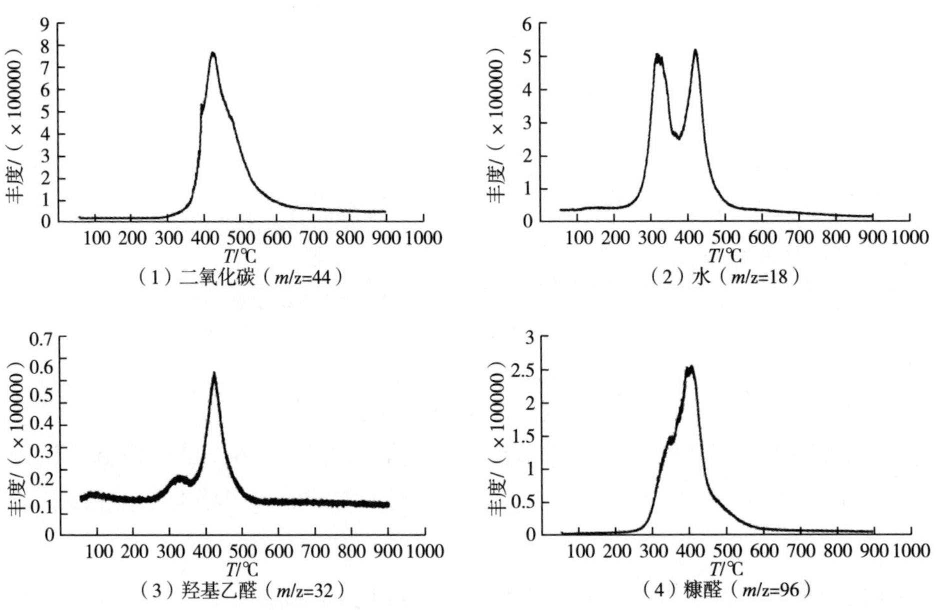

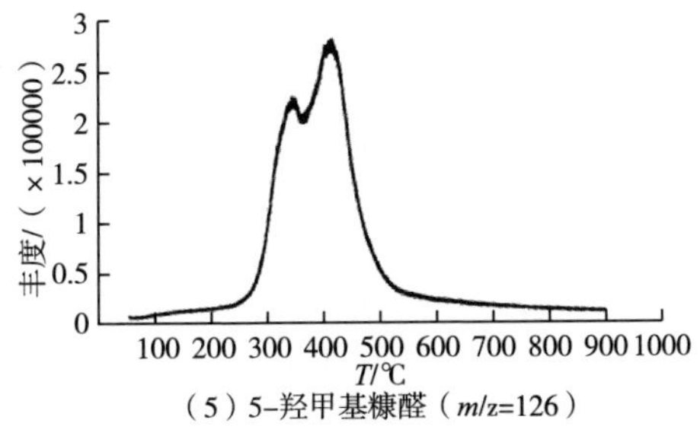

（5）5-羟甲基糠醛（m/z=126）

图 4-7　葡萄糖 Py-MS 部分产物特征离子析出曲线

从图 4-7 中可以看出，二氧化碳以单峰形态析出，析出峰值温度在 420℃附近。水的析出在 340℃和 420℃处呈现两个面积接近的峰；羟基乙醛、糠醛和 5-羟甲基糠醛均呈现 340℃和 420℃双析出峰，420℃附近为主峰。从这些结果也可以推断，340℃附近为葡萄糖脱水的主要温度区，脱水时会形成羟基乙醛、糠醛和 5-羟甲基糠醛等成分，420℃附近为脱水后葡萄糖热解分解的主要温度区。

三、葡萄糖热解-气相色谱/质谱分析

1. 方法

热解条件：起始温度 50℃，以 30℃/s 升高至 900℃，保持 9s；传输线 280℃；阀温 280℃；载气为氦气。

GC-MS 条件：进样口温度 240℃，恒流模式，流量 1.5mL/min；分流比 50∶1；色谱柱为 DB-624，60m×0.25mm×1.0μm；炉温，初始 35℃，以 2℃/min 升高到 120℃，保持 10min，再以 8℃/min 升高到 240℃，保持 15min；质谱扫描范围为 12~350u。

2. 结果与讨论

葡萄糖热解产物总离子流色谱图见图 4-4，葡萄糖主要热解产物见表 4-1。

表 4-1　　葡萄糖主要热解产物

峰号	保留时间/min	产物	面积百分比/%
1	3.79	一氧化碳	1.19
2	3.89	二氧化碳	8.97
3	4.33	甲醛	1.77
4	4.96	水	12.38

续表

峰号	保留时间/min	产物	面积百分比/%
5	5.59	乙醛	0.33
6	8.42	呋喃	1.14
7	8.68	丙烯醛	0.28
8	8.90	丙醛	0.14
9	9.19	丙酮	0.34
10	9.42	二甲基环氧乙烷	1.18
11	13.39	丙烯醇	0.04
12	13.75	未知	0.05
13	14.19	2-甲基呋喃	0.67
14	14.71	丁醛	0.01
15	14.81	甲基乙烯基酮	0.27
16	15.01	2,3-丁二酮	0.26
17	15.48	2-丁酮	0.11
18	16.24	羟基乙醛	3.40
19	17.05	甲酸	0.88
20	20.05	乙酸	0.73
21	20.37	*E*-巴豆醛	0.11
22	20.65	*Z*-巴豆醛	0.10
23	22.02	2-乙基呋喃	0.04
24	22.47	2,5-二甲基呋喃	0.35
25	23.28	1-羟基-2-丙酮	0.60
26	24.77	乙烯基呋喃	0.17
27	24.97	未知	0.29
28	28.49	丙酸	0.13
29	28.59	甲苯	0.16
30	29.12	未知	0.07
31	29.99	3-甲基呋喃	0.27
32	30.90	未知	0.32
33	34.64	3-甲基苯酚	0.09
34	35.25	未知	5.00

续表

峰号	保留时间/min	产物	面积百分比/%
35	38.54	糠醛	13.18
36	40.53	2-丙基呋喃	0.86
37	41.51	糠醇	0.20
38	44.89	未知	2.12
39	45.32	2-乙酰呋喃	0.35
40	47.34	1,2-环戊二酮	0.57
41	50.75	5-甲基糠醛	1.22
42	63.43	糠酸甲酯	1.02
43	65.78	左旋葡萄糖酮	1.83
44	66.32	2,3-二氢-3,5-二羟基-6-甲基-4H-吡喃-4-酮	1.17
45	69.58	1,4：3,6-双脱水吡喃型葡萄糖	4.05
46	70.63	5-羟甲基糠醛	18.94
47	72.45	未知	2.38
48	78.19	1,6-脱水吡喃型葡萄糖	10.23

葡萄糖热解产物中除了水、一氧化碳、二氧化碳以及1,6-脱水吡喃型葡萄糖外，主要为醛、酮、呋喃类化合物。甲醛、乙醛、丙醛、丙烯醛、丙酮、2-丁酮、丁醛和巴豆醛8种挥发性羰基化合物均有检出，验证了离线热解实验的结论，葡萄糖是烟气中这8种挥发性羰基化合物的前体。其中，巴豆醛有顺式和反式两种同分异构体被色谱分离检出。

四、^{13}C 标记葡萄糖热解

分别以 D-glucose-$^{13}C_6$，D-glucose-1-^{13}C，D-glucose-2-^{13}C，D-glucose-3-^{13}C，D-glucose-4-^{13}C，D-glucose-5-^{13}C，D-glucose-6-^{13}C 等^{13}C 标记葡萄糖进行热解，并与 D-glucose-$^{12}C_6$ 热解产物比较。通过与天然同位素丰度质谱图比较，考察热解产物中碳标记挥发性羰基化合物的含量和位置信息，探讨葡萄糖热解产生巴豆醛等的机理。

1. $^{13}C_6$-葡萄糖与葡萄糖混合物的热解

热解过程中既可以发生分子碎裂形成更小分子的热解产物，小分子的热解产物也可能发生二次反应，热聚合形成其他产物。通过$^{13}C_6$-葡萄糖与葡萄糖1：1共混热解，考察产物中全^{13}C 标记、部分^{13}C 以及全^{12}C 化合物之间的比例，可知相应的目标物是来自单分子热解还是来自不同分子热解产物聚合。采用该方式对葡萄糖热解产物中乙醛、丙酮、丙烯醛、丙醛、巴豆醛、2-丁酮和丁醛的来源机制进行考察。

（1）巴豆醛　如果巴豆醛的形成不存在聚合反应的途径，则巴豆醛中 4 个碳原子来自同一分子，$^{13}C_6$-葡萄糖与葡萄糖 1∶1 共混热解产物中只能观察到$^{13}C_4$ 巴豆醛和$^{12}C_4$ 巴豆醛；如果巴豆醛的形成存在聚合反应途径，则能观察到$^{13}C_6$-葡萄糖与葡萄糖的热解产物共反应形成的巴豆醛，也就是除了$^{13}C_4$ 巴豆醛和$^{12}C_4$ 巴豆醛，还可以观察到$^{13}C_1$ 巴豆醛、$^{13}C_2$ 巴豆醛或$^{13}C_3$ 巴豆醛。

图 4-8 为巴豆醛标准谱库（NIST 谱库）质谱图和$^{13}C_6$-葡萄糖与葡萄糖 1∶1 共混热解巴豆醛保留时间处的质谱图。巴豆醛质谱图中，$m/z=70$ 为巴豆醛$^{12}C_4$ 巴豆醛的分子离子，$m/z=69$ 为巴豆醛$^{12}C_4$ 巴豆醛 M-H 离子，而 $m/z=71$ 为巴豆醛$^{12}C_4$ 巴豆醛的天然同位素离子峰。$^{13}C_6$-葡萄糖与葡萄糖 1∶1 共混热解产物的质谱图中，主要为$^{13}C_4$ 巴豆醛和$^{12}C_4$ 巴豆醛的分子离子（$m/z=74$，$m/z=70$）和相应的 M-H 离子（$m/z=73$，$m/z=69$），$m/z=71$ 的离子相对丰度与巴豆醛的天然同位素离子峰基本一致。因此。可以认为，葡萄糖热解产生巴豆醛是通过单一葡萄糖分子内部热解碎片化产生的。

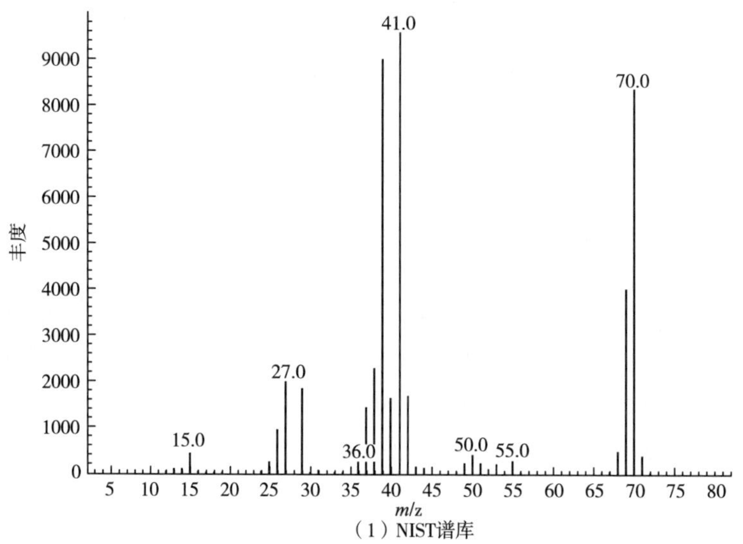

（1）NIST谱库

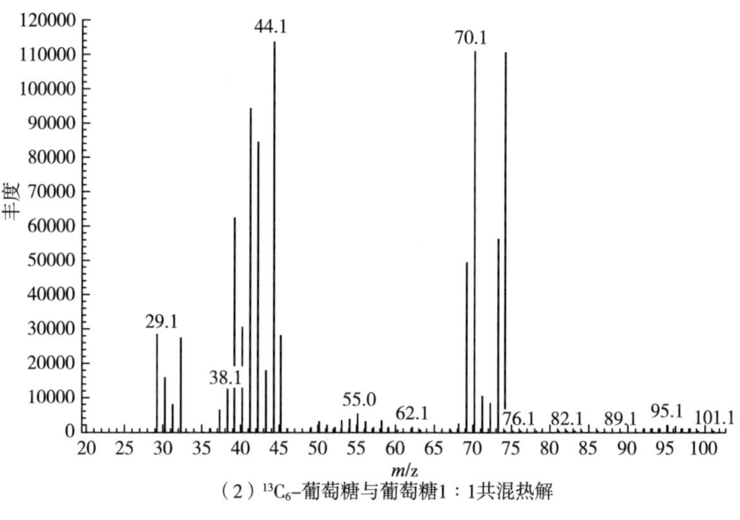

（2）$^{13}C_6$-葡萄糖与葡萄糖1：1共混热解

图 4-8　巴豆醛质谱图

（2）乙醛　如果乙醛的形成是来自葡萄糖单分子热解机制，则乙醛中 2 个碳原子来自同一分子，$^{13}C_6$-葡萄糖与葡萄糖 1：1 共混热解产物中只能观察到$^{13}C_2$ 乙醛和$^{12}C_2$ 乙醛；如果乙醛的形成存在聚合反应途径，则能观察到$^{13}C_6$-葡萄糖与葡萄糖的热解产物共反应形成的乙醛，也就是除了$^{13}C_2$ 乙醛和$^{12}C_2$ 乙醛，还可以观察到$^{13}C_1$ 乙醛。

图 4-9 为标准谱库（NIST 谱库）质谱图与$^{13}C_6$-葡萄糖与葡萄糖 1：1 共混热解产物中乙醛质谱图。乙醛标准质谱图中，分子离子附近主要离子碎片包括 m/z=44（分子离子 M^+）、43 和 42。共混热解产物中乙醛质谱图，分子离子附近主要离子碎片包括 m/z=46，45，44，43，42。其中 m/z=46 为同位素标记分子离子 M^+。m/z=46 的离子与 44 的离子丰度接近，考虑到 m/z=46 的同位素乙醛分子产生一部分 m/z=44 叠加到非同位素乙醛分子离子响应上，共混热解产生的乙醛应主要有$^{13}C_2$ 同位素标记乙醛和非标记乙醛。因此，葡萄糖热解产生乙醛应主要来自单分子热解机制。

（3）丙酮　图 4-10 为标准谱库（NIST 谱库）质谱图与$^{13}C_6$-葡萄糖与葡萄糖 1：1 共混热解产物中丙酮质谱图。丙酮标准质谱图中，分子离子附近主要离子碎片包括 m/z=58（分子离子 M^+），天然同位素分子离子丰度很低。共混热解产物中丙酮质谱图，分子离子附近主要离子碎片包括 m/z=61 和 58，还有一定丰度的 59 和 60。其中 m/z=61 为同位素标记分子离子 M^+。考虑到丙酮天然同位素分子离子丰度很低，$m/z=59$ 和 60 应来自两分子化合物的热合成。因此，葡萄糖热解产生丙酮主要为单分子机制，存在较低比例的双分子机制。

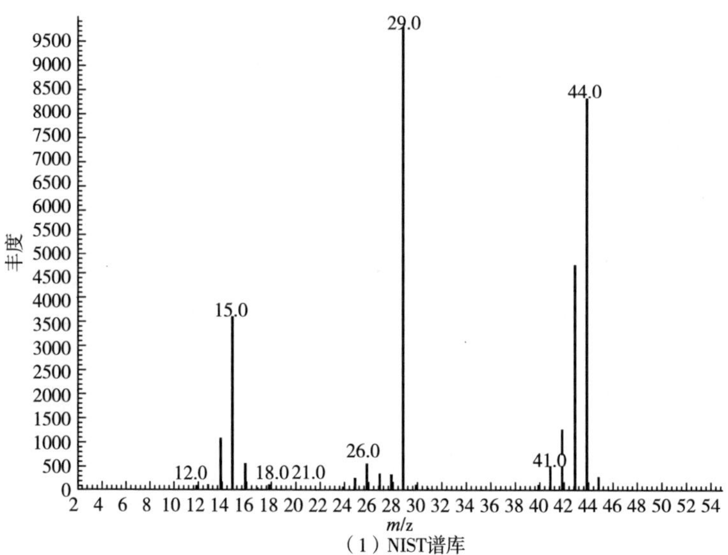

（1）NIST谱库

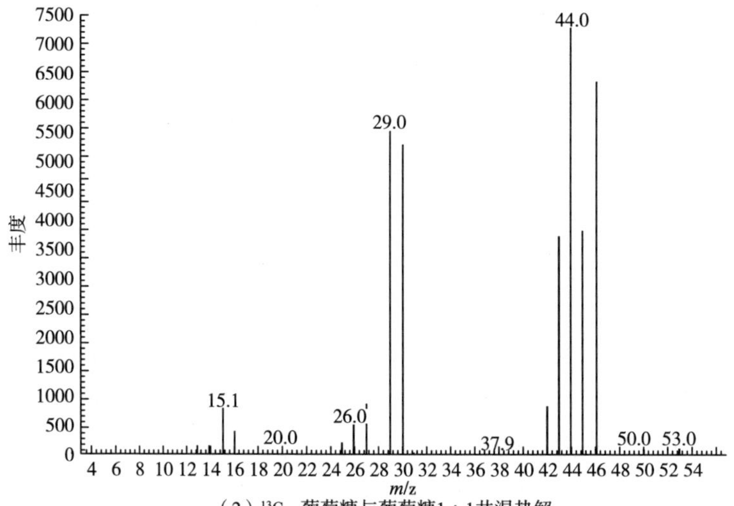

（2）$^{13}C_6$-葡萄糖与葡萄糖1：1共混热解

图 4-9　乙醛质谱图

（4）丙烯醛　图 4-11 为标准谱库（NIST 谱库）质谱图与$^{13}C_6$-葡萄糖与葡萄糖 1：1 共混热解产物中丙烯醛质谱图。丙烯醛标准质谱图中，分子离子

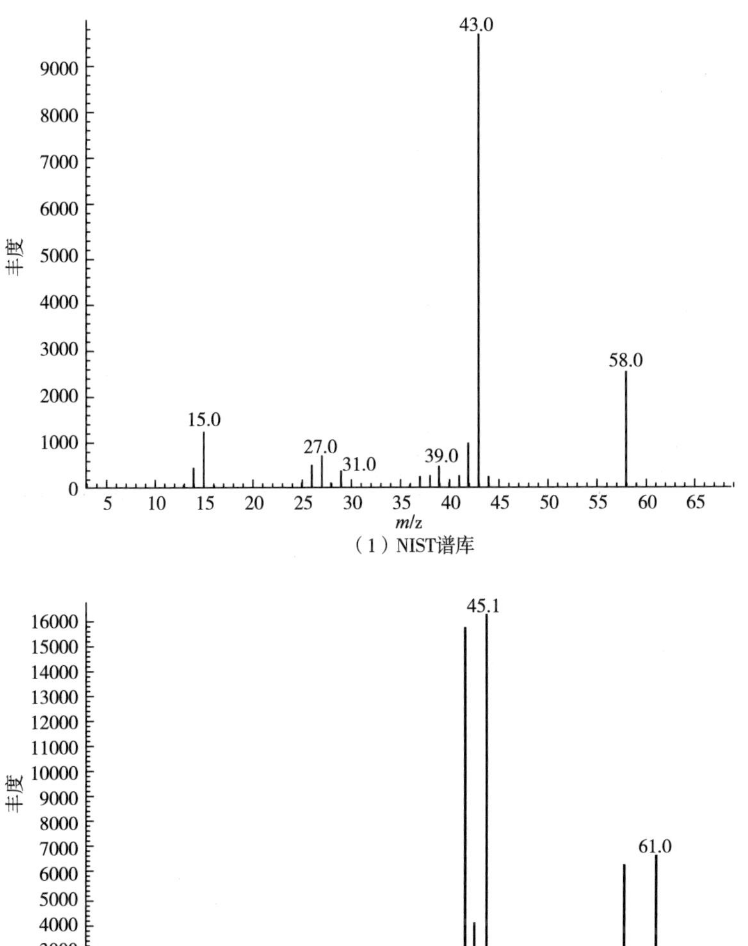

（1）NIST谱库

（2）$^{13}C_6$-葡萄糖与葡萄糖1：1共混热解

图 4-10　丙酮质谱图

附近主要离子碎片包括 m/z=56（分子离子 M^+）和 55，天然同位素分子离子 m/z=57 丰度很低。共混热解产物中丙烯醛质谱图，分子离子附近主要离子碎片包括 m/z=56，59，55，58，57。其中 m/z=59 为同位素标记分子离子 M^+。m/z=56 的离子与 59 的离子丰度接近，说明共混热解产生的丙烯醛应主要有 $^{13}C_3$ 同位素标记丙烯醛和非标记丙烯醛。因此，葡萄糖热解产生丙烯醛应主要来自单分子热解机制。

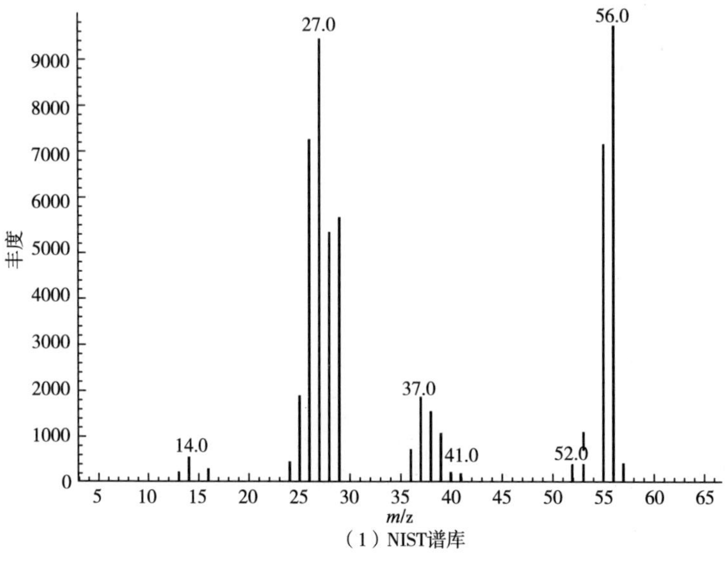

（1）NIST谱库

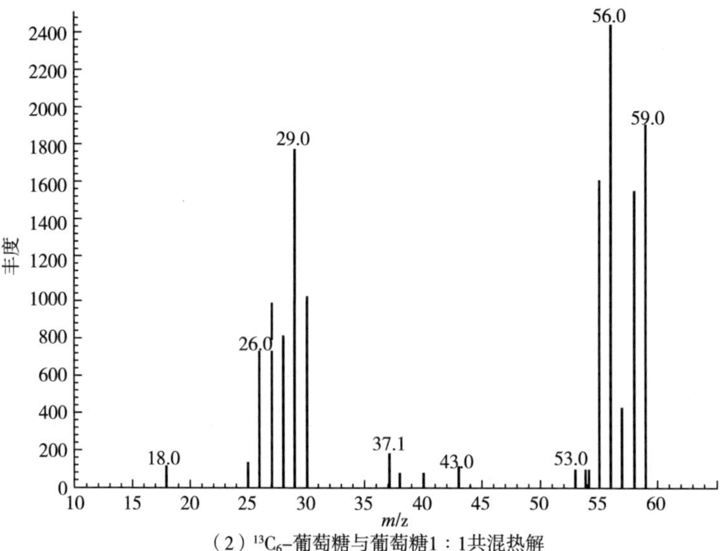

（2）$^{13}C_6$-葡萄糖与葡萄糖1∶1共混热解

图 4-11　丙烯醛质谱图

（5）丙醛　图 4-12 为标准谱库（NIST 谱库）质谱图与$^{13}C_6$-葡萄糖与葡萄糖 1∶1 共混热解产物中丙醛质谱图。丙醛标准质谱图中，分子离子附近主要离子碎片包括 $m/z=58$（分子离子 M^+） 和 57。共混热解产物中丙醛质谱图，分子离子附近主要离子碎片包括 $m/z=58$，61，57，60。其中 $m/z=61$ 和 60 为同位素标记分子离子 M^+和［M-H］$^+$。谱图中 $m/z=59$ 离子较低，说明共

混热解产生的$^{13}C_1$丙醛较少，主要为$^{13}C_3$同位素标记丙醛和非标记丙醛。因此，葡萄糖热解产生丙醛应主要来自单分子热解机制。

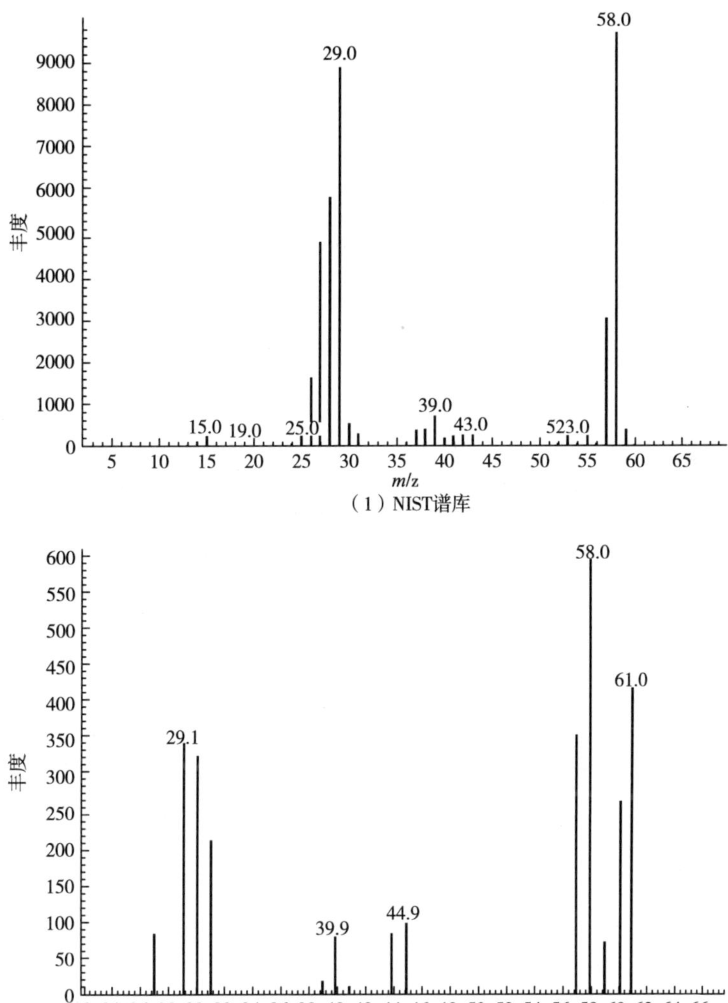

（1）NIST谱库

（2）$^{13}C_6$-葡萄糖与葡萄糖1：1共混热解

图 4-12　丙醛质谱图

（6）2-丁酮　图 4-13 为标准谱库（NIST 谱库）质谱图与$^{13}C_6$-葡萄糖与葡萄糖 1：1 共混热解产物中 2-丁酮质谱图。2-丁酮标准质谱图中，分子离子附近主要离子碎片包括 $m/z=72$（分子离子 M^+）和少量天然同位素分子离子 73。共混热解产物中 2-丁酮质谱图分子离子附近主要离子碎片主要为 $m/z=$

76，72，m/z=73，74，75 等离子丰度较低，表明共混热解产生的主要为$^{13}C_3$同位素标记 2-丁酮和非标记 2-丁酮。因此，葡萄糖热解产生 2-丁酮应主要来自单分子热解机制。

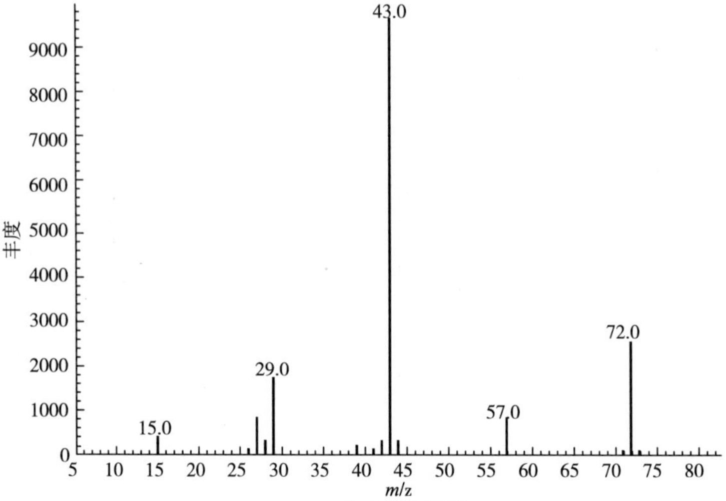

（1）NIST谱库

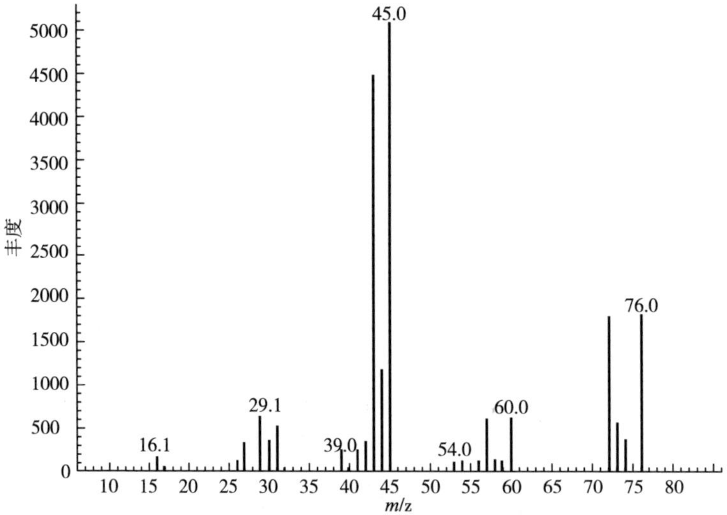

（2）$^{13}C_6$-葡萄糖与葡萄糖1∶1共混热解

图 4-13　2-丁酮质谱图

（7）丁醛　图 4-14 为标准谱库（NIST 谱库）质谱图与$^{13}C_6$-葡萄糖与葡萄糖 1∶1 共混热解产物中丁醛质谱图。丁醛标准质谱图中，分子离子附近主

要离子碎片包括 $m/z=72$（分子离子 M^+）和少量天然同位素分子离子 73、$[M-H]^+72$。共混热解产物中丁醛质谱图分子离子附近主要离子碎片主要为 $m/z=76$，72，$m/z=73$，74，75 等较低，表明共混热解产生的主要为 $^{13}C_3$ 同位素标记丁醛和非标记丁醛。因此，葡萄糖热解产生丁醛应主要来自单分子热解机制。

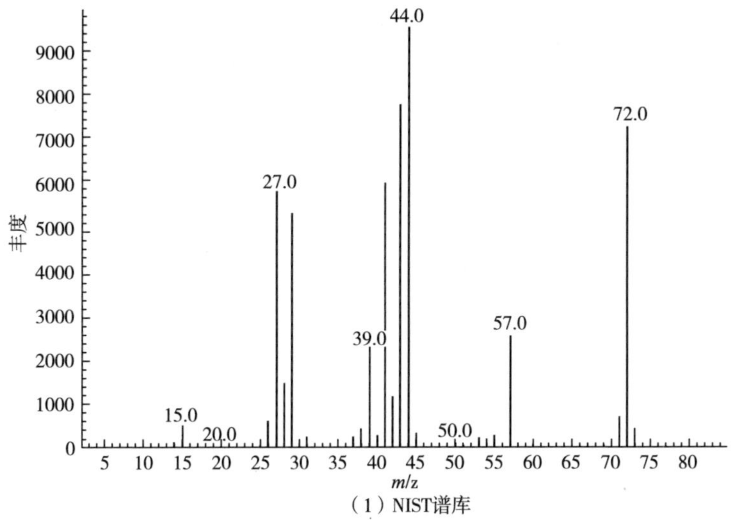

（1）NIST谱库

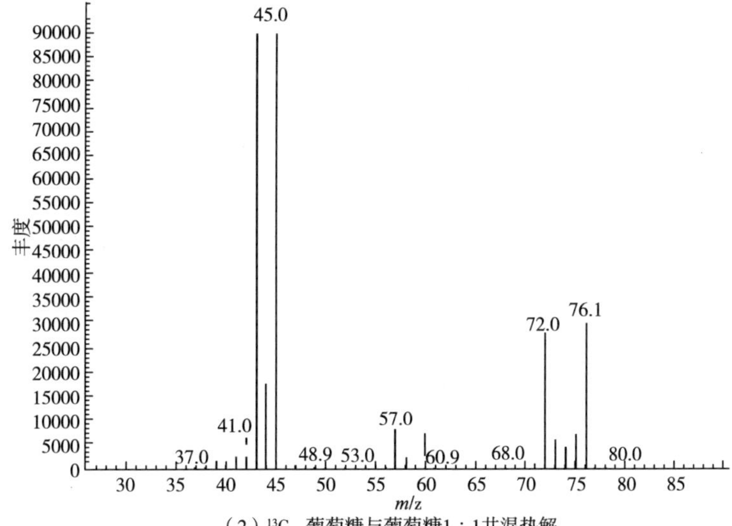

（2）$^{13}C_6$-葡萄糖与葡萄糖1：1共混热解

图 4-14　丁醛质谱图

2. $^{13}C_1$-葡萄糖热解

（1）巴豆醛的形成　以上研究已经表明巴豆醛的形成通过葡萄糖的单分子热解机制。通过进一步考察不同 C 位置标记的葡萄糖热解产物中巴豆醛的^{13}C 标记情况，可以推断巴豆醛 C 原子主要来自葡萄糖分子中的哪 4 个 C 原子。图中巴豆醛的质谱离子主要为 $m/z=29$，30，28。其中 $m/z=30$ 为甲醛的分子离子［M］$^+$，$m/z=29$，28 分别为［M-H］$^+$和 CO^+。由于色谱图中甲醛并不能与热解产物中二氧化碳和一氧化碳完全分离，二氧化碳和一氧化碳均会产生 $m/z=28$ 的离子。因此，在进行甲醛离子碎片分析时考察 $m/z=29$，30，以及天然同位素分子离子 $m/z=30$，结果见表 4-2。

表 4-2　不同位置^{13}C 标记葡萄糖产生的巴豆醛（准）分子离子

标记位置	$m/z=69$	$m/z=70$	$m/z=71$
非标记	0.41	1.00	0.05
1-$^{13}C_1$ 标记	0.38	1.00	0.22
2-$^{13}C_1$ 标记	0.36	1.00	0.32
3-$^{13}C_1$ 标记	0.07	0.52	1.00
4-$^{13}C_1$ 标记	0.08	0.54	1.00
5-$^{13}C_1$ 标记	0.07	0.53	1.00
6-$^{13}C_1$ 标记	0.11	0.64	1.00

从以上研究可以得出，巴豆醛的形成是单分子热解机制，不存在热解产物的聚合。从葡萄糖分子来看，形成巴豆醛的 4 个碳原子有三种来源，即 C1～C4 组合、C2～C5 组合、C3～C6 组合。从表 4-2 中可以看出，当葡萄糖每个位置碳原子被标记产生的热解产物均导致 $m/z=71$ 的同位素峰增加，这表明，每个葡萄糖中每个碳原子都通过一定的途径参与形成了巴豆醛。其中 C3～C6 位置标记的葡萄糖产生的巴豆醛 $m/z=71$ 最大，表明巴豆醛的产生主要来自葡萄糖的 3，4，5，6 位碳。

（2）甲醛的形成　通过考察不同 C 位置标记的葡萄糖热解产物中甲醛的^{13}C 标记情况，可以推断甲醛 C 原子主要来自葡萄糖分子中的哪个 C 原子。图 4-15 中甲醛的质谱离子主要为 $m/z=29$，30，28。其中 $m/z=30$ 为甲醛的分子离子［M］$^+$，$m/z=29$，28 分别为［M-H］$^+$和 CO^+。由于色谱图中甲醛并不能与热解产物中二氧化碳和一氧化碳完全分离，二氧化碳和一氧化碳均会

产生 $m/z=28$ 的离子。因此，在进行甲醛离子碎片分析时考察 $m/z=29$，30，以及天然同位素分子离子 $m/z=31$。实验结果见表 4-3。

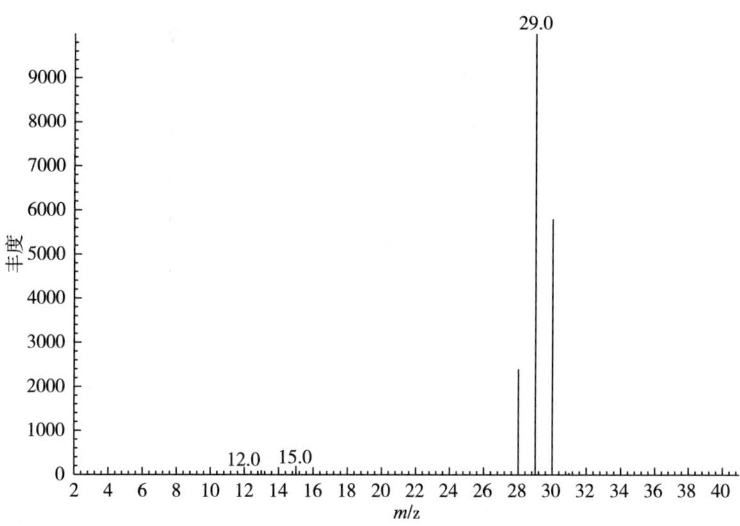

图 4-15　甲醛的质谱图

表 4-3　　不同位置^{13}C标记葡萄糖产生的甲醛（准）分子离子

标记位置	$m/z=29$	$m/z=30$	$m/z=31$
非标记	1.00	0.81	0.01
1-$^{13}C_1$ 标记	1.00	0.83	0.11
2-$^{13}C_1$ 标记	1.00	0.77	0.04
3-$^{13}C_1$ 标记	1.00	0.78	0.04
4-$^{13}C_1$ 标记	1.00	0.79	0.05
5-$^{13}C_1$ 标记	1.00	0.77	0.03
6-$^{13}C_1$ 标记	0.56	1.00	0.60

从表 4-3 中可以看出与非标记葡萄糖热解产生的甲醛质谱图（准）分子离子相比，C6 位^{13}C标记的葡萄糖热解产生的甲醛其同位素分子离子 $m/z=31$ 丰度显著增加，而其他位置^{13}C标记的葡萄糖产生的巴豆醛质谱图与非标记葡萄糖产生的巴豆醛质谱图差异不大，表明葡萄糖热解产生的甲醛主要来自葡萄糖 6 位碳，其他碳原子对甲醛产生贡献很低。

（3）乙醛的形成　从葡萄糖热解产生乙醛的单分子机制可以确定，形成

乙醛的 2 个碳原子有 5 种来源，即 C1～C2 组合、C2～C3 组合、C3～C4 组合、C4～C5 组合、C5～C6 组合。乙醛分子离子［M］$^+$为 $m/z=44$；其分子离子附近的主要离子为［M−H］$^+$（$m/z=43$），［M−H_2］$^+$（$m/z=42$），天然同位素分子离子（$m/z=45$），如图 4−16 所示。其具体相对丰度见表 4−4 中非标记乙醛的（准）分子离子。

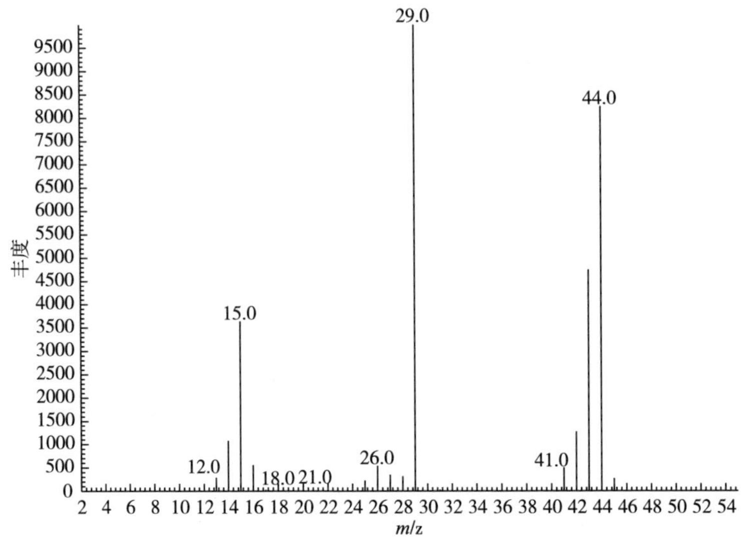

图 4−16　乙醛的质谱图

表 4−4　不同位置^{13}C 标记葡萄糖产生的乙醛（准）分子离子

标记位置	$m/z=42$	$m/z=43$	$m/z=44$	$m/z=45$
非标记	0.16	0.53	1.00	0.02
1−$^{13}C_1$ 标记	0.18	0.51	1.00	0.34
2−$^{13}C_1$ 标记	0.18	0.49	1.00	0.42
3−$^{13}C_1$ 标记	0.19	0.51	1.00	0.25
4−$^{13}C_1$ 标记	0.18	0.50	1.00	0.29
5−$^{13}C_1$ 标记	0.20	0.46	1.00	0.73
6−$^{13}C_1$ 标记	0.20	0.48	1.00	0.53

从表中可以看出，C1～C6 同位素标记的葡萄糖产生的乙醛分子，其同位素分子离子 $m/z=45$ 均显著增加，表明葡萄糖各个位置的碳原子均通过一定

的热解途径参与乙醛的形成。其中 C5 和 C6 同位素标记的葡萄糖产生的乙醛同位素分子离子相对丰度最高，表明葡萄糖热解产生乙醛的最主要途径是来自 C5 和 C6 碳原子。

（4）丙酮的形成　从葡萄糖热解产生丙酮的单分子机制可以确定，形成丙酮的 3 个碳原子有 4 种来源，即 C1～C3 组合、C2～C4 组合、C3～C5 组合、C4～C6 组合。丙酮分子离子为 $[M]^+$（$m/z=58$）；其分子离子附近的离子为 $[M-H]^+$（$m/z=57$）和天然同位素分子离子（$m/z=59$），但 57 和 59 的离子丰度均很低，如图 4-17 所示。其具体相对丰度见表 4-5 中非标记丙酮的（准）分子离子。

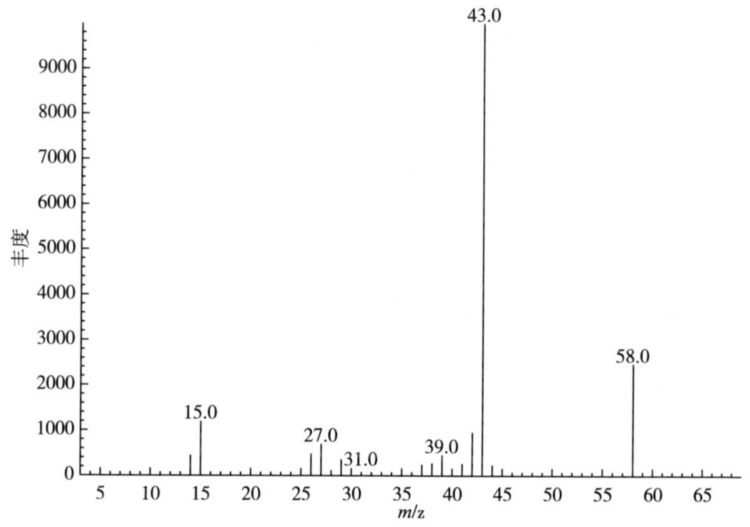

图 4-17　丙酮的质谱图

表 4-5　　^{13}C 标记葡萄糖产生的丙酮（准）分子离子

标记位置	$m/z=58$	$m/z=59$
非标记	1.00	0.03
1-$^{13}C_1$ 标记	1.00	0.48
2-$^{13}C_1$ 标记	1.00	0.62
3-$^{13}C_1$ 标记	1.00	0.67
4-$^{13}C_1$ 标记	0.67	1.00
5-$^{13}C_1$ 标记	0.59	1.00
6-$^{13}C_1$ 标记	0.93	1.00

从表 4-5 中可以看出，C1～C6 同位素标记的葡萄糖产生的丙酮分子，其同位素分子离子 $m/z=59$ 均显著增加，表明葡萄糖各个位置的碳原子均通过一定的热解途径参与丙酮的形成。其中 C4～C6 等位置标记的葡萄糖产生的丙酮分子同位素分子离子较其他高，表明丙酮产生主要来自葡萄糖 4，5，6 位碳原子。

（5）丙烯醛的形成　从葡萄糖热解产生丙烯醛的单分子机制可以确定，形成丙烯醛的 3 个碳原子有 4 种来源，即 C1～C3 组合、C2～C4 组合、C3～C5 组合、C4～C6 组合，如图 4-18 所示。丙烯醛分子离子为 $[M]^+$（$m/z=56$）；其分子离子附近的离子为 $[M-H]^+$（$m/z=55$）和天然同位素分子离子（$m/z=57$），$m/z=55$ 的离子相对丰度接近于分子离子，天然同位素分子离子的丰度很低。其具体相对丰度见表 4-6 中非标记丙烯醛的（准）分子离子。

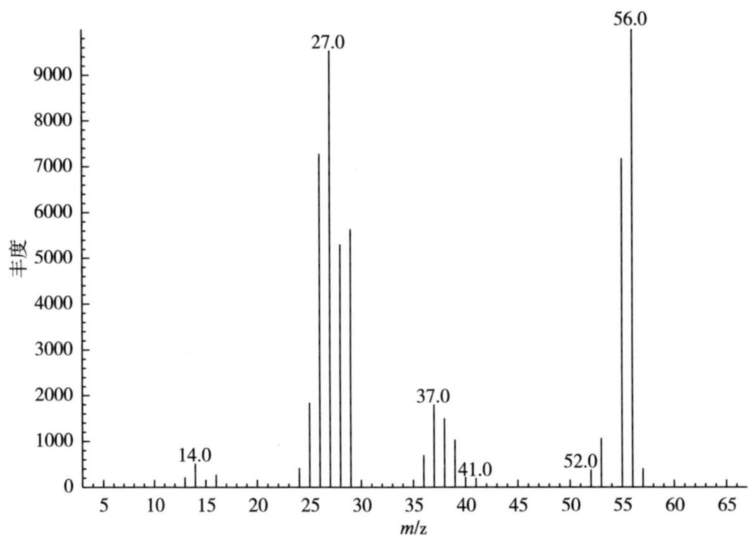

图 4-18　丙烯醛的质谱图

表 4-6　^{13}C 标记葡萄糖产生的丙烯醛（准）分子离子

标记位置	$m/z=55$	$m/z=56$	$m/z=57$
非标记	1.00	0.13	0.00
1-$^{13}C_1$ 标记	0.63	1.00	0.14
2-$^{13}C_1$ 标记	0.64	1.00	0.13

续表

标记位置	$m/z=55$	$m/z=56$	$m/z=57$
3-$^{13}C_1$ 标记	0.60	1.00	0.17
4-$^{13}C_1$ 标记	0.20	0.96	1.00
5-$^{13}C_1$ 标记	0.16	0.90	1.00
6-$^{13}C_1$ 标记	0.26	1.00	0.98

从表 4-6 中可以看出，C1～C6 同位素标记的葡萄糖产生的丙烯醛分子，其同位素分子离子 $m/z=57$ 均有不同程度增加，表明葡萄糖各个位置的碳原子均通过一定的热解途径参与丙烯醛的形成。其中 C4～C6 等位置标记的葡萄糖产生的丙烯醛同位素分子离子显著高于其他，表明丙烯醛产生主要来自葡萄糖 4，5，6 位碳原子。

（6）丙醛的形成　从葡萄糖热解产生丙醛的单分子机制可以确定，形成丙醛的 3 个碳原子有 4 种来源，即 C1～C3 组合、C2～C4 组合、C3～C5 组合、C4～C6 组合。丙醛分子离子为 $[M]^+$（$m/z=58$）；其分子离子附近的离子为 $[M-H]^+$（$m/z=57$）和天然同位素分子离子（$m/z=59$），如图 4-19 所示。其具体相对丰度见表 4-7 中非标记丙醛的（准）分子离子。

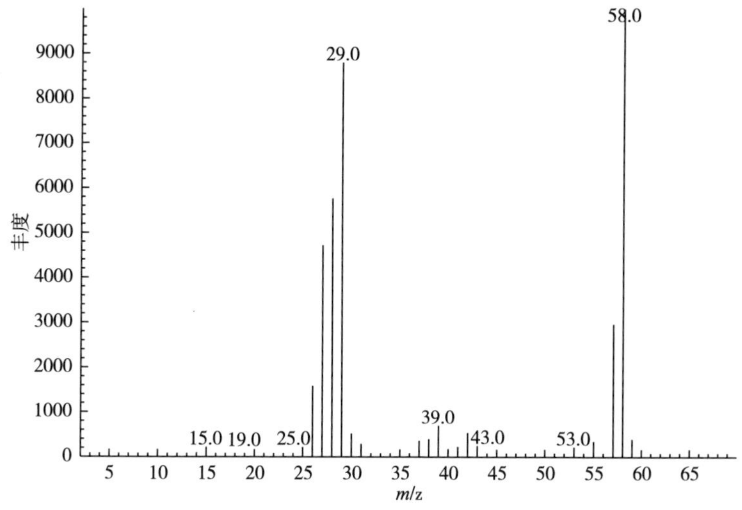

图 4-19　丙醛的质谱图

表 4-7　^{13}C 标记葡萄糖产生的丙醛（准）分子离子

标记位置	$m/z=57$	$m/z=58$	$m/z=59$
非标记	0.34	1.00	0.04
1-$^{13}C_1$ 标记	0.43	1.00	0.18
2-$^{13}C_1$ 标记	0.45	1.00	0.19
3-$^{13}C_1$ 标记	0.46	1.00	0.26
4-$^{13}C_1$ 标记	0.03	0.58	1.00
5-$^{13}C_1$ 标记	0.03	0.54	1.00
6-$^{13}C_1$ 标记	0.01	0.63	1.00

从表 4-7 中可以看出，C1~C6 同位素标记的葡萄糖产生的丙醛分子，其同位素分子离子 $m/z=57$ 均有不同程度增加，表明葡萄糖各个位置的碳原子均通过一定的热解途径参与丙醛的形成。其中 C4~C6 等位置标记的葡萄糖产生的丙醛同位素分子离子显著高于其他，表明丙醛产生主要来自葡萄糖 4，5，6 位碳原子。

（7）2-丁酮的形成　从葡萄糖热解产生 2-丁酮的单分子机制可以确定，形成 2-丁酮的 4 个碳原子有 3 种来源，即 C1~C4 组合、C2~C5 组合、C3~C6 组合。2-丁酮分子离子为［M］$^+$（$m/z=72$）；其分子离子附近的离子为［M-H］$^+$（$m/z=71$）和天然同位素分子离子（$m/z=73$），相对丰度都很低，如图 4-20 所示。其具体相对丰度见表 4-8 中非标记 2-丁酮的（准）分子离子。

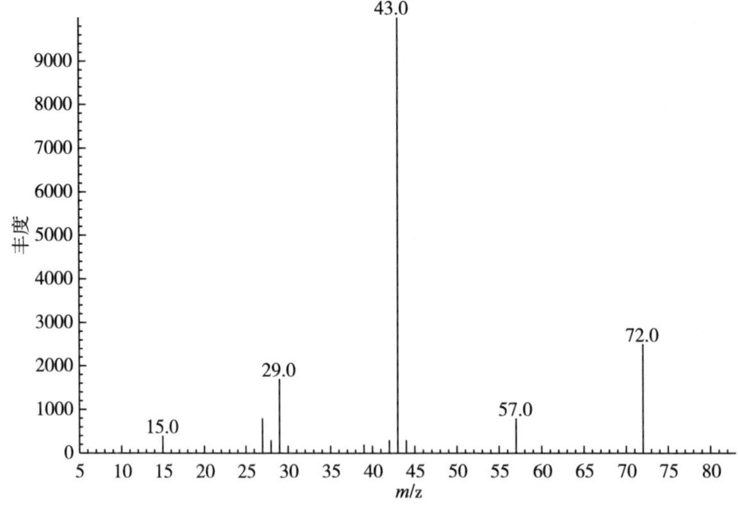

图 4-20　2-丁酮的质谱图

表 4-8　　^{13}C 标记葡萄糖产生的 2-丁酮（准）分子离子

标记位置	m/z=71	m/z=72	m/z=73
非标记	0.03	1.00	0.05
1-$^{13}C_1$ 标记	0.05	1.00	0.55
2-$^{13}C_1$ 标记	0.06	1.00	0.73
3-$^{13}C_1$ 标记	0.05	0.40	1.00
4-$^{13}C_1$ 标记	0.04	0.41	1.00
5-$^{13}C_1$ 标记	0.06	0.45	1.00
6-$^{13}C_1$ 标记	0.06	0.55	1.00

从表 4-8 中可以看出，C1～C6 同位素标记的葡萄糖产生的 2-丁酮分子，其同位素分子离子 m/z=73 均有不同程度增加，表明葡萄糖各个位置的碳原子均通过一定的热解途径参与 2-丁酮的形成。其中 C3～C6 等位置标记的葡萄糖产生的 2-丁酮同位素分子离子显著高于其他，表明 2-丁酮产生主要来自葡萄糖 3，4，5，6 位碳原子。

（8）丁醛的形成　从葡萄糖热解产生丁醛的单分子机制可以确定，形成丁醛的 4 个碳原子有 3 种来源，即 C1～C4 组合、C2～C5 组合、C3～C6 组合。丁醛分子离子为 $[M]^+$（m/z=72）；其分子离子附近的离子为 $[M-H]^+$（m/z=71）和天然同位素分子离子（m/z=73），如图 4-21 所示。其具体相对丰度见表 4-9 中非标记丁醛的（准）分子离子。

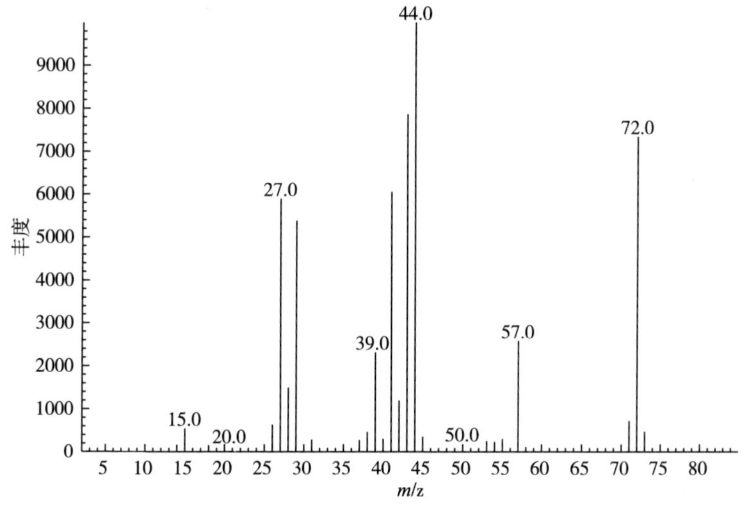

图 4-21　丁醛的质谱图

表 4-9　　^{13}C 标记葡萄糖产生的丁醛（准）分子离子

标记位置	$m/z=72$	$m/z=73$
非标记	1.00	0.04
$1-^{13}C_1$ 标记	1.00	0.30
$2-^{13}C_1$ 标记	1.00	0.45
$3-^{13}C_1$ 标记	1.00	0.90
$4-^{13}C_1$ 标记	0.96	1.00
$5-^{13}C_1$ 标记	1.00	0.79
$6-^{13}C_1$ 标记	1.00	0.73

从表 4-9 中可以看出，C1～C6 同位素标记的葡萄糖产生的 2-丁酮分子，其同位素分子离子（$m/z=73$）均有不同程度增加，表明葡萄糖各个位置的碳原子均通过一定的热解途径参与丁醛的形成。其中 C3～C6 等位置标记的葡萄糖产生的丁醛同位素分子离子显著高于其他，表明丁醛产生主要来自葡萄糖 3，4，5，6 位碳原子。

五、巴豆醛形成机理

1. C3～C6 形成巴豆醛的醛基位置确定

根据前文研究可知，巴豆醛产生主要来自葡萄糖的 3，4，5，6 位碳，针对该途径进行进一步机理研究。巴豆醛质谱图中，$m/z=70$ 为分子离子 M^+，$m/z=69$ 为 $[M-H]^+$，主要的碎片离子，$m/z=41$ 为 $[M-HCO]^+$，$m/z=39$ 为 $[M-CH_3O]^+$。对于含有 1 个 ^{13}C 的巴豆醛，如果其标记位置为羰基碳，则其碎片离子 $[M-HCO]^+$ 和 $[M-CH_3O]^+$ 对应的 m/z 仍为 41 和 39；如果标记位置是其他碳原子，则其碎片离子 $[M-HCO]^+$ 和 $[M-CH_3O]^+$ 对应的 m/z 为 42 和 40。3，4，5，6 位碳标记的葡萄糖产生的巴豆醛质谱图见图 4-22。

从图中可以看出，3 位碳标记的葡萄糖产生的巴豆醛质谱图其碎片离子 $[M-HCO]^+$ 和 $[M-CH_3O]^+$ 对应的 m/z 仍为 41 和 39，而 4，5，6 位标记的葡萄糖生的巴豆醛，其碎片离子 $[M-HCO]^+$ 和 $[M-CH_3O]^+$ 对应的 m/z 为 42 和 40。因此，可以判断出，葡萄糖的 3，4，5，6 位碳产生的巴豆醛其醛基位置为葡萄糖的 3 位碳原子。

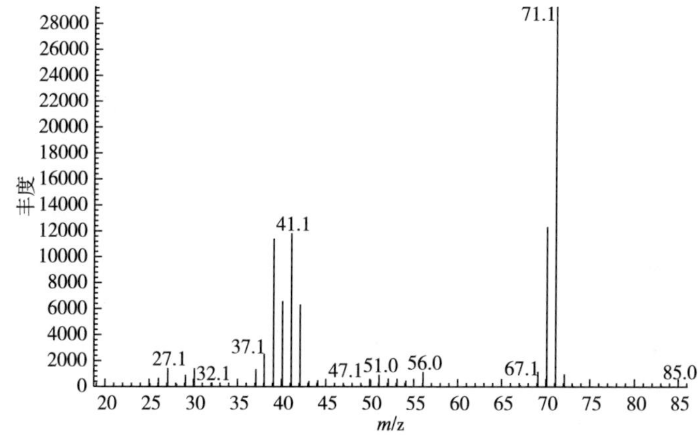

（1）3位碳标记

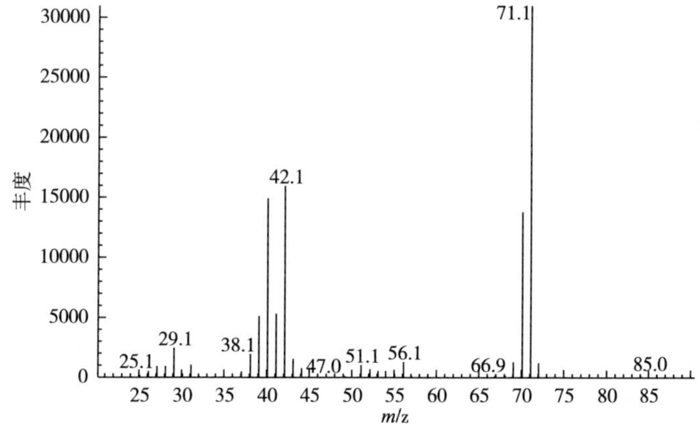

（2）4位碳标记

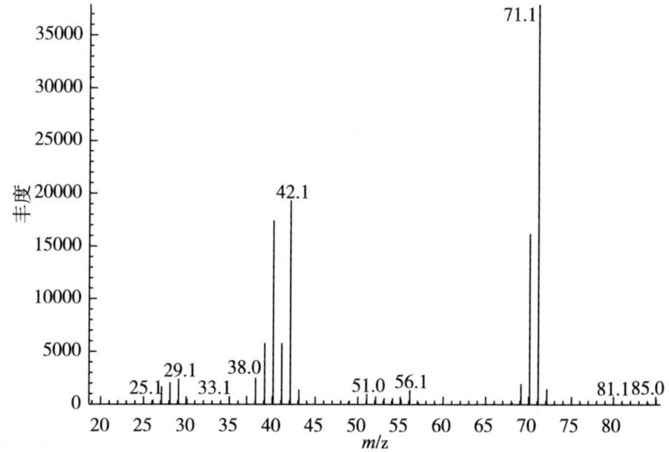

（3）5位碳标记

图 4-22　不同位置 $^{13}C_1$ 标记葡萄糖热解产物巴豆醛的质谱图

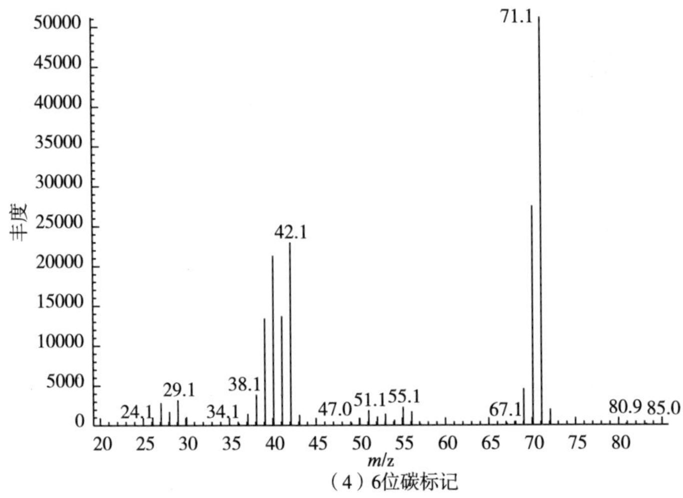

（4）6位碳标记

图 4-22 不同位置[13]C_1 标记葡萄糖热解产物巴豆醛的质谱图（续）

2. 葡萄糖形成巴豆醛的机理

葡萄糖作为糖、多糖的模式分子，其热解有大量研究报道。由于巴豆醛并非葡萄糖热解的主要产物，其形成机理尚不明确。葡萄糖热解常见的反应包括邻位羟基之间的脱水、逆向羟醛反应、Grob 断裂反应、脱一氧化碳等多种反应，据此我们推测葡萄糖热解形成巴豆醛应包括 3 次脱水和 2 次脱 CO 的过程，如下所示：

OH OH CHO $\xrightarrow[-2CO]{-3H_2O}$ O

OH OH

葡萄糖（$C_6H_{12}O_6$） 巴豆醛（C_4H_6O）

Pain 等曾提出葡萄糖热解形成巴豆醛的机理如图 4-23 所示。葡萄糖主要通过脱水、烯醇化、脱一氧化碳等过程形成巴豆醛，该路径中巴豆醛的形成符合同位素标记葡萄糖热解结果，包括来自葡萄糖单分子热解机制、C3～C6 位碳原子以及 C3 位形成醛基。

但由于该过程涉及的中间产物没有被检测到，且没有市售，无法进行直接热解验证。因此，尝试采用密度泛函理论研究了该机理过程过渡态和中间体的能量数据，所有计算都在 Gaussian 09 程序上完成。气相结构优化及相应的频率计算均在 B3LYP/6-311g（d，p）水平上进行。

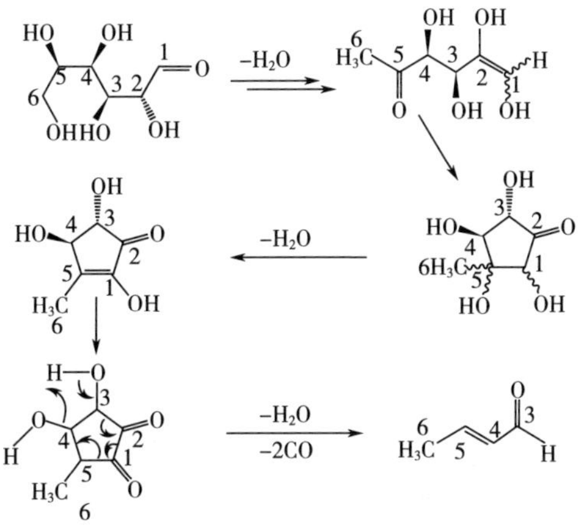

图 4-23　葡萄糖热解形成巴豆醛的可能途径

通过量化计算，确定了图 4-24 所述机理过程所需的过渡态，并得到了不同过渡态和中间体之间的能垒。葡萄糖 G 经过渡态 G-TS1 发生脱水烯醇中间体 G-IM1，此过程活化能为 275. 5kJ/mol，反应自由能为-5. 9kJ/mol。G-IM1 异构化生成酮中间体 G-IM2，放能 55. 0kJ/mol。中间体 G-IM2 经烯醇互变异

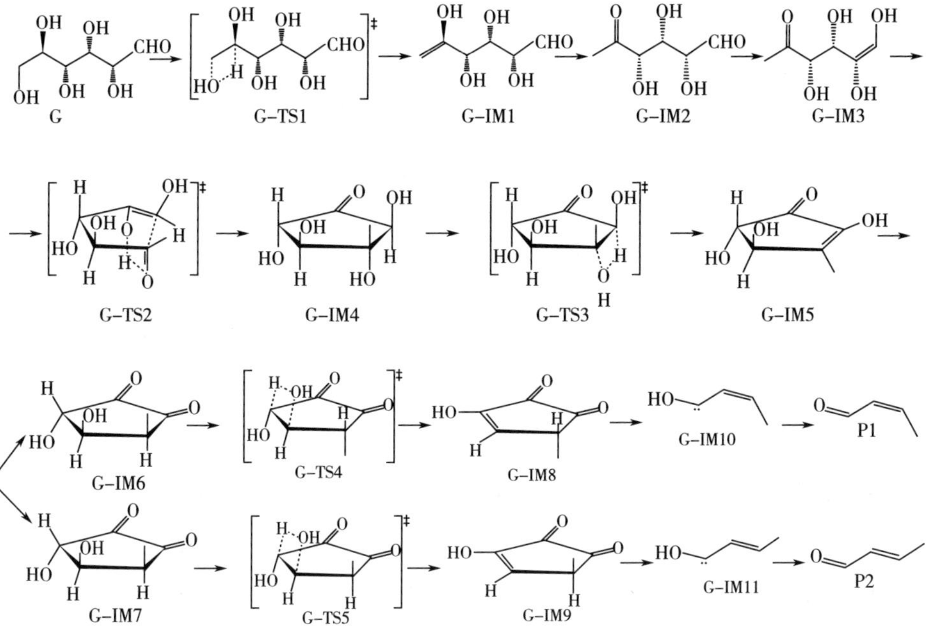

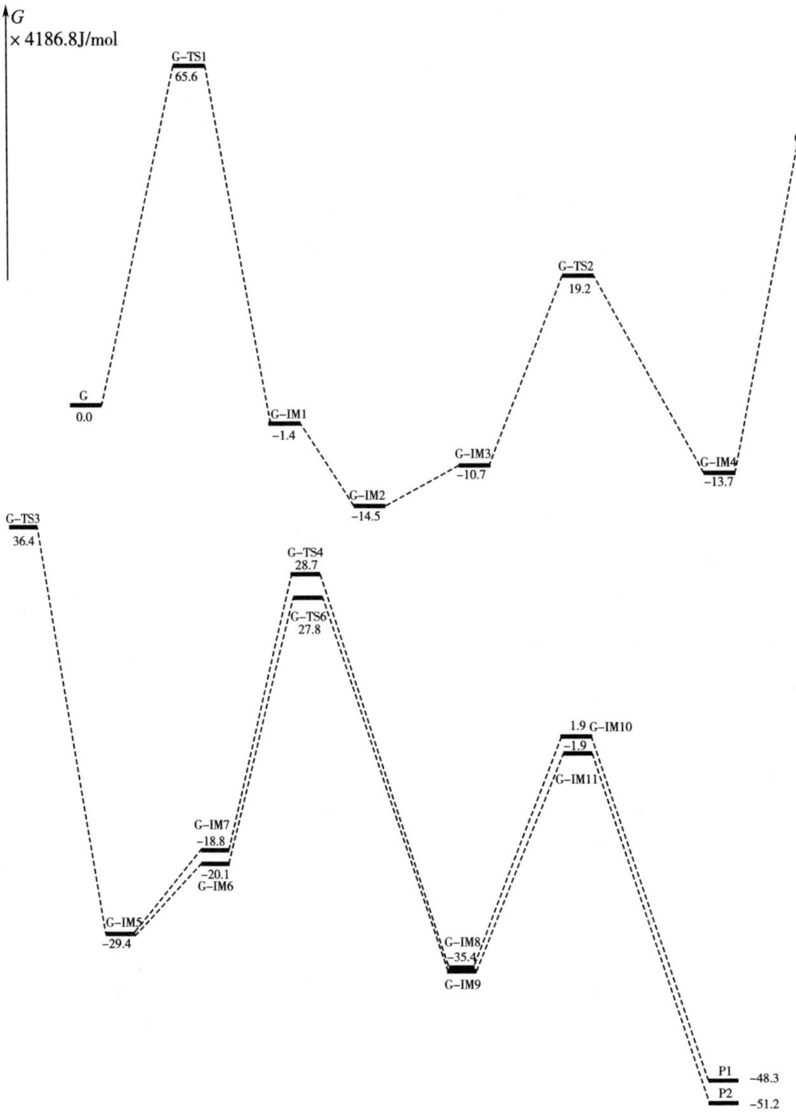

G
×4186.8J/mol
G-TS1 65.6
G 0.0
G-IM1 -1.4
G-IM2 -14.5
G-IM3 -10.7
G-TS2 19.2
G-IM4 -13.7
G-TS3 36.4
G-TS3 36.4
G-IM5 -29.4
G-IM7 -18.8
-20.1 G-IM6
G-TS4 28.7
G-TS6 27.8
G-IM8 -35.4
G-IM9
1.9 G-IM10
-1.9 G-IM11
P1 -48.3
P2 -51.2

G—葡萄糖；P—巴豆醛；G-IM—中间体构象；G-TS—过渡态。

图 4-24　葡萄糖热解形成巴豆醛可能途径量化计算

构化中间体 *E* 式 G-IM3。中间体 G-IM3 过渡态 G-TS2 环化后生成中间体 G-IM4，后继续脱水生成中间体 G-IM5。在 G-IM5 中烯醇异构化生成中间体 G-IM6 和 G-IM7。在 G-IM6 中，甲基和邻位羟基同侧，而在 G-IM7 中，甲基和邻位羟基异侧。中间体 G-IM6 和 G-IM7 可继续脱水分别生成中间体 G-IM9 和 G-IM8。G-IM8 脱羰基生成 *Z* 式卡宾 G-IM10，后发生 1,2-氢迁移生成 *Z*-

巴豆醛。另外，中间体 G-IM9 也可以脱羰基生成 E 式卡宾 G-IM11，后发生 1,2-氢迁移生成 E-巴豆醛。

第二节　果糖形成巴豆醛机理

果糖是烟草重要的水溶性还原糖，其在烟叶中含量与葡萄糖接近。与葡萄糖类似，果糖在烟草制品燃吸过程中能调整酸碱平衡，增加烟气的和顺性，其反应产物能协调烟草香气，增加香气浓度。果糖还具有较好的吸湿性，可以作为烟草保润剂。但是，文献对于果糖的热解研究相对较少。本节开展了果糖的热重行为分析、热解-质谱、热解-气质联用、同位素标记热解等研究，探讨果糖热解过程和巴豆醛等醛类成分的形成。

一、果糖热重行为

1. 不同气氛果糖热失重

图 4-25 是果糖在不同气氛下的热重曲线（TG）和热重微分曲线（DTG）。在氮气氛围下，果糖的主要热失重区间有三个，分别为 170～220℃、220～440℃和 440～730℃。从 DTG 曲线上可以看出，氮气氛围下，三个主要的热失重区间对应的失重速率峰分别在 200℃、290℃和 630℃。200℃和 290℃两个温度处 DTG 峰较锐，表明此处发生的热失重反应较为激烈，而 630℃附近的 DTG 曲线较为平缓，表明此处发生的热失重反应相对速率较慢。

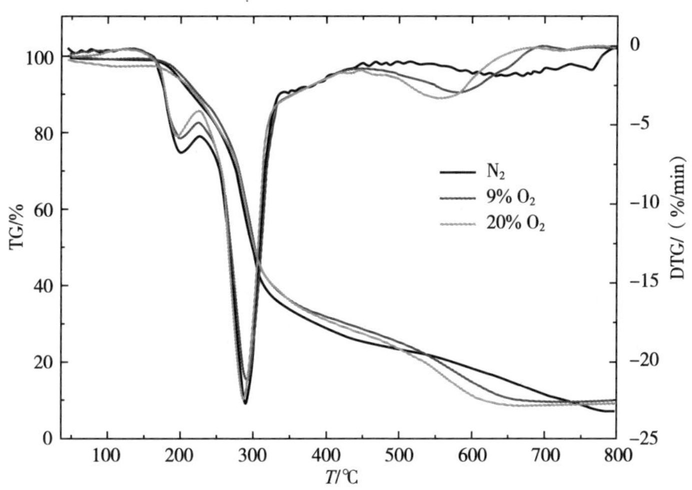

图 4-25　不同气氛下果糖的热重曲线
（升温速率：20℃/min；流量：35mL/min。）

比较不同气氛条件下果糖的 TG 和 DTG 曲线可以看出，氧气对 170～220℃和 220～440℃两个区间的热失重没有显著影响，最大失重速率峰和峰面积没有显著变化。但对于 440～730℃的热失重峰，氧气的存在将最大失重速率峰向低温方向移动，对该温度区间发生的热失重反应具有促进作用。表明氧气参与果糖的热解反应发生在较高温度。

2. 不同升温速率果糖的热失重

图 4-26 是升温速率对果糖热重和微分热重的影响。从热重微分曲线看，增加升温速率，三个最大失重速率峰均向高温移动，并且高的升温速率，失重速率峰更大。这是因为升温速率越高，试样达到相同温度经历的反应时间越短，从而在固定的温度具有较高的失重速率。

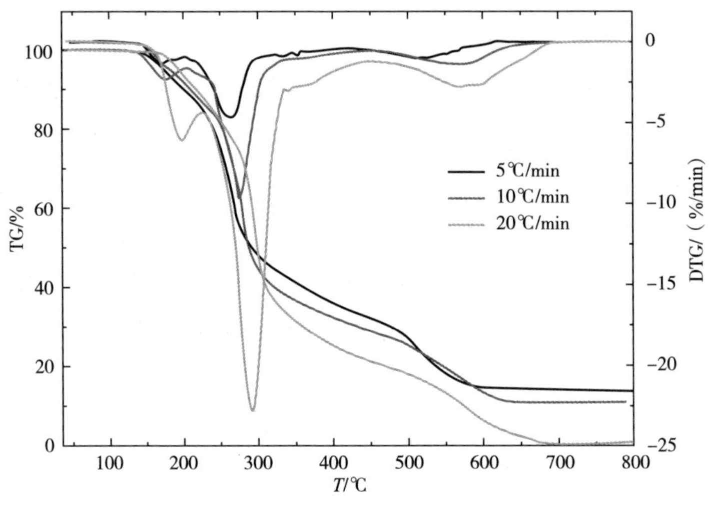

图 4-26　不同升温速率下的果糖的热重曲线

（热解气氛：9% O_2+91% N_2；流量：35mL/min。）

二、果糖热解-质谱分析

采用热解仪直接与质谱连接，实时监测热解析出产物随热解温度的变化。采用方法同葡萄糖热解-质谱研究方法。

1. 实验方法

热解条件：起始温度 50℃，以 50℃/min 升高至 900℃；传输线 280℃；阀温 280℃；载气为氦气。

GC-MS 条件：进样口温度 280℃，恒流模式，流量 1.5mL/min；分流比

50∶1；色谱柱为 0.62m 内径 0.1mm 空管柱；炉温 280℃，保持 30min；质谱扫描范围为 12~200u。

2. 特征离子流图

按照前述特征离子选择方法，选出的特征离子包括二氧化碳（$m/z=44$）、水（$m/z=18$）、5-羟甲基糠醛（$m/z=126$）、糠醛（$m/z=96$）、甲醛（$m/z=30$）。这些化合物特征离子以及总离子流随热解温度的析出曲线见图 4-27。

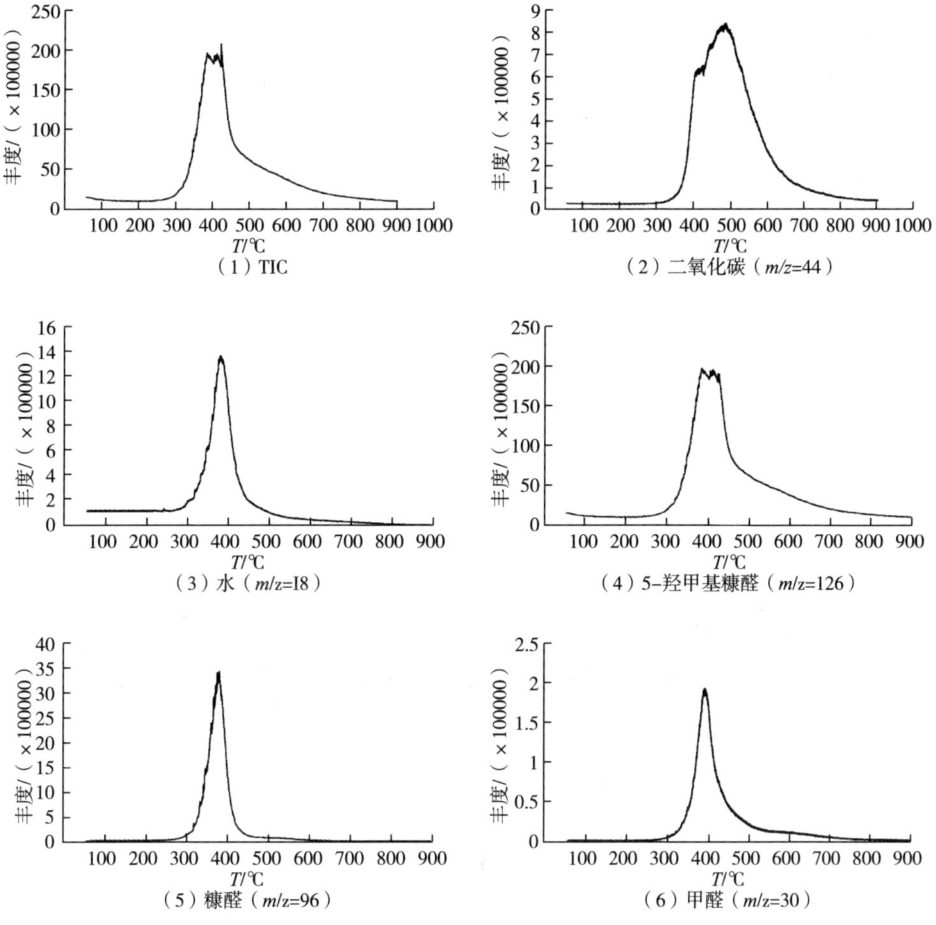

（1）TIC

（2）二氧化碳（m/z=44）

（3）水（m/z=I8）

（4）5-羟甲基糠醛（m/z=126）

（5）糠醛（m/z=96）

（6）甲醛（m/z=30）

图 4-27　果糖 Py-MS 的总离子流和部分特征离子析出曲线

从总离子流图（TIC）图中可以看出，果糖的主要产物析出温度约为 400℃，与热重行为一致。二氧化碳、水、5-羟甲基糠醛、糠醛和甲醛均以单峰形态析出，除了二氧化碳析出的最大温度约为 500℃外，其他几种产物的析出最大温度均约为400℃。这一结果与葡萄糖有一定差异，尤其是水的析出，葡萄糖热解显示出两个大小接近的水析出峰，而果糖仅有一个水析出峰。

三、果糖热解-气相色谱/质谱分析

1. 方法

热解方法：起始温度50℃，以30℃/s升高至900℃，保持9s；传输线280℃；阀温280℃；载气为氦气。

GC-MS条件：进样口温度240℃，恒流模式，流量1.5mL/min；分流比50：1；色谱柱为DB-624，60m×0.25mm×1.0μm；炉温，初始35℃，以2℃/min升高到120℃，保持10min，再以8℃/min升高到240℃，保持15min；质谱扫描范围为12~350u。

2. 结果与讨论

果糖热解产物总离子流色谱图见图4-28。

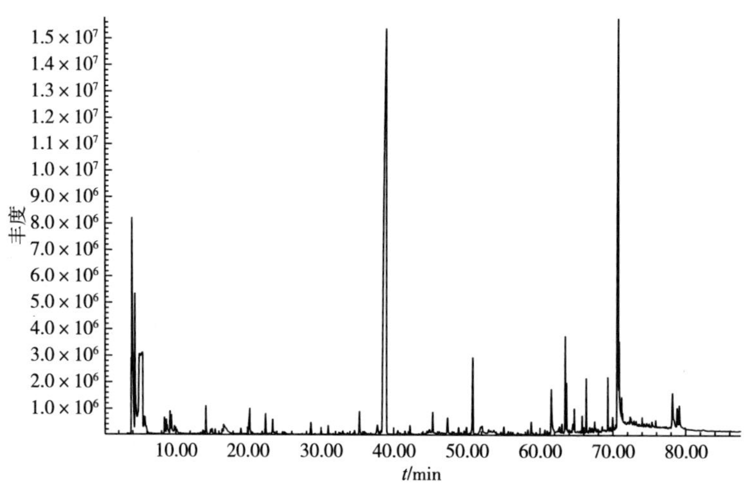

图4-28　果糖热解产物总离子流色谱图

果糖热解主要产物见表4-10。

表4-10　　果糖热解主要产物

峰号	保留时间/min	产物	面积百分比/%
1	3.79	一氧化碳	1.13
2	3.886	二氧化碳	7.31
3	4.305	甲醛	3.31

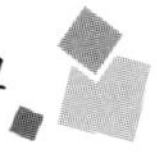

续表

峰号	保留时间/min	产物	面积百分比/%
4	5.364	水	11.45
5	5.587	乙醛	0.80
6	8.415	呋喃	0.32
7	8.679	丙烯醛	0.45
8	8.9	丙醛	0.12
9	9.202	丙酮	0.60
10	9.393	二甲基环氧乙烷	0.43
11	9.833	甲酸乙烯酯	0.20
12	13.791	未知	0.10
13	14.206	2-甲基呋喃	0.68
14	14.7	丁醛	0.01
15	14.865	甲基乙烯基酮	0.13
16	15.045	2,3-丁二酮	0.17
17	15.492	2-丁酮	0.13
18	16.479	丙醇	0.20
19	16.655	甲酸	1.14
20	19.087	苯	0.16
21	20.341	乙酸	0.99
22	20.381	*E*-巴豆醛	0.07
23	20.66	*Z*-巴豆醛	0.05
24	22.006	2-乙基呋喃	0.05
25	22.474	2,5-二甲基呋喃	0.46
26	23.436	1-羟基-2-丙酮	0.33
27	24.774	乙烯基呋喃	0.05
28	24.994	未知	0.04
29	28.596	甲苯	0.35
30	30.01	3-甲基呋喃	0.09

续表

峰号	保留时间/min	产物	面积百分比/%
31	30. 977	未知	0. 20
32	34. 639	3-甲基苯酚	0. 09
33	35. 314	未知	0. 59
34	35. 774	乙酰甲酸甲酯	0. 07
35	37. 779	未知	0. 49
36	39. 001	糠醛	38. 83
37	40. 566	丙基呋喃	0. 10
38	41. 541	糠醇	0. 07
39	42. 224	未知	0. 19
40	45. 335	2-乙酰呋喃	0. 45
41	47. 372	1,2-环戊二酮	0. 55
42	50. 811	5-甲基糠醛	2. 21
43	58. 352	2-羟基-3-甲基-2-环戊烯-1-酮	0. 14
44	61. 563	未知	1. 53
45	63. 001	2-甲基苯酚	0. 13
46	63. 468	糠酸甲酯	1. 67
47	63. 64	2,5-二呋喃甲醛	0. 74
48	64. 706	未知	0. 49
49	65. 772	左旋葡萄糖酮	0. 28
50	66. 344	2,3-二氢-3,5-二羟基-6-甲基-4H-吡喃-4-酮	0. 82
51	69. 311	未知	0. 58
52	70. 757	5-羟甲基糠醛	16. 81
53	78. 206	未知脱水糖	1. 67

与葡萄糖热解产物类别基本一致，果糖热解产物中除了水、一氧化碳和二氧化碳外，主要为醛、酮、呋喃类化合物。甲醛、乙醛、丙醛、丙烯醛、丙酮、2-丁酮、丁醛和巴豆醛 8 种挥发性羰基化合物均有检出。验证了离线

热解实验的结论，果糖是烟气中这 8 种挥发性羰基化合物的前体。

四、^{13}C 标记果糖热解

分别以 D-fructose-$^{13}C_6$，D-fructose-1-^{13}C，D-fructose-2-^{13}C，D-fructose-3-^{13}C，D-fructose-4-^{13}C，D-fructose-5-^{13}C，D-fructose-6-^{13}C 等 ^{13}C 标记果糖进行热解，并与 D-fructose-$^{12}C_6$ 热解产物比较。通过考察不同位置碳原子在热解产物中的分布情况，探讨果糖热解产生巴豆醛等的机理。

1. $^{13}C_6$-果糖与果糖混合物的热解

与研究葡萄糖热解产生醛酮类成分的方法类似，通过 $^{13}C_6$-果糖与果糖 1∶1 共混热解，考察产物中全 ^{13}C 标记、部分 ^{13}C 标记以及全 ^{12}C 化合物的比例，可以判断醛酮类成分是来自单分子热解机制还是来自热解产物的二次合成。其中丁醛由于响应较低，没有采集到较为纯净的质谱图。

（1）巴豆醛　图 4-29 为 $^{13}C_6$-果糖与果糖 1∶1 共混热解巴豆醛保留时间处的质谱图。与标准质谱图对比可以判断，果糖热解产生巴豆醛主要是单分子机制。

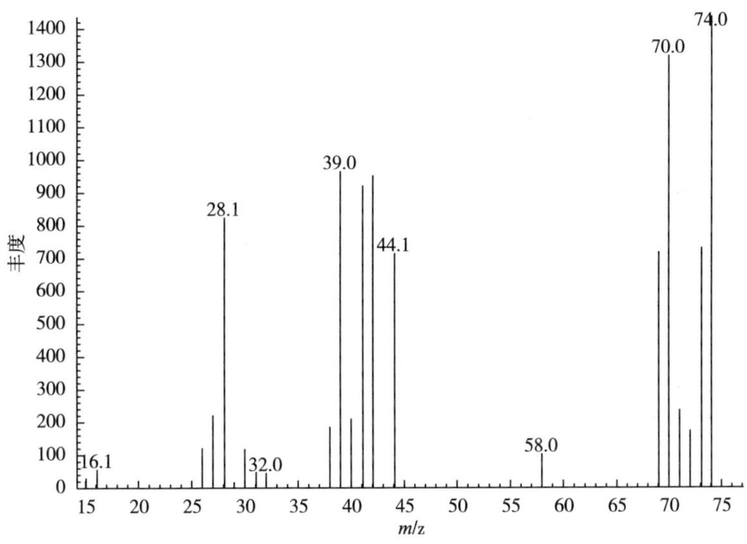

图 4-29　$^{13}C_6$-果糖与果糖 1∶1 共混热解巴豆醛质谱图

（2）乙醛　图 4-30 为 $^{13}C_6$-果糖与果糖 1∶1 共混热解乙醛保留时间处的质谱图。与标准质谱图对比可以判断，果糖热解产生乙醛主要是单分子机制。

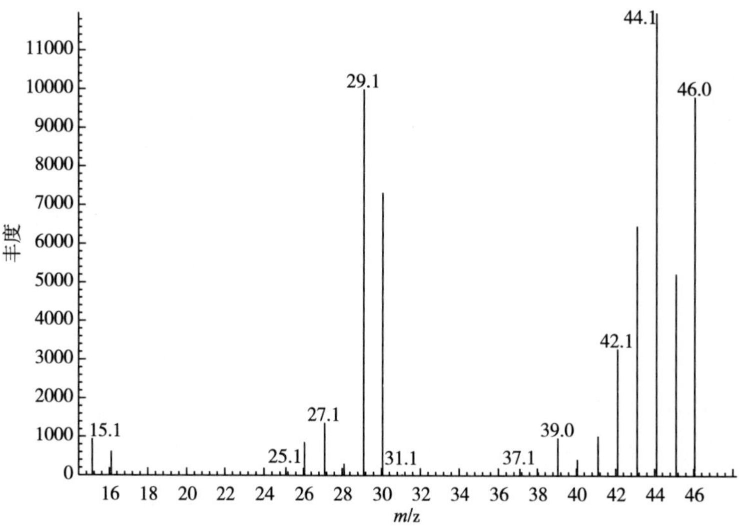

图 4-30　$^{13}C_6$-果糖与果糖 1∶1 共混热解乙醛质谱图

（3）丙酮　图 4-31 为$^{13}C_6$-果糖与果糖 1∶1 共混热解丙酮保留时间处的质谱图。与标准质谱图对比可以判断，果糖热解产生丙酮主要是单分子机制。

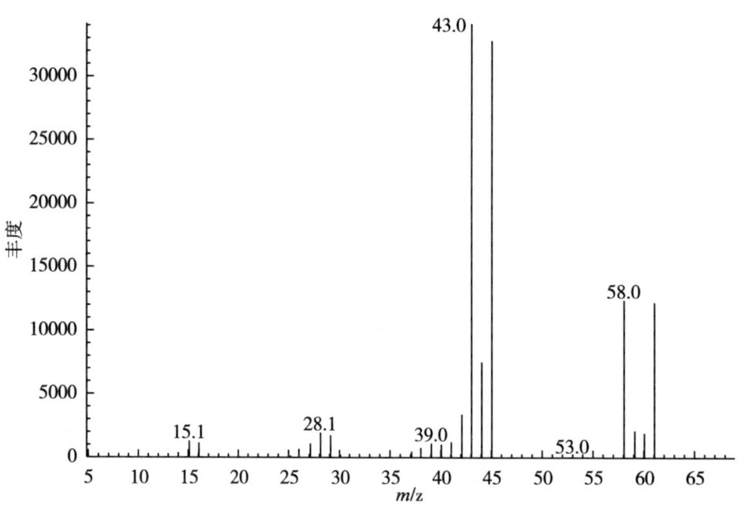

图 4-31　$^{13}C_6$-果糖与果糖 1∶1 共混热解丙酮质谱图

（4）丙烯醛　图 4-32 为$^{13}C_6$-果糖与果糖 1∶1 共混热解丙烯醛保留时间处的质谱图。与标准质谱图对比可以判断，果糖热解产生丙烯醛主要是单分子机制。

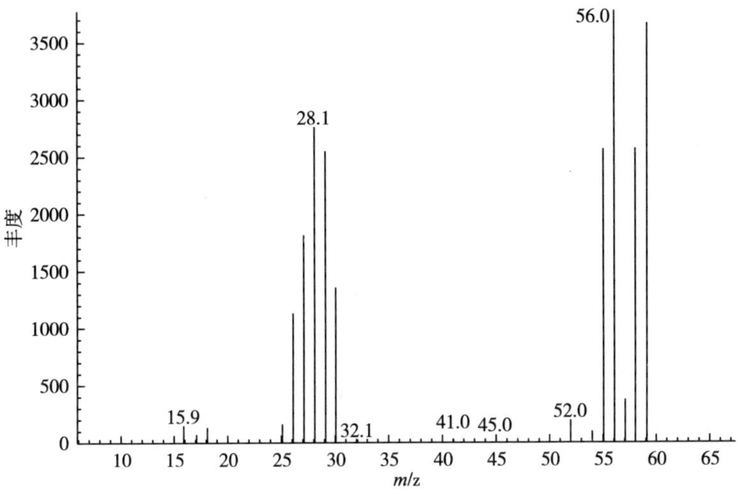

图 4-32　$^{13}C_6$-果糖与果糖 1∶1 共混热解丙烯醛质谱图

（5）丙醛　图 4-33 为$^{13}C_6$-果糖与果糖 1∶1 共混热解丙醛保留时间处的质谱图。与标准质谱图对比可以判断，果糖热解产生丙醛主要是单分子机制。

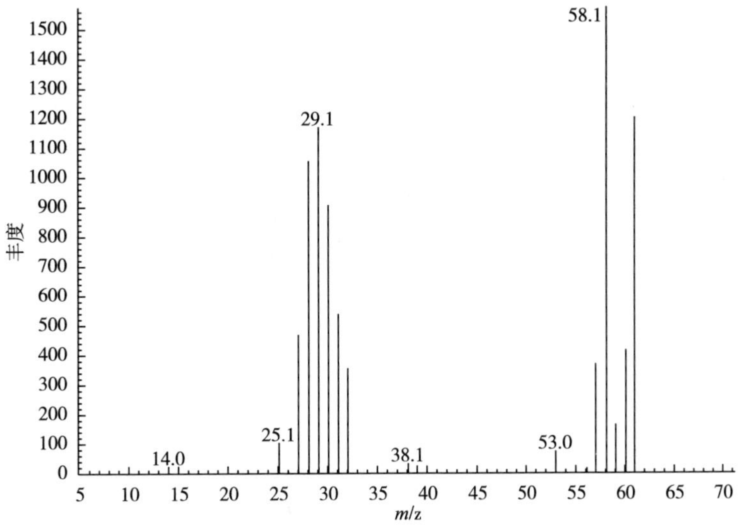

图 4-33　$^{13}C_6$-果糖与果糖 1∶1 共混热解丙醛质谱图

（6）2-丁酮　图 4-34 为$^{13}C_6$-果糖与果糖 1∶1 共混热解 2-丁酮保留时间处的质谱图。与标准质谱图对比可以判断，果糖热解产生 2-丁酮主要是单分子机制。

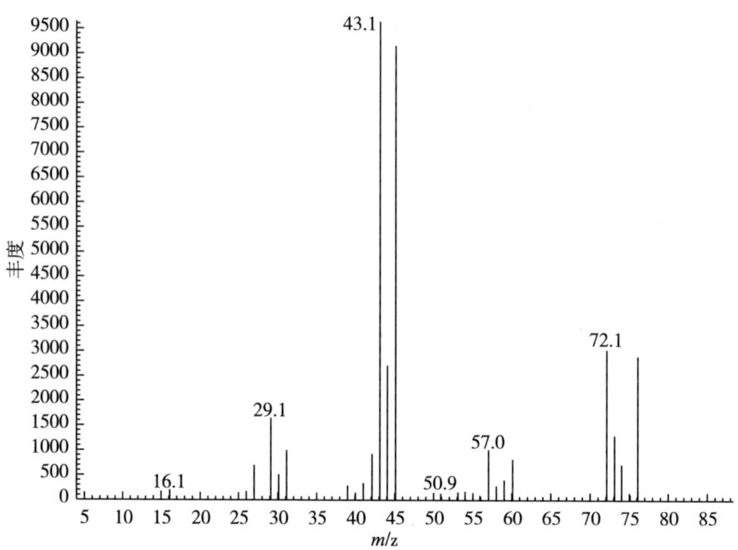

图 4-34　$^{13}C_6$-果糖与果糖 1∶1 共混热解 2-丁酮质谱图

2. $^{13}C_1$-果糖热解

（1）巴豆醛的形成　与研究葡萄糖热解产生挥发性羰基化合物类似，对果糖不同 C 位置进行分别^{13}C 标记，考察热解产物中含有^{13}C 挥发性羰基化合物的比例，确定不同目标物碳原子的来源，见表 4-11。

表 4-11　$^{13}C_1$ 标记果糖产生的巴豆醛（准）分子离子

标记位置	m/z=69	m/z=70	m/z=71
非标记	0. 41	1. 00	0. 05
1-$^{13}C_1$ 标记	0. 39	1. 00	0. 26
2-$^{13}C_1$ 标记	0. 37	1. 00	0. 34
3-$^{13}C_1$ 标记	0. 07	0. 53	1. 00
4-$^{13}C_1$ 标记	0. 06	0. 50	1. 00
5-$^{13}C_1$ 标记	0. 07	0. 54	1. 00
6-$^{13}C_1$ 标记	0. 11	0. 62	1. 00

混合热解结果显示，巴豆醛的形成是单分子热解机制。从果糖分子来看，形成巴豆醛的4个碳原子有三种来源，即C1～C4组合、C2～C5组合、C3～C6组合。从表中可以看出，果糖每个位置碳原子被标记产生的热解产物均导致m/z=71的同位素峰增加，这表明，每个果糖中每个碳原子都通过一定的途径参与形成了巴豆醛。其中C3～C6位置标记的果糖产生的巴豆醛m/z=71最大，表明巴豆醛的产生主要来自果糖的3，4，5，6位碳。

（2）甲醛的形成　甲醛的质谱离子主要为m/z=29，30，28。其中m/z=30为甲醛的分子离子［M］$^+$，m/z=29，28分别为［M−H］$^+$和CO^+。由于色谱图中甲醛并不能与热解产物中二氧化碳和一氧化碳完全分离，二氧化碳和一氧化碳均会产生m/z=28的离子。因此，在进行甲醛离子碎片分析时考察m/z=29，30，以及天然同位素分子离子m/z=31，结果见表4-12。

表4-12　$^{13}C_1$标记果糖产生的甲醛（准）分子离子

标记位置	m/z=29	m/z=30	m/z=31
非标记	1.00	0.82	0.01
1-$^{13}C_1$标记	1.00	0.86	0.13
2-$^{13}C_1$标记	1.00	0.74	0.02
3-$^{13}C_1$标记	1.00	0.74	0.02
4-$^{13}C_1$标记	1.00	0.76	0.02
5-$^{13}C_1$标记	1.00	0.76	0.02
6-$^{13}C_1$标记	0.46	1.00	0.64

从表中可以看出与非标记果糖热解产生的甲醛质谱图（准）分子离子相比，6位^{13}C标记的果糖热解产生的甲醛同位素分子离子m/z=31丰度显著增加，其次是1位^{13}C标记的果糖产生的甲醛。其他位置的^{13}C标记果糖产生的甲醛同位素分子离子m/z=31丰度略有增加。这一结果表明，果糖热解产生的甲醛主要来自果糖6位碳，其次是1位碳，其他碳原子对甲醛产生贡献很低。

（3）乙醛的形成　从果糖热解产生乙醛的单分子机制可以确定，形成乙醛的2个碳原子有5种来源，即C1～C2组合、C2～C3组合、C3～C4组合、C4～C5组合、C5～C6组合。标记和非标记果糖热解产生乙醛的质谱图（准）

分子离子具体相对丰度见表 4-13。由表可以看出，C1~C6 同位素标记的果糖产生的乙醛分子，其同位素分子离子 $m/z=45$ 均显著增加，表明果糖各个位置的碳原子均通过一定的热解途径参与乙醛的形成。其中 C5 和 C6 同位素标记的果糖产生的乙醛同位素分子离子相对丰度最高，表明果糖热解产生乙醛的最主要途径是来自 C5 和 C6 碳原子。

表 4-13　$^{13}C_1$ 标记果糖产生的乙醛（准）分子离子

标记位置	$m/z=42$	$m/z=43$	$m/z=44$	$m/z=45$
非标记	0.16	0.53	1.00	0.03
1-$^{13}C_1$ 标记	0.19	0.51	1.00	0.25
2-$^{13}C_1$ 标记	0.19	0.51	1.00	0.31
3-$^{13}C_1$ 标记	0.18	0.54	1.00	0.16
4-$^{13}C_1$ 标记	0.20	0.51	1.00	0.22
5-$^{13}C_1$ 标记	0.21	0.43	1.00	0.83
6-$^{13}C_1$ 标记	0.19	0.46	1.00	0.65

（4）丙酮的形成　从果糖热解产生丙酮的单分子机制可以确定，形成丙酮的 3 个碳原子有 4 种来源，即 C1~C3 组合、C2~C4 组合、C3~C5 组合、C4~C6 组合。标记和非标记果糖热解产生的丙酮主要质谱离子碎片见表 4-14，其分子离子为 $[M]^+$（$m/z=58$）；其分子离子附近的离子为 $[M-H]^+$（$m/z=57$）和天然同位素分子离子（$m/z=59$）。

表 4-14　$^{13}C_1$ 标记果糖产生的丙酮（准）分子离子

标记位置	$m/z=58$	$m/z=59$
非标记	1.00	0.03
1-$^{13}C_1$ 标记	1.00	0.33
2-$^{13}C_1$ 标记	1.00	0.34
3-$^{13}C_1$ 标记	1.00	0.40
4-$^{13}C_1$ 标记	0.39	1.00
5-$^{13}C_1$ 标记	0.43	1.00
6-$^{13}C_1$ 标记	0.49	1.00

由表可以看出，C1～C6同位素标记的果糖产生的丙酮分子，其同位素分子离子 $m/z=59$ 均显著增加，表明果糖各个位置的碳原子均通过一定的热解途径参与丙酮的形成。其中C4～C6等位置标记的果糖产生的丙酮分子同位素分子离子较其他更高，表明丙酮产生主要来自果糖4，5，6位碳原子。

（5）丙烯醛的形成　从果糖热解产生丙烯醛的单分子机制可以确定，形成丙烯醛的3个碳原子有4种来源，即C1～C3组合、C2～C4组合、C3～C5组合、C4～C6组合。标记和非标记果糖热解产生丙烯醛的（准）分子离子相对丰度见表4-15。丙烯醛分子离子为［M］$^+$（$m/z=56$）；其分子离子附近的离子为［M-H］$^+$（$m/z=55$）和天然同位素分子离子（$m/z=57$，$m/z=55$）的离子相对丰度接近于分子离子，天然同位素分子离子的丰度很低。

表4-15　$^{13}C_1$ 标记果糖产生的丙烯醛（准）分子离子

标记位置	$m/z=55$	$m/z=56$	$m/z=57$
非标记	0.76	1.00	0.03
1-$^{13}C_1$ 标记	0.66	1.00	0.17
2-$^{13}C_1$ 标记	0.64	1.00	0.17
3-$^{13}C_1$ 标记	0.64	1.00	0.16
4-$^{13}C_1$ 标记	0.17	0.90	1.00
5-$^{13}C_1$ 标记	0.18	0.92	1.00
6-$^{13}C_1$ 标记	0.21	0.94	1.00

由表4-15可以看出，C1～C6同位素标记的果糖产生的丙烯醛分子，其同位素分子离子 $m/z=57$ 均有不同程度的增加，表明果糖各个位置的碳原子均通过一定的热解途径参与丙烯醛的形成。其中C4～C6等位置标记的果糖产生的丙烯醛同位素分子离子显著高于其他，表明丙醛产生主要来自果糖4，5，6位碳原子。

（6）丙醛的形成　从果糖热解产生丙醛的单分子机制可以确定，形成丙醛的3个碳原子有4种来源，即C1～C3组合、C2～C4组合、C3～C5组合、C4～C6组合。丙醛分子离子为［M］$^+$（$m/z=58$）；天然同位素分子离子 $m/z=59$。其具体相对丰度见表4-16中非标记丙醛的（准）分子离子。

表 4-16　$^{13}C_1$ 标记果糖产生的丙醛（准）分子离子

标记位置	$m/z=58$	$m/z=59$
非标记	1.00	0.03
1-$^{13}C_1$ 标记	1.00	0.32
2-$^{13}C_1$ 标记	1.00	0.34
3-$^{13}C_1$ 标记	1.00	0.37
4-$^{13}C_1$ 标记	0.88	1.00
5-$^{13}C_1$ 标记	0.61	1.00
6-$^{13}C_1$ 标记	0.84	1.00

从表 4-16 可以看出，C1～C6 同位素标记的果糖产生的丙醛分子，其同位素分子离子 $m/z=57$ 均有不同程度增加，表明果糖各个位置的碳原子均通过一定的热解途径参与丙醛的形成。其中 C4～C6 等位置标记的果糖产生的丙醛同位素分子离子显著高于其他，表明丙醛产生主要来自果糖 4，5，6 位碳原子。

（7）2-丁酮的形成　从果糖热解产生 2-丁酮的单分子机制可以确定，形成 2-丁酮的 4 个碳原子有 3 种来源，即 C1～C4 组合、C2～C5 组合、C3～C6 组合。标记和非标记果糖热解产生的 2-丁酮（准）分子离子相对丰度见表 4-17。2-丁酮分子离子为［M］$^+$（$m/z=72$）；其分子离子附近的离子为［M-H］$^+$（$m/z=71$）和天然同位素分子离子（$m/z=73$），相对丰度都很低。

表 4-17　$^{13}C_1$ 标记果糖产生的 2-丁酮（准）分子离子

标记位置	$m/z=71$	$m/z=72$	$m/z=73$
非标记	0.04	1.00	0.05
1-$^{13}C_1$ 标记	0.05	1.00	0.69
2-$^{13}C_1$ 标记	0.04	1.00	0.78
3-$^{13}C_1$ 标记	0.03	0.54	1.00
4-$^{13}C_1$ 标记	0.02	0.40	1.00
5-$^{13}C_1$ 标记	0.04	0.54	1.00
6-$^{13}C_1$ 标记	0.04	0.58	1.00

从表 4-17 可以看出，C1～C6 同位素标记的果糖产生的 2-丁酮分子，其同位素分子离子 $m/z=73$ 均有不同程度增加，表明果糖各个位置的碳原子均

通过一定的热解途径参与2-丁酮的形成。其中C3~C6等位置标记的果糖产生的2-丁酮同位素分子离子显著高于其他，表明2-丁酮产生主要来自果糖3，4，5，6位碳原子。

（8）丁醛的形成　从果糖热解产生丁醛的单分子机制可以确定，形成丁醛的4个碳原子有3种来源，即C1~C4组合、C2~C5组合、C3~C6组合。标记和非标记果糖热解产生丁醛的主要碎片离子相对丰度见表4-18。丁醛分子离子为［M］$^+$（$m/z=72$）；其分子离子附近的离子为［M-H］$^+$（$m/z=71$）和天然同位素分子离子（$m/z=73$）。从表4-18可以看出，C1~C6同位素标记的果糖产生的2-丁酮分子，其同位素分子离子$m/z=73$均有不同程度增加，表明果糖各个位置的碳原子均通过一定的热解途径参与丁醛的形成。其中C3~C6等位置标记的果糖产生的丁醛同位素分子离子显著高于其他，而其他位置标记的果糖产生的丁醛同位素分子离子相对丰度接近，表明丁醛产生主要来自果糖C3~C6组合。

表4-18　$^{13}C_1$标记果糖产生的丁醛（准）分子离子

标记位置	$m/z=72$	$m/z=73$
非标记	1.00	0.04
1-$^{13}C_1$标记	1.00	0.30
2-$^{13}C_1$标记	1.00	0.36
3-$^{13}C_1$标记	1.00	0.72
4-$^{13}C_1$标记	1.00	0.87
5-$^{13}C_1$标记	1.00	0.79
6-$^{13}C_1$标记	1.00	0.72

五、巴豆醛形成机理

1. C3~C6形成巴豆醛的醛基位置

根据上述研究可知，巴豆醛产生主要来自果糖的3，4，5，6位碳，针对该途径进行进一步机理研究。巴豆醛质谱图中$m/z=70$为分子离子M$^+$，$m/z=69$为［M-H］$^+$，主要的碎片离子，$m/z=41$为［M-HCO］$^+$，$m/z=39$为［M-CH_3O］$^+$。对于含有1个^{13}C的巴豆醛，如果其标记位置为羰基碳，则其碎片离子［M-HCO］$^+$和［M-CH_3O］$^+$对应的m/z仍为41和39；如果标记位置是其他碳原子，则其碎片离子［M-HCO］$^+$和［M-CH_3O］$^+$对应的m/z为42和40。3，4，5，6位碳标记的果糖产生的巴豆醛质谱图见图4-35。

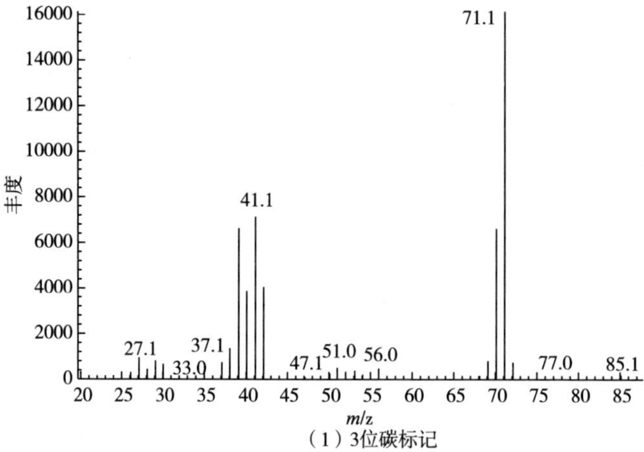

（1）3位碳标记

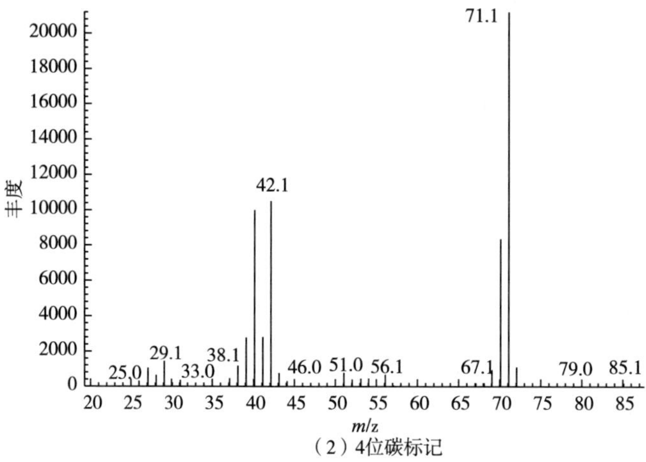

（2）4位碳标记

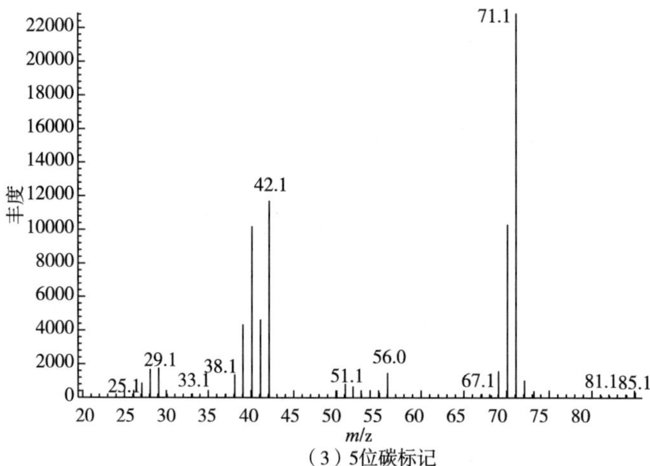

（3）5位碳标记

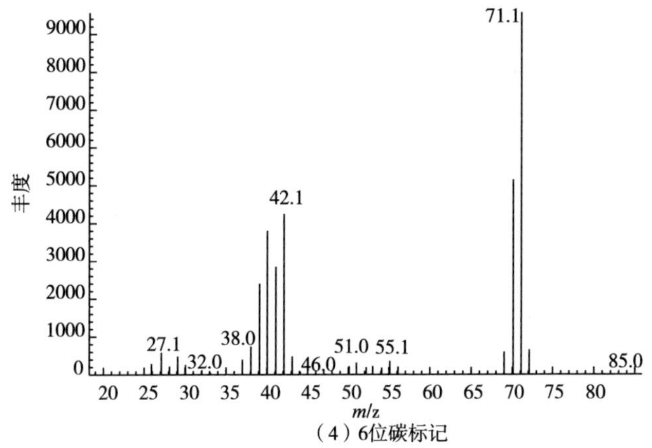

（4）6位碳标记

图 4-35　不同位置$^{13}C_1$标记果糖热解产物巴豆醛的质谱图

从图中可以看出，3 位碳标记的果糖产生的巴豆醛质谱图碎片离子［M-HCO］$^+$和［M-CH_3O］$^+$对应的 m/z 仍为 41 和 39，而 4，5，6 位标记的果糖产生的巴豆醛碎片离子［M-HCO］$^+$和［M-CH_3O］$^+$对应的 m/z 为 42 和 40。因此，可以判断出，果糖的 3，4，5，6 位碳产生的巴豆醛醛基位置为果糖的 3 位碳原子。这一结果与葡萄糖热解产生巴豆醛的结果一致。

2. 果糖形成巴豆醛的机理推断

对于同一标记位置的葡萄糖和果糖，其产生的质谱图相对质量丰度均一致。可以推测葡萄糖和果糖热解产生巴豆醛具有相似的反应路径，根据葡萄糖热解形成巴豆醛路径推测果糖热解形成巴豆醛路径，见图 4-36。

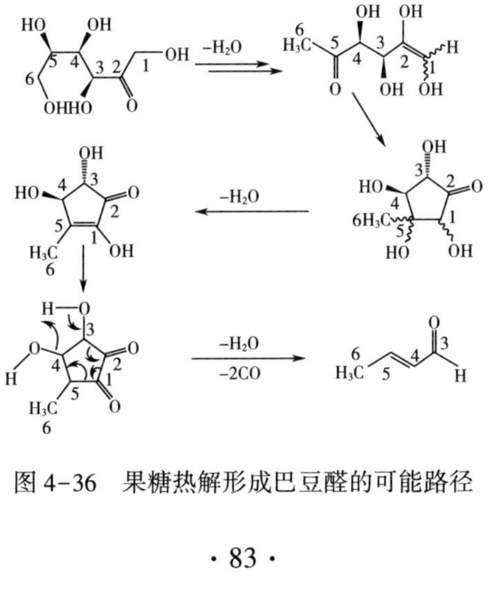

图 4-36　果糖热解形成巴豆醛的可能路径

采用密度泛函理论研究了该机理过程过渡态和中间体的能量数据，所有计算都在 Gaussian 09 程序上完成。气相结构优化及相应的频率计算均在 B3LYP/6-311g（d，p）水平上进行，见图 4-37。

果糖 F 经过渡态 S-TS1 发生脱水烯醇中间体 F-IM1，此过程活化能为 267.9kJ/mol，反应自由能为-31.8kJ/mol。F-IM1 异构化生成酮中间体 F-IM2，放能 64.9kJ/mol。中间体 F-IM2 经烯醇互变异构化中间体 *E* 式 F-IM3。中间体 F-IM3 过渡态 F-TS2 环化后生成中间体 F-IM4，后经过渡态 F-TS3 继续脱水生成中间体 F-IM5。在 F-IM5 中烯醇异构化生成中间体 F-IM6 和 F-IM7。在 F-IM6 中，甲基和邻位羟基同侧，而在 F-IM7 中，甲基和邻位羟基异侧。中间体 F-IM6 和 F-IM7 可继续脱水分别生成中间体 F-IM8 和 F-IM9。F-IM8 脱羰基生成 *Z* 式卡宾 F-IM10，后发生 1,2-氢迁移生成 *Z*-巴豆醛。另外，中间体 F-IM9 也可以脱羰基生成 *E* 式卡宾 F-IM11，后发生 1,2-氢迁移生成 *E*-巴豆醛。

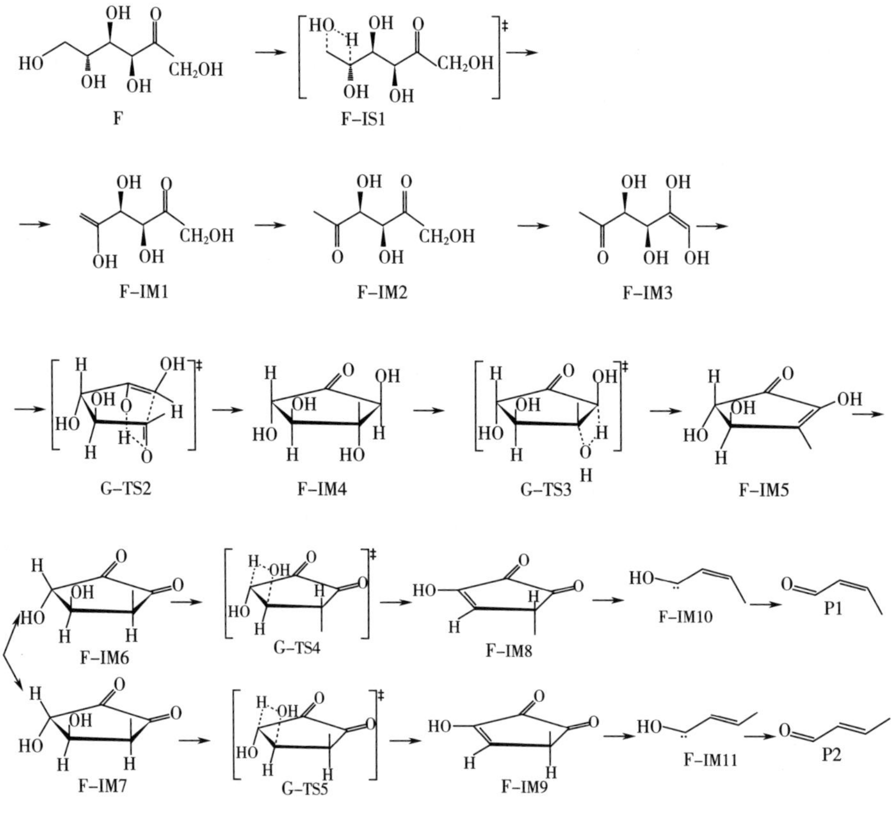

F　F-IS1

F-IM1　F-IM2　F-IM3

G-TS2　F-IM4　G-TS3　F-IM5

F-IM6　G-TS4　F-IM8　F-IM10　P1

F-IM7　G-TS5　F-IM9　F-IM11　P2

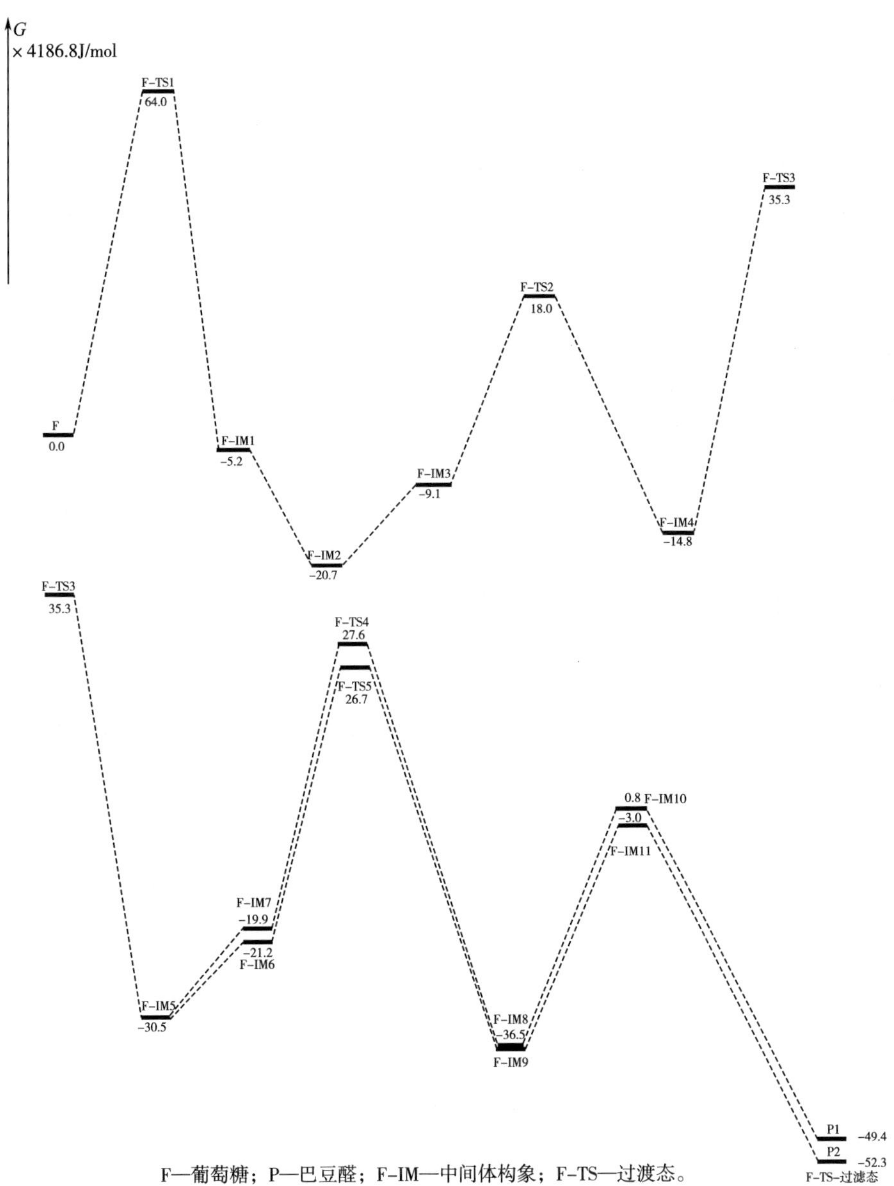

图 4-37　果糖热解形成巴豆醛可能路径的量化计算

第三节　纤维素形成巴豆醛机理

纤维素是植物细胞的结构化合物，与半纤维素、木质素一样是构成植物细胞壁的主要物质。研究表明，各等级烟叶总细胞壁物质含量在 20%~30%，在烟梗和烟草薄片中甚至要占到总质量的三分之一以上。细胞壁物质对于烟叶的燃烧性能和烟丝的填充值以及卷烟的香吃味都有很直接的影响。其中，纤维素被认为会对卷烟燃吸品质产生副作用，会产生一种尖刺的刺激性和一种“烧纸”的气味。

近年来为了合理利用生物质能源，提高生物质能源的能量密度，方便储存、运输，人们尝试通过热解反应将天然植物材料转化为液态的生物质油，对天然植物的热解过程开展了大量研究。纤维素在天然植物中占有较大比例，因此纤维素的热解过程也得到了广泛关注。纤维素为多邻位羟基的碳水化合物，与葡萄糖、果糖在结构上存在一定的一致性，在热解过程中也主要发生脱水、逆羟醛缩合等反应，热解产物与葡萄糖、果糖基本一致。

一、纤维素热重行为

1. 不同热解气氛纤维素的热重曲线

图 4-38 是纤维素在不同气氛下的热重曲线（TG）和热重微分曲线（DTG）。虽然纤维素是葡萄糖的聚合产物，但纤维素与葡萄糖的热重行为具有较大差异。在氮气氛围下，纤维素的主要热失重区间只有一个，即 300～400℃。在 400℃时，纤维素的热失重率已经达到 90%。纤维素的主要热失重区间开始温度比葡萄糖高，并且热失重区间相对较大。超过 400℃时，纤维素继续缓慢失重，当达到 900℃时，失重率接近 100%。

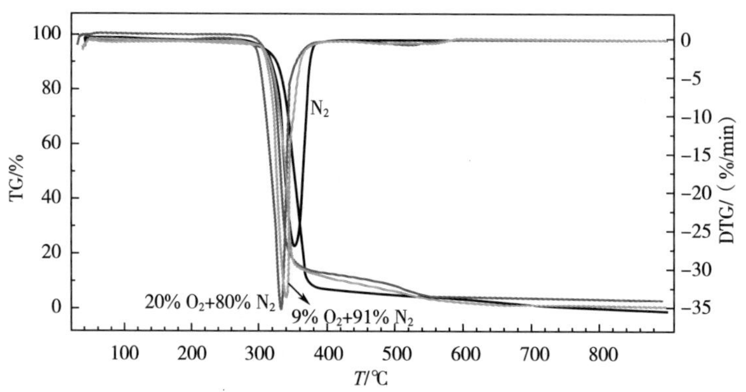

图 4-38　不同热解气氛下纤维素的热重曲线

（升温速率：10℃/min；流量：35mL/min。）

从葡萄糖和纤维素一定的结构类似性可以推断，葡萄糖和纤维素的热解反应具有一定的一致性，即具有相同的化学键断裂反应。但由于形成纤维素的糖苷键具有相对高的稳定性，所以<300℃时，纤维素主要还是以链状高分

子存在，即使有与葡萄糖类似的热解反应发生，也几乎没有失重。与葡萄糖相同的是，二者在300~400℃都有最大的失重率和失重速率，表明在这个温度段，纤维素的糖苷键已经打开，发生的热解反应与葡萄糖的反应比较一致。

比较不同气氛条件下纤维素的TG曲线可以看出，对于纤维素的主失重区间，随着热解气氛中氧含量的增加，对应温度的热失重增加，表明氧气的存在促进了该区间的热失重反应。氧气存在时，在450~580℃形成了一个新的热失重区间，虽然该区间的热失重率不大。

比较不同气氛条件下纤维素的DTG曲线可以看出，氧气的存在增加了300~400℃的热失重速率，最大失重速率峰向低温方向移动。再次表明氧气对该温度区间发生的热失重反应具有促进作用。并且，DTG曲线显示在氧气存在时，450~580℃形成了一个新的热失重区间。

2. 不同升温速率纤维素的热重曲线

由图4-39可知，增加升温速率，最大失重速率峰向高温移动，并且高的升温速率，失重速率峰更大。这是因为升温速率越高，试样达到相同温度经历的反应时间越短，在固定的温度具有越高的失重速率。增加升温速率，纤维素最终的热失重率增加，这表明，升温速率增加，更多的纤维素组分转化为气态析出物，形成的炭化物残留减少。

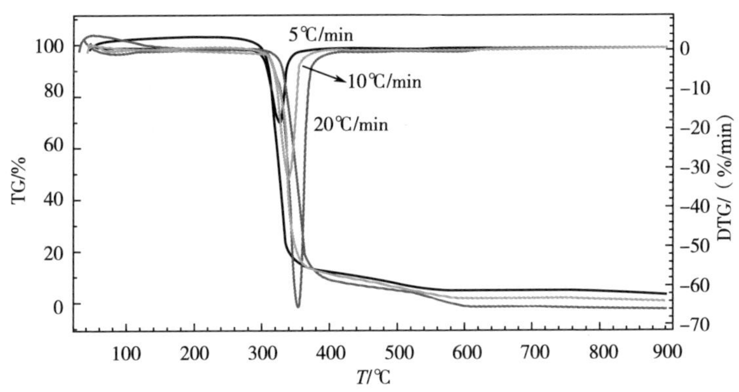

图4-39 不同升温速率下的纤维素的热重曲线

（热解气氛为9% O_2+N_2；流量为35mL/min。）

二、纤维素热解-质谱分析

采用热解仪直接与质谱连接，实时监测热解析出产物随热解温度的变化。采用方法同葡萄糖热解研究方法。

1. 实验方法

热解条件：起始温度 50℃，以 50℃/min 升高至 900℃；传输线 280℃；阀温 280℃；载气为氦气。

GC-MS 条件：进样口温度 280℃，恒流模式，流量 1.5mL/min；分流比 50∶1；色谱柱为 0.62m 内径 0.1mm 空管柱；炉温 280℃，保持 30min；质谱扫描范围为 12~200u。

2. 特征离子流图

按照前述特征离子选择方法，选出的特征离子包括：二氧化碳（m/z=44）、水（m/z=18）、5-羟甲基糠醛（m/z=126）、糠醛（m/z=96）、羟基乙醛（m/z=32）、甲醛（m/z=30）。这些化合物特征离子以及总离子流随热解温度的析出曲线见图 4-40。

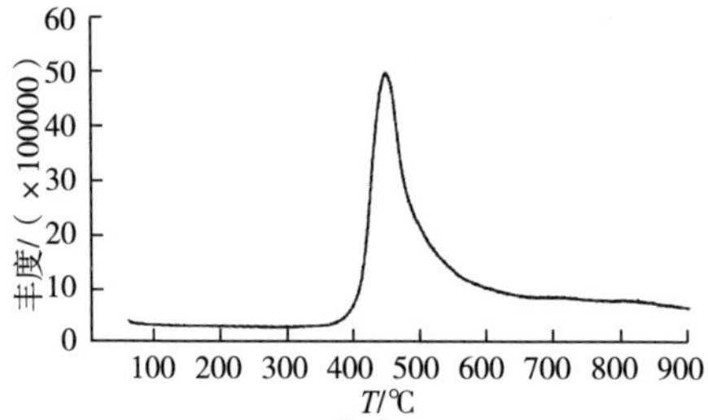

（1）TIC

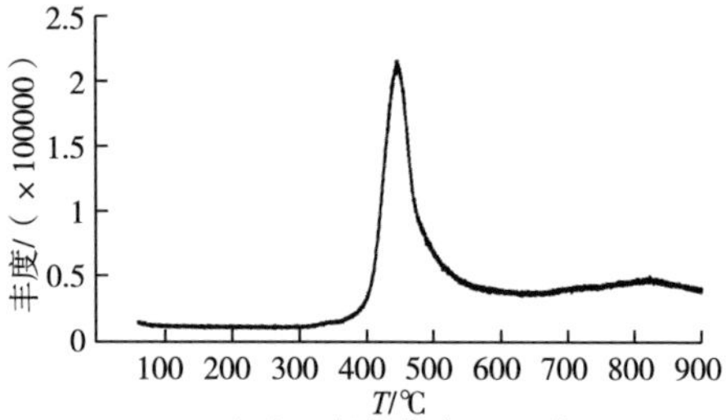

（2）二氧化碳（m/z=44）

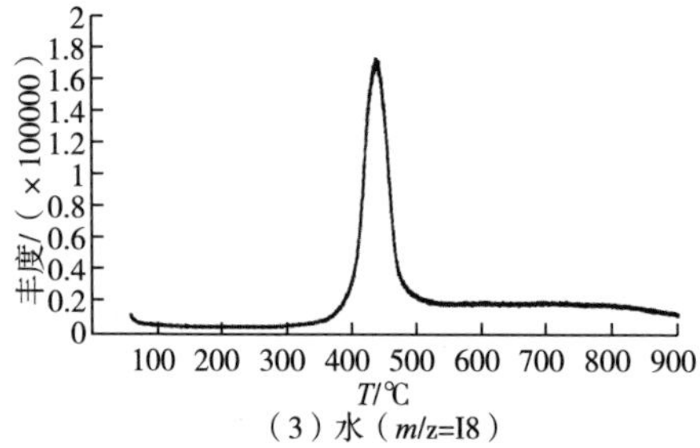

（3）水（m/z=18）

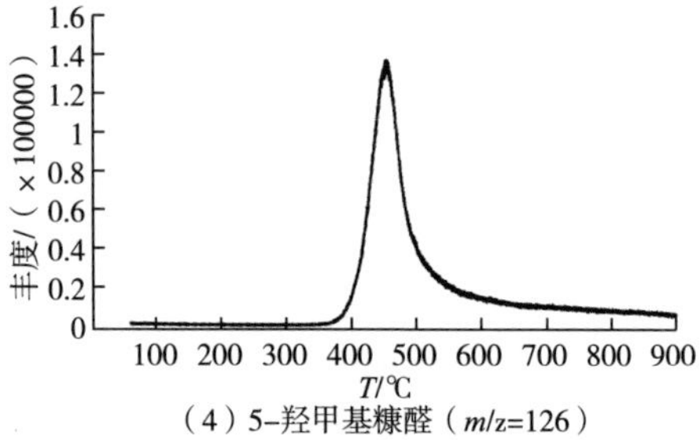

（4）5-羟甲基糠醛（m/z=126）

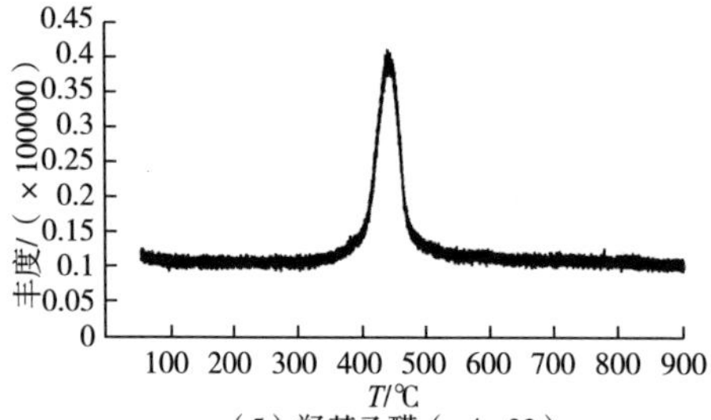

（5）羟基乙醛（m/z=32）

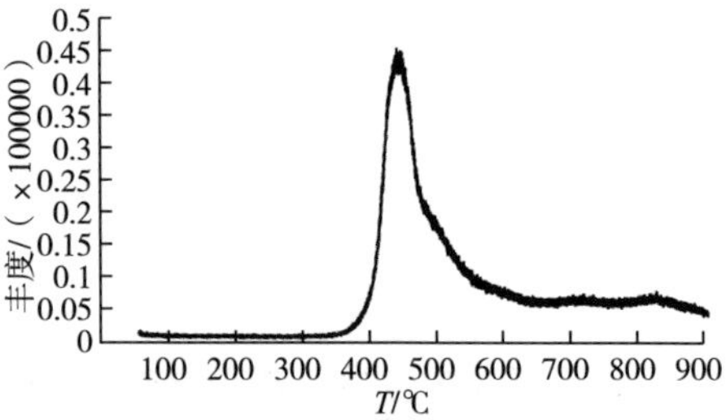

（6）甲醛（m/z=30）

图 4-40 纤维素 Py-MS 总离子流和部分特征离子析出曲线

由图 4-40 可知，纤维素的主要产物析出温度约为 430℃，与热重主要失重温度一致。二氧化碳、水、5-羟甲基糠醛、糠醛、羟基乙醛和甲醛均以单峰形态析出，且最大析出温度约为 430℃。

三、纤维素热解-气相色谱/质谱分析

1. 方法

热解方法：起始温度 50℃，以 30℃/s 升高至 900℃，保持 9s；传输线 280℃；阀温 280℃；载气为氦气。

GC-MS 条件：进样口温度 240℃，恒流模式，流量 1.5mL/min；分流比 50∶1；色谱柱为 DB-624，60m×0.25mm×1.0μm；炉温，初始 35℃，以 2℃/min 升高到 120℃，保持 10min，再以 8℃/min 升高到 240℃，保持 15min；质谱扫描范围为 12~350u。

2. 结果与讨论

纤维素热解产物总离子流色谱图见图 4-41。表 4-19 是纤维素热解的主要产物。

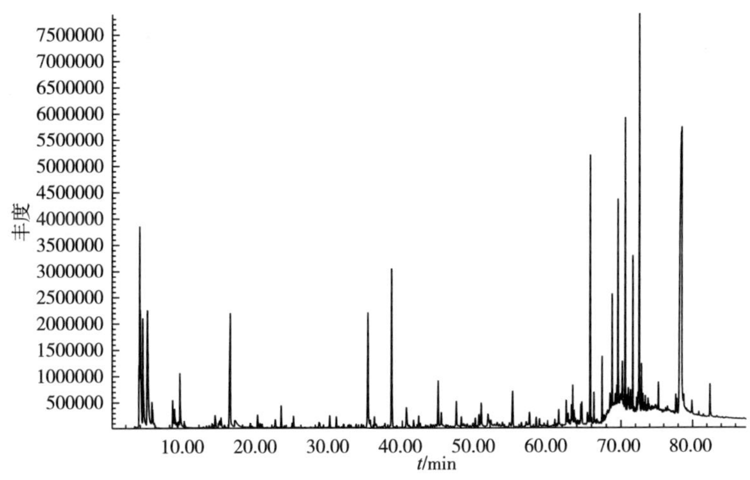

图 4-41 纤维素热解产物总离子流色谱图

表 4-19 纤维素热解主要产物

峰号	保留时间/min	产物	面积百分比/%
1	3.834	一氧化碳	0.95
2	3.93	二氧化碳	8.07

续表

峰号	保留时间/min	产物	面积百分比/%
3	4.357	甲醛	2.93
4	5.00	水	5.69
5	5.603	乙醛	0.71
6	8.427	呋喃	0.98
7	8.683	丙烯醛	0.42
8	8.906	丙醛	0.19
9	9.202	丙酮	0.21
10	9.421	二甲基环氧乙烷	1.43
11	10.005	1,3-环戊二烯	0.11
12	13.783	未知	0.13
13	14.202	2-甲基呋喃	0.49
14	14.825	甲基乙烯基酮	0.27
15	15.021	2,3-丁二酮	0.33
16	15.18	2-丁酮	0.11
17	16.323	羟基乙醛	4.83
18	16.918	甲酸	0.67
19	19.071	苯	0.13
20	20.057	乙酸	0.42
21	20.393	*E*-巴豆醛	0.12
22	20.665	*Z*-巴豆醛	0.10
23	22.482	2,5-二甲基呋喃	0.29
24	23.293	1-羟基-2-丙酮	0.58
25	24.794	乙烯基呋喃	0.13
26	24.994	未知	0.30
27	28.529	丙酸	0.14
28	28.605	甲苯	0.11
29	30.006	2-甲基呋喃	0.29

续表

峰号	保留时间/min	产物	面积百分比/%
30	30.921	未知	0.30
31	31.912	2-甲基-2-丁烯醛	0.08
32	32.543	乙酸甲酯	0.07
33	32.714	1-羟基-2-丁酮	0.07
34	33.661	2-甲基-2-丁烯醛	0.10
35	35.294	未知	3.72
36	36.173	3-糠醛	0.24
37	38.542	糠醛	4.57
38	40.551	2-丙基呋喃	0.72
39	41.541	糠醇	0.21
40	42.228	未知	0.25
41	44.924	未知	1.28
42	45.347	2-乙酰呋喃	0.29
43	47.4	1,2-环戊二酮	0.68
44	49.976	2（5H）-呋喃酮	0.22
45	50.48	未知	0.34
46	50.799	5-甲基糠醛	0.63
47	55.117	未知	1.28
48	58.4	3-甲基-1,2-环戊二酮	0.30
49	58.855	苯酚	0.22
50	61.547	未知	0.38
51	62.573	未知	0.48
52	63.464	糠酸甲酯	0.64
53	64.562	麦芽酚	0.32
54	65.86	左旋葡萄糖酮	5.44
55	66.336	2,3-二氢-3,5-二羟基-6-甲基-4H-吡喃-4-酮	0.44
56	67.45	3,5-二氢-2-甲基-4H-吡喃-4-酮	1.15

续表

峰号	保留时间/min	产物	面积百分比/%
57	68.82	未知	1.54
58	69.615	1,4：3,6-双脱水吡喃型葡萄糖	3.40
59	70.605	5-羟甲基糠醛	4.72
60	71.632	未知	2.13
61	72.542	未知	7.35
62	78.493	1,6-脱水吡喃型葡萄糖	24.53
63	82.431	未知脱水糖	0.79

从表4-18可知纤维素的主要热解产物，与葡萄糖、果糖热解产物类别基本一致，纤维素热解产物中除了水、一氧化碳、二氧化碳以及脱水葡萄糖外，主要为醛、酮、呋喃类化合物。甲醛、乙醛、丙醛、丙烯醛、丙酮、2-丁酮、丁醛和巴豆醛8种挥发性羰基化合物均有检出。

第四节　淀粉形成巴豆醛机理

淀粉是烟草中重要的碳水化合物，新鲜烟叶通过调制，大部分淀粉经酶解反应降解为还原糖，但调制后的烟叶仍残留少量淀粉，这对烟叶内在质量有不利的影响。一方面影响烟叶的燃烧速度和燃烧完全性；另一方面燃吸时产生焦煳气味、刺激性和杂气，对香味具有不良影响。淀粉为多邻位羟基的碳水化合物，与葡萄糖、果糖在结构上一定的一致性，在热解过程中主要发生脱水、逆羟醛缩合等反应，热解产物与葡萄糖、果糖也基本一致。

一、淀粉热重行为

1. 不同气氛淀粉的热失重

图4-42是淀粉在不同气氛下的热重曲线（TG）和热重微分曲线（DTG）。在氮气氛围下，淀粉的主要热失重区间只有一个，为240~530℃。达到530℃时，淀粉失重率超过60%，再升高温度，样品质量不再有显著变化。比较不同气氛条件下淀粉的TG和DTG曲线可以看出，氧气对240~530℃的热失重没有显著影响，最大失重速率峰和峰面积没有显著变化。DTG曲线显示，在有氧气参与时淀粉在400~560℃增加了两个小的失重峰，这表明，氧气在该温度区间参与淀粉的热解反应。

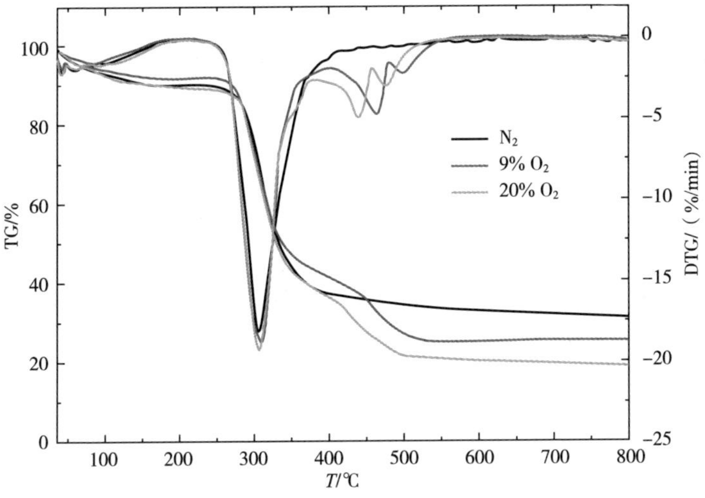

图 4-42　不同气氛下淀粉的热重曲线

（升温速率：20℃/min；流量：35mL/min。）

2. 不同升温速率淀粉的热失重

图 4-43 是升温速率对淀粉热重和微分热重的影响。从热重微分曲线看，增加升温速率，淀粉失重速率峰均向高温移动，并且高的升温速率，失重速率峰更大。

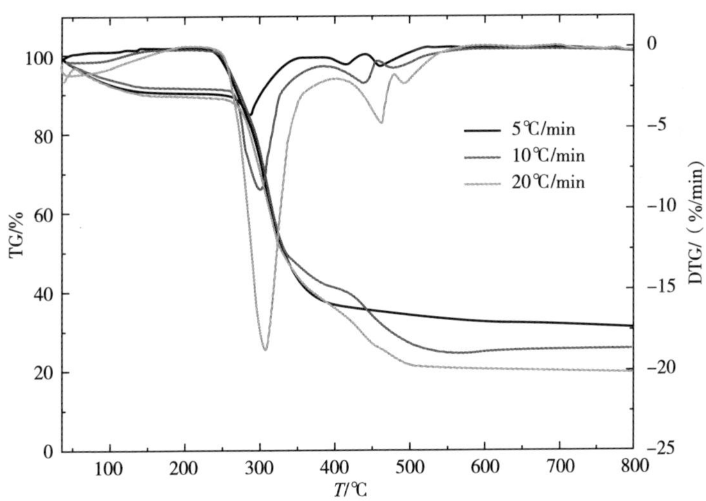

图 4-43　不同升温速率下淀粉的热重曲线

（热解气氛：9% O_2+91% N_2；流量：35mL/min。）

二、淀粉热解-质谱分析

采用热解仪直接与质谱连接，实时监测热解析出产物随热解温度的变化。采用方法同葡萄糖热解研究方法。

1. 实验方法

热解条件：起始温度 50℃，以 50℃/min 升高至 900℃；传输线 280℃；阀温 280℃；载气为氦气。

GC-MS 条件：进样口温度 280℃，恒流模式，流量 1. 5mL/min；分流比 50：1；色谱柱为 0. 62m 内径 0. 1mm 空管柱；炉温 280℃，保持 30min；质谱扫描范围为 12~200u。

2. 特征离子流图

按照前述特征离子选择方法，选出的特征离子包括：二氧化碳（*m/z* = 44）、水（*m/z* = 18）、5-羟甲基糠醛（*m/z* = 126）、羟基乙醛（*m/z* = 32）。这些化合物特征离子以及总离子流随热解温度的析出曲线见图 4-44。

由图 4-44 可知，淀粉的主要产物析出温度约为 400℃，在 400℃主峰前后均有肩峰存在，与热重主要失重温度一致，二氧化碳、水、5-羟甲基糠醛、羟基乙醛均以单峰形态析出，且最大析出温度约为 400℃。

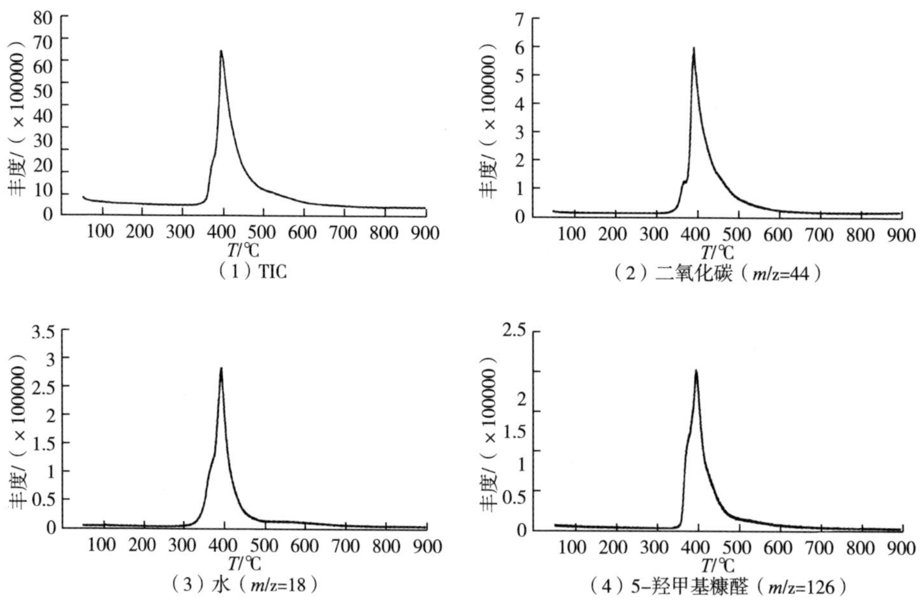

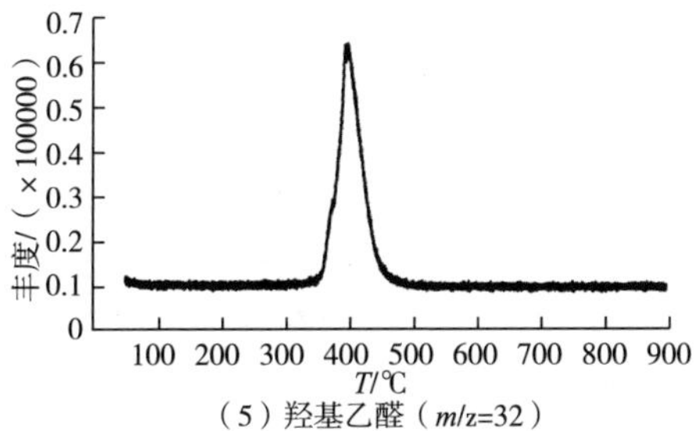

图 4-44 淀粉 PY-MS 总离子流和部分特征离子析出曲线

三、淀粉热解-气相色谱/质谱分析

1. 方法

热解方法：起始温度 50℃，以 30℃/s 升高至 900℃，保持 9s；传输线 280℃；阀温 280℃；载气为氦气。

GC-MS 条件：进样口温度 240℃，恒流模式，流量 1.5mL/min；分流比 50∶1；色谱柱为 DB-624，60m×0.25mm×1.0μm；炉温，初始 35℃，以 2℃/min 升高到 120℃，保持 10min，再以 8℃/min 升高到 240℃，保持 15min；质谱扫描范围为 12～350u。

2. 结果与讨论

淀粉热解产物总离子流色谱图见图 4-45，表 4-20 是淀粉主要热解产物。

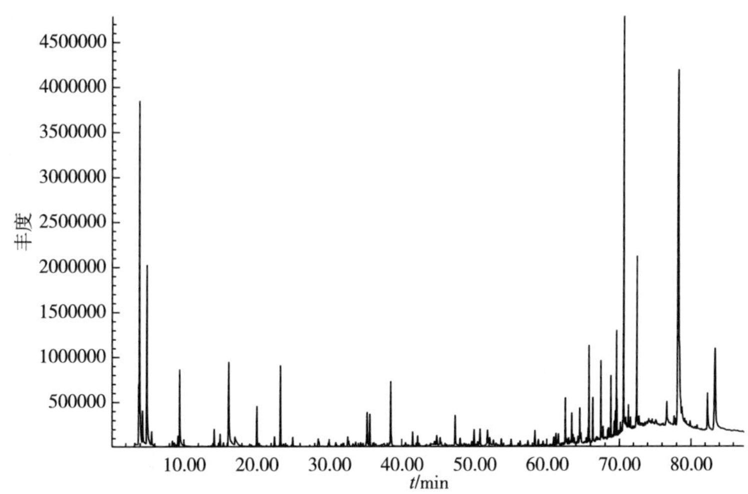

图 4-45 淀粉热解产物总离子流色谱图

表 4-20　　淀粉热解主要产物

峰号	保留时间/min	产物	面积百分比/%
1	3.77	一氧化碳	1.25
2	3.866	二氧化碳	10.46
3	4.321	甲醛	0.95
4	4.92	水	6.15
5	5.575	乙醛	0.41
6	8.403	呋喃	0.20
7	8.679	丙烯醛	0.10
8	8.906	丙醛	0.06
9	9.19	丙酮	0.41
10	9.406	二甲基环氧乙烷	2.50
11	14.182	3-甲基呋喃	0.58
12	14.71	丁醛	0.01
13	14.805	甲基乙烯基酮	0.13
14	15.001	2,3-丁二酮	0.41
15	15.472	2-丁酮	0.13
16	16.191	羟基乙醛	4.12
17	16.655	甲酸	0.88
18	19.071	苯	0.09
19	20.054	乙酸	1.44
20	20.377	*E*-巴豆醛	0.09
21	20.66	*Z*-巴豆醛	0.03
22	22.466	2,5-二甲基呋喃	0.32
23	23.281	1-羟基-2-丙酮	2.68
24	23.712	2,3-戊二酮	0.08
25	24.766	乙烯基呋喃	0.04
26	24.974	未知	0.31
27	28.493	丙酸	0.25
28	28.589	甲苯	0.16
29	29.987	2-甲基呋喃	0.20
30	31.896	2-甲基-2-丁烯醛	0.10

续表

峰号	保留时间/min	产物	面积百分比/%
31	32.539	乙酸甲酯	0.33
32	32.69	1-羟基-2-丁酮	0.15
33	33.254	未知	0.10
34	33.633	2-甲基-2-丁烯醛	0.14
35	35.199	未知	1.49
36	35.586	未知	1.01
37	36.149	3-糠醛	0.12
38	38.47	糠醛	2.41
39	40.523	2-丙基呋喃	0.22
40	41.517	糠醇	0.46
41	42.208	未知	0.34
42	47.368	1,2-环戊二酮	1.06
43	49.952	2（5H）-呋喃酮	0.63
44	50.763	5-甲基糠醛	0.75
45	51.782	未知	0.79
46	58.352	3-甲基-1,2-环戊二酮	0.66
47	62.561	未知	1.18
48	63.44	糠酸甲酯	0.68
49	64.53	麦芽酚	0.87
50	65.789	左旋葡萄糖酮	1.93
51	66.316	2,3-二氢-3,5-二羟基-6-甲基-4H-吡喃-4-酮	0.82
52	67.414	3,5-二氢-2-甲基-4H-吡喃-4-酮	1.64
53	68.784	未知	1.09
54	69.567	1,4：3,6-双脱水吡喃型葡萄糖	1.81
55	69.647	未知脱水糖	0.64
56	70.577	5-羟甲基糠醛	8.32
57	72.45	未知	3.08
58	78.266	1,6-脱水吡喃型葡萄糖	23.50
59	82.312	未知脱水糖	1.94
60	83.354	未知	7.30

与葡萄糖、果糖热解产物类别基本一致，淀粉热解产物主要为醛、酮、呋喃类化合物。甲醛、乙醛、丙醛、丙烯醛、丙酮、2-丁酮、丁醛和巴豆醛8种挥发性羰基化合物均有检出。

第五节 果胶形成巴豆醛机理

果胶是植物中的一种酸性多糖，是植物细胞壁中一个重要组分，其常见的结构是以 α-1，4 糖苷键连接的多聚半乳糖醛酸。此外，还有鼠李糖等其他单糖共同组成的果胶类物质。不同种类的烟草中果胶含量是不同的，通常含量为6%～12%，是烟草中含量较大的一类生物大分子物质。烟草中的果胶类物质含量过高时会使烟草在燃吸时燃烧不完全，对烟草吸味有负面影响，同时果胶在分解时还能产生甲醇，对卷烟的安全性不利。与此同时果胶又对烟草保湿能力和柔韧性有着重要作用。果胶也为多邻位羟基的碳水化合物，与葡萄糖、果糖在结构上存在一定的一致性，在热解过程中也会产生大量醛酮类化合物。

一、果胶热重行为

1. 不同气氛果胶的热失重

图4-46是果胶在不同气氛下的热重曲线（TG）和热重微分曲线（DTG）。在氮气氛围下，果胶的主要热失重区间为180～420℃。达到420℃时，果胶失重率超过70%，再升高温度，样品质量缓慢降低。从DTG曲线上可以看出，氮气氛围下，主要热失重区间对应一个主失重峰和一个肩峰，主峰峰值温度在240℃。

比较不同气氛条件下果胶的TG和DTG曲线可以看出，氧气对主失重区间的热失重没有显著影响。但在410～620℃增加了两个新的失重峰，随氧气含量增加，新的失重峰峰值增加明显，最终的失重率也显著增加。表明氧气的存在对该温度区间发生的热失重反应具有促进作用。

2. 不同升温速率果胶的热失重

图4-47是升温速率对果胶热重和微分热重的影响。从热重微分曲线看，增加升温速率，最大失重速率峰向高温移动，升温速率越高，失重速率峰越大。这是因为升温速率越高，试样达到相同温度经历的反应时间越短，在相同的温度具有越高的失重速率。

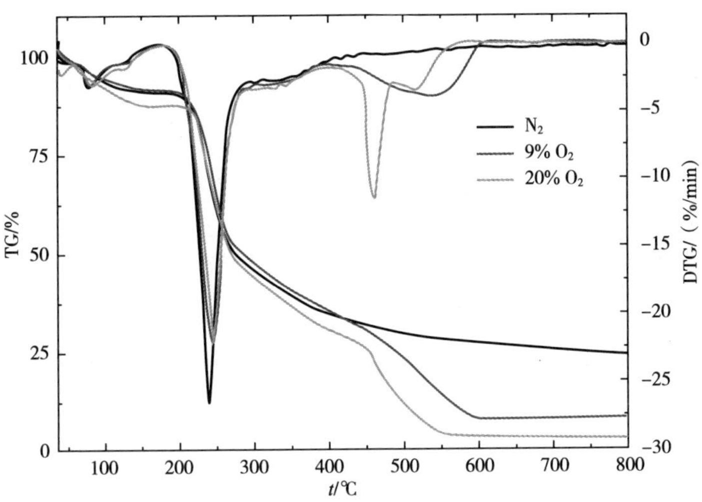

图 4-46 不同气氛下果胶的热重曲线

（升温速率：20℃/min；流量：35mL/min。）

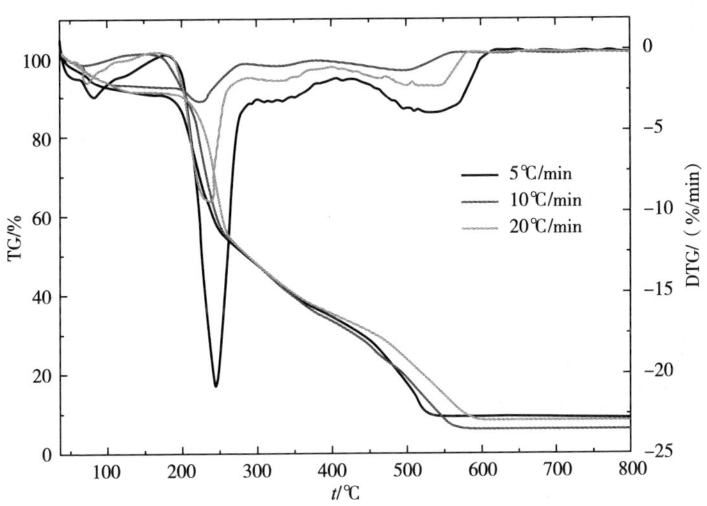

图 4-47 不同升温速率下果胶的热重曲线

（热解气氛：9% O_2+91% N_2；流量：35mL/min。）

二、果胶热解-质谱分析

采用热解仪直接与质谱连接，实时监测热解析出产物随热解温度的变化，采用方法同葡萄糖热解研究方法。

1. 实验方法

热解条件：起始温度 50℃，以 50℃/min 升高至 900℃；传输线 280℃；

阀温 280℃；载气为氦气。

GC-MS 条件：进样口温度 280℃，恒流模式，流量 1.5mL/min；分流比 50∶1；色谱柱为 0.62m 内径 0.1mm 空管柱；炉温 280℃，保持 30min；质谱扫描范围为 12~200u。

2. 特征离子流图

按照前述特征离子选择方法，选出的特征离子包括二氧化碳（$m/z=44$）、水（$m/z=18$）、5-羟甲基糠醛（$m/z=126$）、糠醛（$m/z=96$）和甲醇（$m/z=32$）。这些化合物特征离子以及总离子流随热解温度的析出曲线见图 4-48。

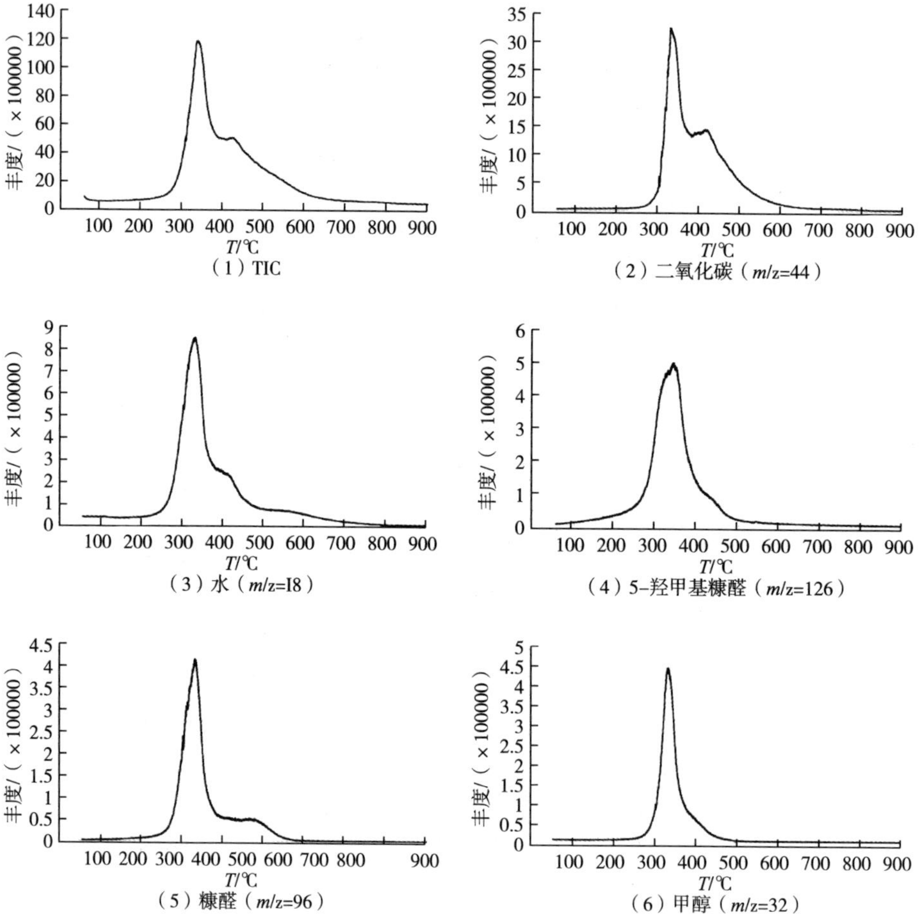

（1）TIC

（2）二氧化碳（$m/z=44$）

（3）水（$m/z=18$）

（4）5-羟甲基糠醛（$m/z=126$）

（5）糠醛（$m/z=96$）

（6）甲醇（$m/z=32$）

图 4-48　果胶 PY-MS 总离子流和部分特征离子析出曲线

从图 4-48 中可以看出，果胶的主要产物析出温度约为 330℃，并在该主峰后存在一较宽的肩峰，与热重主要失重温度一致。二氧化碳、水、5-羟甲基糠醛、糠醛和甲醇的析出曲线均与 TIC 类似，存在 330℃附近的主峰和右侧肩峰。

三、果胶热解-气相色谱/质谱分析

1. 方法

热解方法：起始温度 50℃，以 30℃/s 升高至 900℃，保持 9s；传输线 280℃；阀温 280℃；载气为氦气。

GC-MS 条件：进样口温度 240℃，恒流模式，流量 1.5mL/min；分流比 50：1；色谱柱为 DB-624，60m×0.25mm×1.0μm；炉温初始 35℃，以 2℃/min 升高到 120℃，保持 10min，再以 8℃/min 升高到 240℃，保持 15℃；质谱扫描范围为 12~350u。

2. 结果与讨论

果胶热解总离子流色谱图见图 4-49。表 4-21 是果胶的热解主要产物。

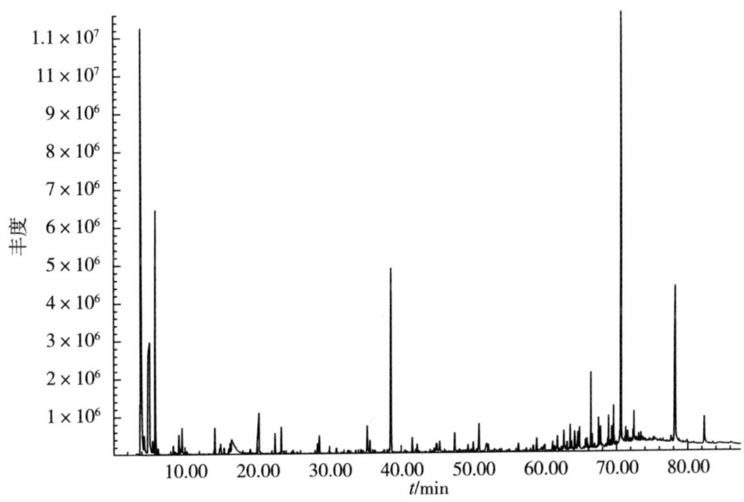

图 4-49　果胶热解总离子流色谱图

表 4-21　果胶热解主要产物

峰号	保留时间/min	产物	面积百分比/%
1	3.746	一氧化碳	0.83
2	3.83	二氧化碳	18.70
3	4.333	甲醛	0.50

续表

峰号	保留时间/min	产物	面积百分比/%
4	5.104	水	11.40
5	5.519	乙醛	0.52
6	5.891	甲醇	6.94
7	6.286	甲酸甲酯	0.12
8	8.371	呋喃	0.34
9	8.619	丙烯醛	0.11
10	8.854	丙醛	0.06
11	9.154	丙酮	0.70
12	9.597	异丙醇	0.64
13	10.28	乙酸甲酯	0.09
14	14.15	2-甲基呋喃	0.86
15	14.949	2,3-丁二酮	0.35
16	15.424	2-丁酮	0.21
17	16.259	羟基乙醛	0.54
18	16.459	甲酸	2.63
19	19.039	苯	0.15
20	20.245	乙酸	2.84
21	20.377	*E*-巴豆醛	0.08
22	20.66	*Z*-巴豆醛	0.03
23	21.982	2-乙基呋喃	0.06
24	22.45	2,5-二甲基呋喃	0.62
25	23.32	1-羟基-2-丙酮	0.87
26	24.946	未知	0.15
27	25.545	羟基乙酸甲酯	0.05
28	28.341	乙酰甲酸甲酯	0.30
29	28.589	甲苯	0.70
30	29.942	2-丙烯酸	0.14
31	30.949	2-乙酰呋喃	0.23

续表

峰号	保留时间/min	产物	面积百分比/%
32	33. 633	环戊酮	0. 11
33	34. 352	1-羟基-2-丙酮	0. 15
34	34. 643	3-甲基苯酚	0. 08
35	35. 238	未知	1. 12
36	35. 618	未知	0. 38
37	38. 298	糠醛	0. 10
38	38. 569	二甲苯	7. 79
39	40. 534	2-丙基呋喃	0. 10
40	41. 545	糠醇	0. 52
41	42. 224	未知	0. 27
42	44. 568	2-甲基-2-环戊烯-1-酮	0. 10
43	44. 86	未知	0. 21
44	44. 936	2-环戊烯-1,4-二酮	0. 18
45	45. 343	2-乙酰呋喃	0. 30
46	47. 4	1,2-环戊二酮	0. 65
47	49. 249	未知	0. 26
48	49. 984	2（5H）呋喃酮	0. 35
49	50. 795	5-甲基糠醛	1. 21
50	56. 331	未知	0. 35
51	58. 388	3-甲基-1,2-环戊二酮	0. 25
52	61. 695	2，5-二甲基-4-羟基-3（2H）-呋喃酮	0. 45
53	62. 569	未知	0. 42
54	63. 025	2-甲基苯酚	0. 18
55	63. 46	糠酸甲酯	0. 55
56	63. 64	2,5-呋喃二甲酸	0. 17
57	64. 075	未知	0. 71
58	64. 454	3-甲基苯酚	0. 15
59	64. 534	麦芽酚	0. 48

续表

峰号	保留时间/min	产物	面积百分比/%
60	64. 746	呋喃甲酸	0. 57
61	65. 577	丁二酸单甲酯	0. 15
62	65. 788	未知	0. 18
63	66. 359	2,3-二氢-3,5-二羟基-6-甲基-4H-吡喃-4-酮	1. 60
64	66. 543	未知	0. 30
65	67. 434	3,5-二氢-2-甲基-4H-吡喃-4-酮	0. 54
66	68. 864	未知	0. 45
67	69. 319	未知	0. 30
68	69. 579	1,4：3,6-双脱水吡喃型葡萄糖	0. 63
69	70. 677	5-羟甲基糠醛	16. 21
70	78. 27	1,6-脱水吡喃型葡萄糖	8. 53
71	82. 339	未知	1. 29

与葡萄糖、果糖热解产物类别基本一致，果胶热解产物主要为醛、酮、呋喃类化合物。但果胶热解产物中还含有甲醇、羟基乙酸甲酯、乙酰甲酸甲酯等特征成分，与果胶结构中存在甲醇酯相对应。果胶热解产物中，甲醛、乙醛、丙醛、丙烯醛、丙酮、2-丁酮、丁醛和巴豆醛 8 种挥发性羰基化合物均有检出。

第六节　同位素标记物卷烟添加验证

为了验证前体成分对卷烟烟气中巴豆醛等挥发性羰基化合物的贡献，将同位素标记的前体成分添加到卷烟配方烟丝中，进行卷烟抽吸。采用 2,4-二硝基苯肼为捕捉剂，捕集烟气，采用液相色谱-质谱联用技术对捕集溶液进行分析，对比非标记挥发性羰基化合物——2,4-二硝基苯肼腙的质谱热解规律，确定烟气中同位素标记挥发性羰基化合物的存在。

一、方法

样品处理：考虑同位素标记前体成分的易得性和价格，选择$^{13}C_6$-果糖作为研究对象。配制约 50%质量浓度的$^{13}C_6$-果糖水溶液，注射到空白卷烟中，添加量约为 20mg/支。卷烟经平衡水分后，在 ISO 模式下抽吸，以 2,4-二硝基苯肼溶液捕集主流烟气。

捕集溶液直接以注射泵进行质谱进样。

质谱条件：离子源，电喷雾电离源（ESI）；扫描方式，负离子扫描；检测方式，多反应监测模式（MRM）；电喷雾电压，5000V；离子源温度，500℃；气帘气压力，0.207MPa；辅助气 1 压力，0.483MPa；辅助气 2 压力，0.483MPa。

二、结果与讨论

烟气中羰基化合物与 2,4-二硝基苯肼形成具有稳定结构的腙，然后被液相色谱-质谱分离检测。7 种羰基化合物形成的腙，其质谱准分子离子为［M-H］。对应的^{13}C标记的羰基化合物与 2,4-二硝基苯肼形成腙的质谱准分子离子可以根据羰基化合物的碳原子数计算，见表 4-22。

表 4-22　各种腙的相对分子质量与准分子离子

化合物	相对分子质量	准分子离子（*m/z*）
甲醛-2,4-二硝基苯腙	210	209
乙醛-2,4-二硝基苯腙	224	223
丙烯醛-2,4-二硝基苯腙	236	235
巴豆醛-2,4-二硝基苯腙	250	249
丙酮-2,4-二硝基苯腙	238	237
丙醛-2,4-二硝基苯腙	238	237
丁醛-2,4-二硝基苯腙	252	251
$^{13}C_1$-甲醛-2,4-二硝基苯腙	211	210
$^{13}C_2$-乙醛-2,4-二硝基苯腙	226	225
$^{13}C_3$-丙烯醛-2,4-二硝基苯腙	239	238
$^{13}C_4$-巴豆醛-2,4-二硝基苯腙	254	253
$^{13}C_3$-丙酮-2,4-二硝基苯腙	241	240
$^{13}C_3$-丙醛-2,4-二硝基苯腙	241	240
$^{13}C_4$-丁醛-2,4-二硝基苯腙	256	255

对添加有$^{13}C_6$-果糖的卷烟烟气样品中对应准分子离子进行扫描，并结合二级质谱分析，确认添加有$^{13}C_6$-果糖卷烟的烟气捕集样品中是否含有^{13}C标记的挥发性羰基化合物。需要说明的是，丁醛和丙醛在烟气中含量较低，形成的腙与含量较大的 2-丁酮和丙酮对应腙为同分异构体，不能得到单一的二级质谱图，结果见图 4-50。

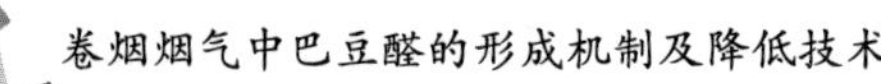

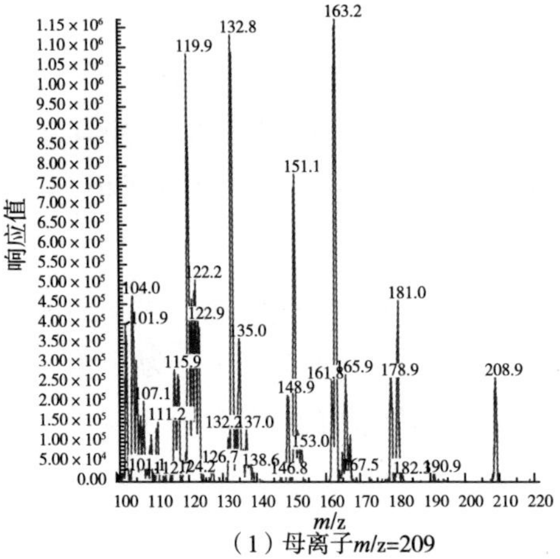

（1）母离子*m*/z=209

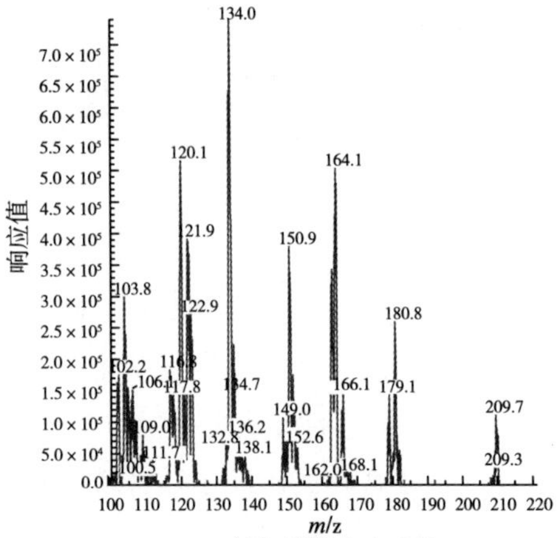

（2）母离子*m*/z=210

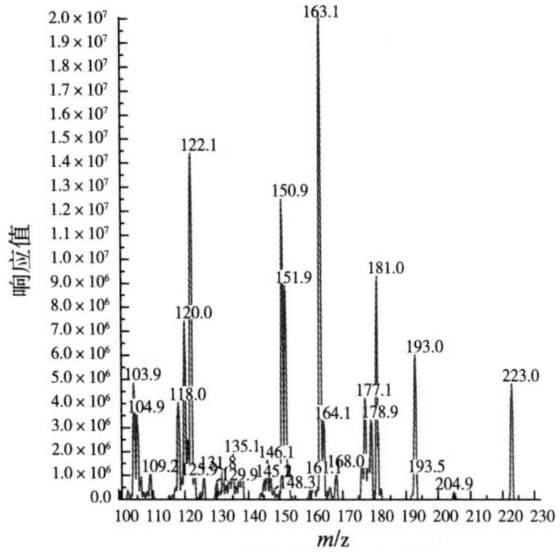

（3）母离子*m*/z=223

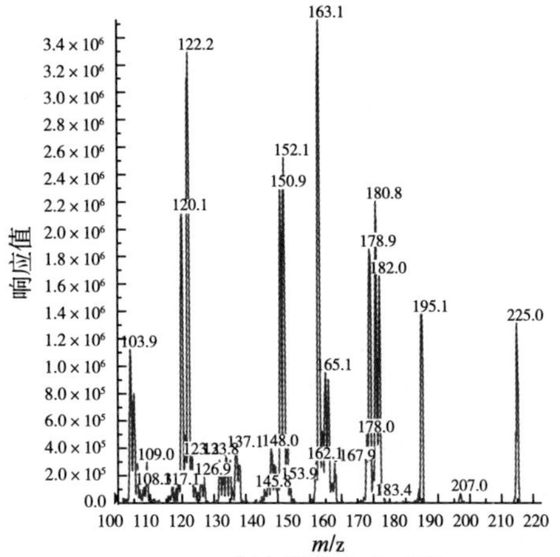

（4）母离子*m*/z=225

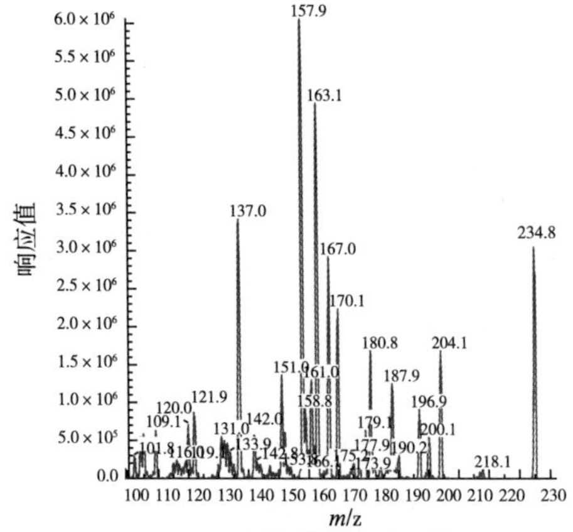

（5）母离子*m*/z=235

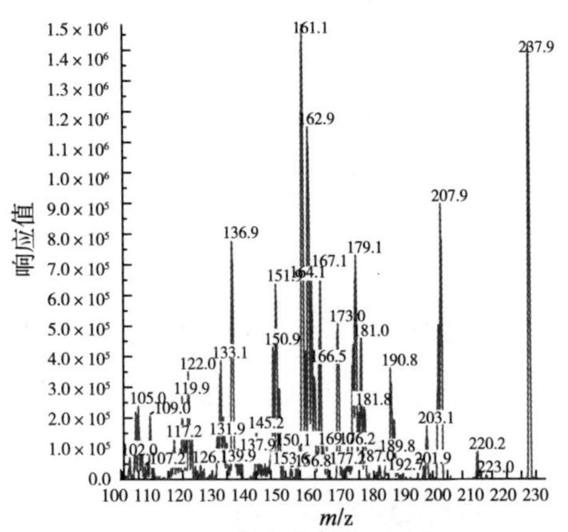

（6）母离子*m*/z=238

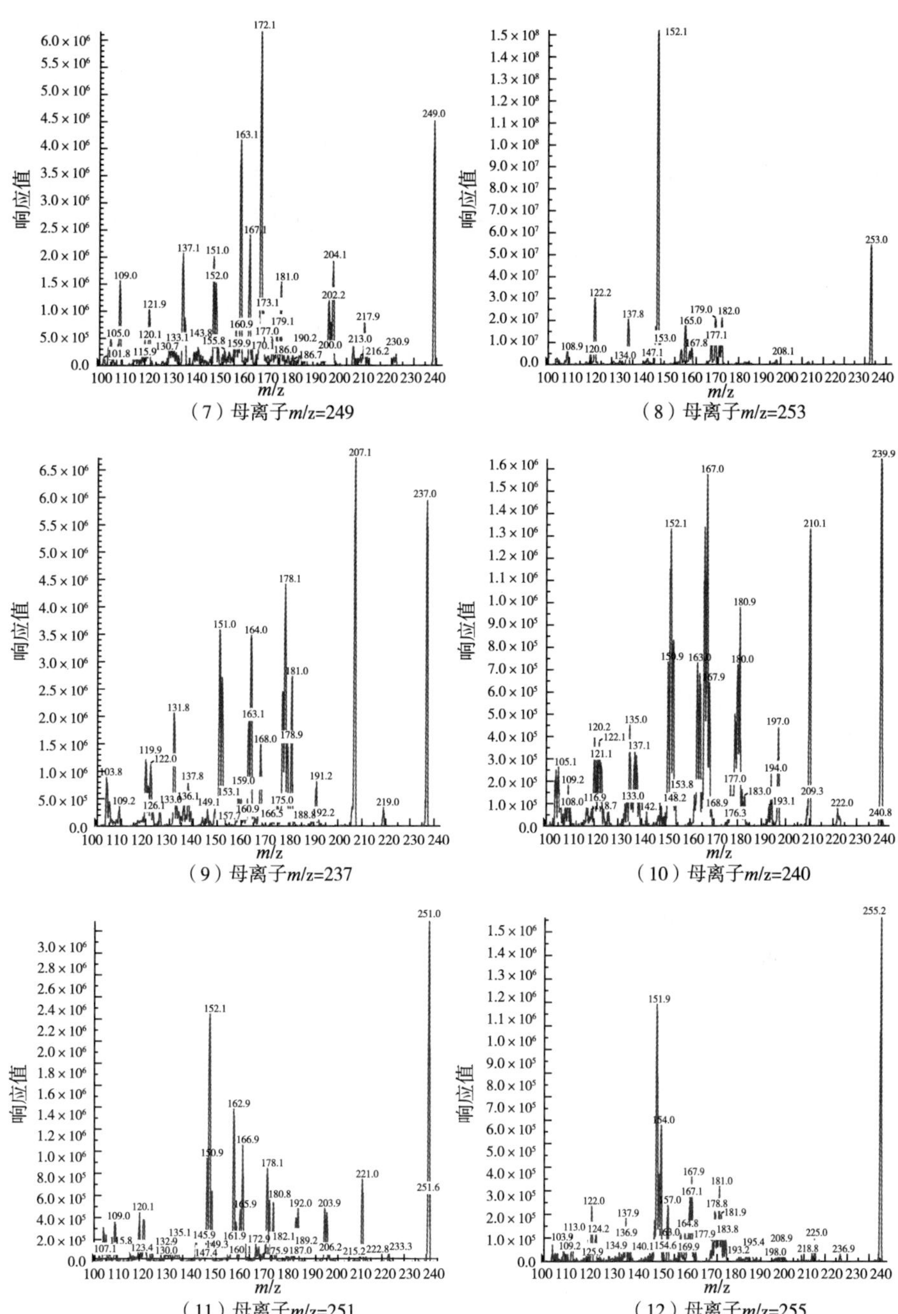

图 4-50　$^{13}C_6$-果糖添加卷烟烟气样品挥发性羰基化合物对应腙的二级质谱图

对比表 4-20 中挥发性羰基化合物及其全^{13}C标记对应体的 2,4-二硝基苯腙的准分子离子，由图 4-50 可以看出，在$^{13}C_6$-果糖添加卷烟烟气样品中，检出了 7 种挥发性羰基化合物和其全^{13}C标记对应体。也就是说，在卷烟中添加同位素添加$^{13}C_6$-果糖，在卷烟烟气中的确存在同位素标记的甲醛、乙醛、巴豆醛等挥发性羰基化合物，进一步证实了果糖是这些化合物的前体成分。

第五章
卷烟主流烟气巴豆醛释放影响因素研究

本章研究烟叶原料（产地、部位、类型和品种）、“三丝”（薄片、膨胀梗丝、膨胀叶丝）掺兑比例、辅助材料（卷烟纸、接装纸、成形纸和滤棒）、加工工艺等参数对主流烟气巴豆醛释放量的影响。

第一节　烟叶原料

本节研究烟叶产地、部位、类型和品种对巴豆醛释放量的影响。

一、烟叶产地的影响

抽取国内外代表性烤烟烟叶样品，采用相同参数制备烟丝，采用相同辅材，在同一卷烟机上完成所有烟丝样品的卷烟制作，测试样品卷烟主流烟气巴豆醛释放量，考察国内不同产地烟叶烟气巴豆醛释放量规律及差异。其中国内 C3F 样品 403 个，涵盖安徽、福建、甘肃、广东、广西、贵州、河南、黑龙江、湖北、湖南、吉林、江西、辽宁、内蒙古、山东、陕西、四川、云南和重庆 19 个省（自治区、直辖市）、85 个市、291 个县（区）；选择与国内 C3F 等级烟叶接近的国外进口烟叶样品 35 个，涵盖巴西、美国、津巴布韦、赞比亚和马拉维 5 个国家。

1. 国内不同产地烟叶比较

如表 5-1 所示，国内 403 个 C3F 等级烟叶单位燃烧烟丝质量巴豆醛释放量均值为 35.3μg/g，最小值为 19.4μg/g，最大值为 53.0μg/g，变异系数为 13.5%。从烤烟巴豆醛释放量分布（图 5-1）可以看出，超过 70%的样品巴豆醛释放量集中在 30~40μg/g，以上结果表明国内不同产地烟叶烟气巴豆醛释放量有差异但不大。

表 5-1　　国内 403 个 C3F 等级烟叶样品巴豆醛释放量统计

统计项	单位燃烧烟丝质量巴豆醛释放量/(μg/g)
均值	35.3
最小值	19.4

续表

统计项	单位燃烧烟丝质量巴豆醛释放量/(μg/g)
最大值	53.0
变异系数（RSD)%	13.5

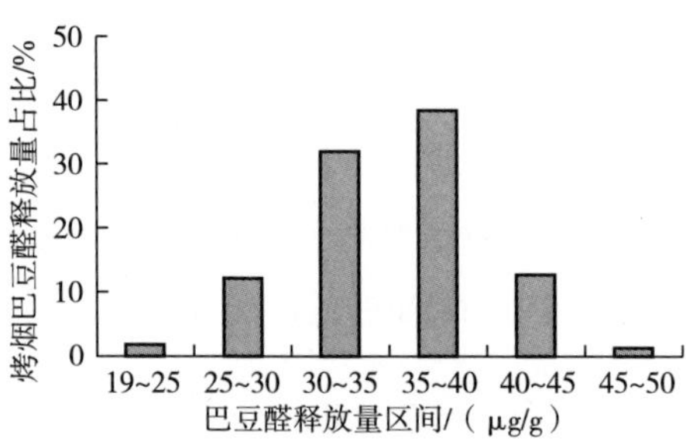

图 5-1　国产烤烟巴豆醛释放量分布

安徽、福建、甘肃、广东、广西、贵州、河南、黑龙江、湖北、湖南、吉林、江西、辽宁、内蒙古、山东、陕西、四川、云南和重庆 19 个产地（省/自治区/直辖市）内所有 C3F 等级烟叶的巴豆醛释放量均值见表 5-2 和图 5-2。

表 5-2　　国内不同产地巴豆醛释放量

产地（省/自治区/直辖市）	单位燃烧烟丝质量巴豆醛释放量/(μg/g)	产地（省/自治区/直辖市）	单位燃烧烟丝质量巴豆醛释放量/(μg/g)
云南	34.3	陕西	31.0
贵州	37.7	广东	37.8
四川	33.8	江西	35.7
湖南	34.7	广西	37.1
河南	33.5	辽宁	34.3
福建	42.1	安徽	31.3
重庆	35.6	吉林	32.6
湖北	33.9	内蒙古	39.5
黑龙江	31.0	甘肃	24.3
山东	38.4		

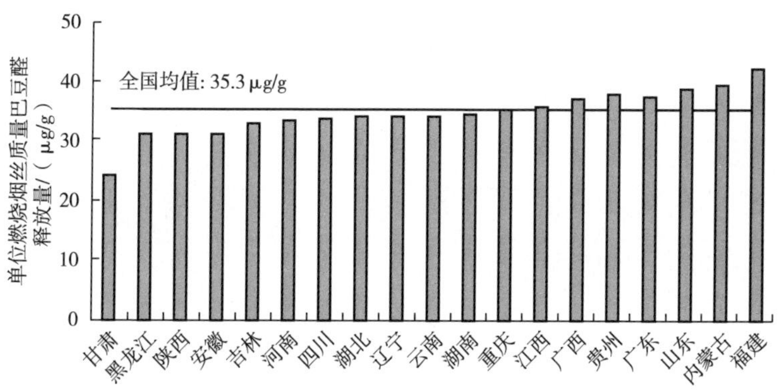

图 5-2　不同产地烟叶单位燃烧烟丝质量巴豆醛释放量

结果表明，全国 19 个产地（省/自治区/直辖市）单位燃烧烟丝质量巴豆醛释放量变异系数为 11.2%，各产地烟叶单位燃烧烟丝质量巴豆醛释放量有差异但不大，其中 11 个产地（省/自治区/直辖市）烟叶单位燃烧烟丝质量巴豆醛释放量低于全国均值，8 个产地（省/自治区/直辖市）烟叶单位燃烧烟丝质量巴豆醛释放量高于全国均值；甘肃、黑龙江和陕西烟叶单位燃烧烟丝质量巴豆醛释放量较低，分别为 24.3μg/g、31.0μg/g 和 31.0μg/g，山东、内蒙古和福建烟叶单位燃烧烟丝质量巴豆醛释放量较高，分别为 38.4μg/g、39.5μg/g 和 42.1μg/g。

不同产地单位燃烧烟丝质量巴豆醛释放量见表 5-3 和图 5-3。

表 5-3　　不同产地单位燃烧烟丝质量巴豆醛释放量

产地		单位燃烧烟丝质量巴豆醛释放量/(μg/g)
云南	保山	34.1
	大理	30.7
	临沧	32.9
	普洱	34.5
	丽江	32.7
	楚雄	37.8
	昭通	33.6
	文山	37.2
	红河	33.6
	曲靖	32.3

续表

产地		单位燃烧烟丝质量巴豆醛释放量/(μg/g)
云南	玉溪	35.8
	昆明	36.3
	变异系数（RSD)/%	6.2
贵州	六盘水	33.6
	黔南	36.5
	安顺	40.0
	贵阳	34.5
	铜仁	39.4
	遵义	38.5
	毕节	38.4
	黔东南	38.2
	黔西南	35.5
	变异系数（RSD)/%	6.0
四川	攀枝花	37.3
	凉山	32.6
	宜宾	38.2
	广元	33.9
	泸州	31.8
	变异系数（RSD)/%	8.2
湖南	长沙	35.4
	常德	27.1
	张家界	34.8
	邵阳	33.5
	郴州	35.8
	怀化	31.1
	永州	36.1
	株洲	38.2
	湘西	34.2
	衡阳	37.4
	变异系数（RSD)/%	9.2

续表

产地		单位燃烧烟丝质量巴豆醛释放量/(μg/g)
河南	郑州	22.9
	周口	30.0
	商丘	27.9
	济源	44.4
	平顶山	28.9
	三门峡	34.1
	洛阳	33.2
	信阳	37.3
	许昌	35.6
	南阳	36.0
	漯河	36.4
	驻马店	33.9
	变异系数（RSD）/%	15.3
福建	南平	44.0
	龙岩	37.2
	三明	43.3
重庆	酉阳	29.9
	丰都	36.0
	彭水	34.3
	奉节	38.6
	万州	38.3
	巫山	36.2
	石柱	30.9
	黔江	38.3
	巫溪	37.5
	南川	37.9
	涪陵	31.1
	武隆	41.8
湖北	十堰	31.5
	襄阳	35.0
	恩施	35.2
	宜昌	30.6

续表

产地		单位燃烧烟丝质量巴豆醛释放量/(μg/g)
黑龙江	牡丹江	28.7
	哈尔滨	33.4
	绥化	40.2
山东	日照	43.6
	淄博	35.4
	青岛	41.6
	潍坊	37.7
	临沂	38.0
陕西	咸阳	26.8
	延安	36.0
	汉中	30.2
	安康	32.4
	商洛	29.7
	宝鸡	28.4
广东	韶关	37.8
江西	吉安	33.9
	抚州	29.5
	赣州	38.0
广西	百色	35.8
	贺州	37.5
	河池	38.2
辽宁	铁岭	33.4
	丹东	35.1
安徽	宣城	30.6
	芜湖	31.0
	黄山	33.6
吉林	延边	32.6
内蒙古	赤峰	39.5
甘肃	庆阳	19.4
	陇南	29.1

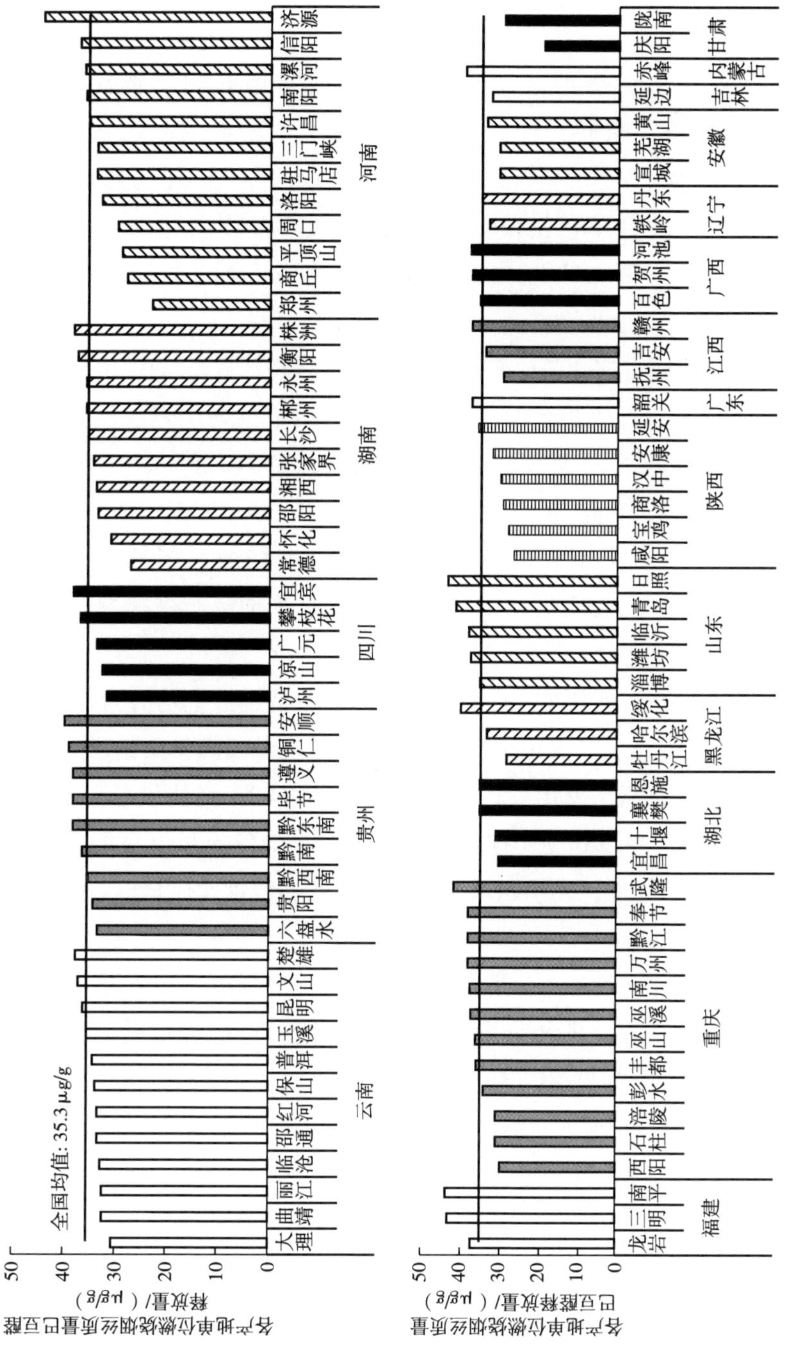

图5-3　各产地烟叶单位燃烧烟丝质量巴豆醛释放量

（1）云南　云南省烟叶单位燃烧烟丝质量巴豆醛释放量均值为34.3μg/g，低于全国均值1.0μg/g，在19个产地（省/自治区/直辖市）中排名第9。省内各产地单位燃烧烟丝质量巴豆醛释放量由低到高依次为大理、曲靖、丽江、临沧、昭通、红河、保山、普洱、玉溪、昆明、文山、楚雄，释放量分别为30.7，32.3，32.7，32.9，33.6，34.1，34.5，35.8，36.3，37.2，37.8，37.9μg/g。省内烟叶单位燃烧烟丝质量巴豆醛释放量变异系数（RSD）为6.2%，表明云南省内烟叶单位燃烧烟丝质量巴豆醛释放量差异很小。

（2）贵州　贵州省烟叶单位燃烧烟丝质量巴豆醛释放量均值为37.7μg/g，高于全国均值2.4μg/g，排名第15。省内各产地单位燃烧烟丝质量巴豆醛释放量由低到高依次为六盘水、贵阳、黔西南、黔南、黔东南、毕节、遵义、铜仁、安顺，释放量分别为33.6，34.5，35.5，36.5，38.2，38.4，38.5，39.4，40.0μg/g。省内烟叶单位燃烧烟丝质量巴豆醛释放量变异系数为6.0%，表明贵州烟叶单位燃烧烟丝质量巴豆醛释放量差异很小。

（3）四川　四川省烟叶单位燃烧烟丝质量巴豆醛释放量均值为33.8μg/g，低于全国均值1.5μg/g，排名第7。省内各产地单位燃烧烟丝质量巴豆醛释放量由低到高依次为泸州、凉山、广元、攀枝花、宜宾，释放量分别为31.8，32.6，33.9，37.3，38.2μg/g。省内烟叶单位燃烧烟丝质量巴豆醛释放量变异系数（RSD）为8.2%，表明四川省内烟叶单位燃烧烟丝质量巴豆醛释放量差异很小。

（4）湖南　湖南省烟叶单位燃烧烟丝质量巴豆醛释放量均值为34.7μg/g，低于全国均值0.6μg/g，排名第11。省内各产地单位燃烧烟丝质量巴豆醛释放量由低到高依次为常德、怀化、邵阳、湘西、张家界、长沙、郴州、永州、衡阳、株洲，释放量分别为27.1，31.1，33.5，34.2，34.8，35.4，35.8，36.1，37.4，38.2μg/g。省内烟叶单位燃烧烟丝质量巴豆醛释放量变异系数（RSD）为9.2%，表明湖南省内烟叶单位燃烧烟丝质量巴豆醛释放量差异很小。

（5）河南　河南省烟叶单位燃烧烟丝质量巴豆醛释放量均值为33.5μg/g，低于全国均值1.8μg/g，排名第6。省内各产地单位燃烧烟丝质量巴豆醛释放量由低到高依次为郑州、商丘、平顶山、周口、洛阳、驻马店、三门峡、许

昌、南阳、漯河、信阳、济源，释放量分别为 22.9，27.9，28.9，30.0，33.2，33.9，34.1，35.6，36.0，36.4，37.3，44.4μg/g。省内烟叶单位燃烧烟丝质量巴豆醛释放量变异系数（RSD）为 15.3%，表明河南各产地烟叶单位燃烧烟丝质量巴豆醛释放量有一定差异。

（6）福建　福建省烟叶单位燃烧烟丝质量巴豆醛释放量均值为 42.1μg/g，高于全国均值 6.8μg/g，排名第 19。省内各产地单位燃烧烟丝质量巴豆醛释放量由低到高依次为龙岩、三明、南平，释放量分别为 37.2，43.3，44.0μg/g。

（7）重庆　重庆市烟叶单位燃烧烟丝质量巴豆醛释放量均值为 35.6μg/g，高于全国均值 0.3μg/g，排名第 12。市内各产地单位燃烧烟丝质量巴豆醛释放量由低到高依次为酉阳、石柱、涪陵、彭水、丰都、巫山、巫溪、南川、万州、黔江、奉节、武隆，释放量分别为 29.9，30.9，31.1，34.3，36.0，36.2，37.5，37.9，38.3，38.3，38.6，41.8μg/g。市内烟叶单位燃烧烟丝质量巴豆醛释放量变异系数（RSD）为 10.2%，表明重庆市内烟叶单位燃烧烟丝质量巴豆醛释放量有一定差异。

（8）湖北　湖北省烟叶单位燃烧烟丝质量巴豆醛释放量均值为 33.9μg/g，低于全国均值 1.4μg/g，排名第 8。省内单位燃烧烟丝质量巴豆醛释放量由低到高依次为宜昌、十堰、襄阳、恩施，释放量分别为 30.6，31.5，35.0，35.2μg/g。

（9）黑龙江　黑龙江省烟叶单位燃烧烟丝质量巴豆醛释放量均值为 31.0μg/g，低于全国均值 4.3μg/g，排名第 2。省内单位燃烧烟丝质量巴豆醛释放量由低到高依次为牡丹江、哈尔滨、绥化，释放量分别为 28.7，33.4，40.2μg/g。

（10）山东　山东省烟叶单位燃烧烟丝质量巴豆醛释放量均值为 38.4μg/g，高于全国均值 3.1μg/g，排名第 17。省内单位燃烧烟丝质量巴豆醛释放量由低到高依次为淄博、潍坊、临沂、青岛、日照，释放量分别为 35.4，37.7，38.0，41.6，43.6μg/g。

（11）陕西　陕西省烟叶单位燃烧烟丝质量巴豆醛释放量均值为 31.0μg/g，低于全国均值 4.3μg/g，排名第 2。省内单位燃烧烟丝质量巴豆醛释放量由低到高依次为咸阳、宝鸡、商洛、汉中、安康、延安，释放量分别为 26.8，28.4，29.7，30.2，32.4，36.0μg/g。

2. 国内外烟叶比较

考虑国内省级烟草企业主要在用进口烟叶，选择和国内 C3F 等级烟叶接近的国外进口烟叶样品 35 个，包括巴西烟叶 10 个，美国烟叶 10 个，津巴布韦烟叶 9 个，赞比亚烟叶 4 个，马拉维烟叶 2 个，各个国家烟叶的数据采用所有烟叶样品烟气结果的平均值，得到巴豆醛释放量结果见表 5-4 和图 5-4。

表 5-4　　不同国家烟叶样品巴豆醛释放量

国家	单位燃烧烟丝质量巴豆醛释放量/(μg/g)
中国	35.3
巴西	32.7
津巴布韦	36.7
美国	34.9
赞比亚	36.8
马拉维	41.3
变异系数（RSD）/%	7.9

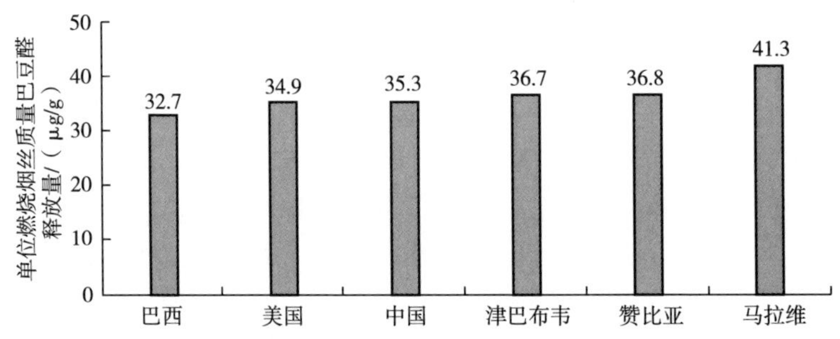

图 5-4　不同国家烟叶单位燃烧烟丝质量巴豆醛释放量

结果表明，六个国家烟叶烟气单位燃烧烟丝质量巴豆醛释放量变异系数为 7.9%，说明不同国家烤烟单位烟丝质量巴豆醛差异很小，单位燃烧烟丝质量巴豆醛释放量从低到高依次为巴西、美国、中国、津巴布韦、赞比亚、马拉维，分别为 32.7，34.9，35.3，36.7，36.8，41.3μg/g。

巴西、津巴布韦、美国、赞比亚、马拉维具体等级巴豆醛释放量见表 5-5 和图 5-5。

表 5-5　　各国不同商业等级烟叶样品巴豆醛释放量

国家	商业等级	巴豆醛释放量/(μg/g)	国家	商业等级	巴豆醛释放量/(μg/g)
巴西	MBO1	32.2	津巴布韦	CJOT	34.2
	C1L/C	31.8		B1OAT	36.7
	L2OM	27.9		L1MKA	40.2
	MBOC	35.2		L1OFT	31.6
	MO1/S	35.8		L1FL	38.7
	L1O-C	28.4		L1OA	37.2
	BO1/S	30.1		FOA	39.9
	HGBOA/S	36.0		LMFA	37.8
	BOA/S	33.5		L2OT	34.2
	BOB/S	36.4			
美国	RCO1-C	37.8	赞比亚	ZL1OFT-HN	36.2
	A-BO2-C	35.8		ZL1LFT	35.9
	L2F	32.7		L1LO	37.7
	L2M	36.5		ZM-BMT	37.3
	FCB3	29.5	马拉维	ML-F1O/T	45.1
	FCA2	30.1		MFLOT	37.5
	FCA1	35.5			
	LAF	33.5			
	LAO	38.3			
	FCB1-C	39.7			

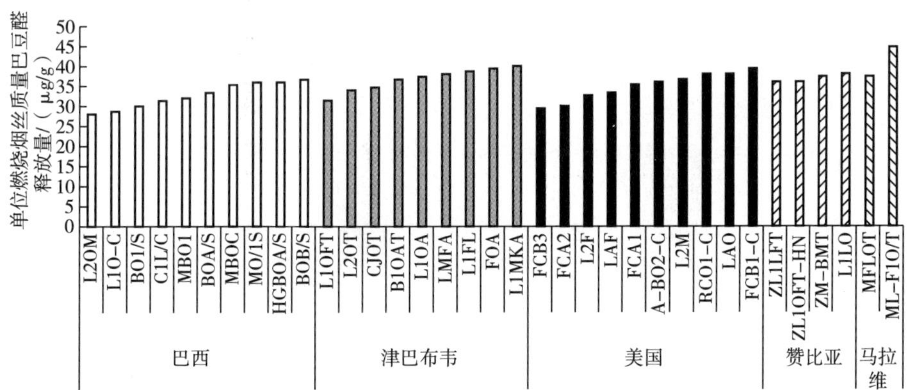

图 5-5　国外进口烟叶样品单位燃烧烟丝质量巴豆醛释放量

（1）巴西　单位燃烧烟丝质量巴豆醛释放量在 27.9～36.4μg/g，均值 32.7μg/g。各商业等级巴豆醛释放量水平由低到高依次为 L2OM、L1O-C、BO1/S、C1L/C、MBO1、BOA/S、MBOC、MO1/S、HGBOA/S、BOB/S。巴西各商业等级烟叶单位燃烧烟丝质量巴豆醛释放量变异系数（RSD）为 9.7%，表明巴西各商业等级烟叶单位燃烧烟丝质量巴豆醛释放量有一定差异。

（2）津巴布韦　单位燃烧烟丝质量巴豆醛释放量在 31.6～40.2μg/g，均值 36.7μg/g。各商业等级巴豆醛释放量水平由低到高依次为 L1OFT、L2OT、CJOT、B1OAT、L1OA、LMFA、L1FL、FOA、L1MKA。津巴布韦各商业等级烟叶单位燃烧烟丝质量巴豆醛释放量变异系数（RSD）为 8.7%，表明津巴布韦各商业等级烟叶单位燃烧烟丝质量巴豆醛释放量有一定差异。

（3）美国　单位燃烧烟丝质量巴豆醛释放量在 29.5～39.7μg/g，均值 34.9μg/g。各商业等级巴豆醛释放量水平由低到高依次为 FCB3、FCA2、L2F、LAF、FCA1、A-BO2-C、L2M、RCO1-C、LAO、FCB1-C。美国各商业等级烟叶单位燃烧烟丝质量巴豆醛释放量变异系数（RSD）为 9.8%，表明美国各商业等级烟叶单位燃烧烟丝质量巴豆醛释放量有一定差异。

（4）赞比亚　单位燃烧烟丝质量巴豆醛释放量在 35.9～37.7μg/g，均值 36.8μg/g。各商业等级巴豆醛释放量水平由低到高依次为 ZL1LFT、ZL1OFT-HN、ZM-BMT、L1LO。

（5）马拉维　单位燃烧烟丝质量巴豆醛释放量在 37.5～45.1μg/g，均值 41.3μg/g。各商业等级巴豆醛释放量水平由低到高依次为 MFLOT、ML-F1O/T。

二、烟叶部位的影响

比较中国 32 个典型产区上部（B2F）、中部（C3F）和下部（X2F）烟叶烟气巴豆醛释放量的差异，考察烟叶部位对巴豆醛释放量的影响。32 个产地 B2F、C3F 和 X2F 烟叶巴豆醛释放量列于表 5-6。

表 5-6　不同产地不同部位烟叶巴豆醛释放量　单位：μg/g

产地	B2F	C3F	X2F	变异系数（RSD）/%
安徽宣州	36.9	28.1	29.2	15.3
福建宁化	33.0	47.4	44.1	18.2
福建永定	33.2	31.0	40.7	14.5

续表

产地	B2F	C3F	X2F	变异系数（RSD）/%
广东南雄	39.8	44.5	41.3	5.7
贵州德江	38.0	38.8	39.2	1.6
贵州贵定	34.0	36.1	33.6	3.9
贵州黔西	35.6	36.0	42.2	9.8
贵州兴仁	36.3	32.4	34.9	5.7
贵州遵义	32.0	41.6	40.3	13.7
河南宝丰	22.8	33.8	35.3	22.3
河南内乡	37.0	41.9	43.3	8.1
河南确山	36.0	28.9	31.8	11.1
河南襄城	29.5	31.4	38.3	14.0
黑龙江宁安	31.8	27.4	37.1	15.1
湖北利川	33.8	37.5	31.2	9.3
湖南桂阳	34.0	35.3	36.0	2.9
湖南江华	36.6	41.6	39.8	6.4
湖南桑植	32.4	30.6	34.5	6.0
江西信丰	34.7	40.7	38.0	7.9
山东蒙阴	34.6	37.9	43.0	11.0
山东诸城	31.0	37.8	41.6	14.6
陕西洛南	21.0	23.6	27.7	14.0
陕西旬阳	35.6	40.1	38.4	6.0
四川会理	24.7	30.0	32.1	13.2
云南建水	31.2	38.2	33.4	10.4
云南江川	30.9	37.0	37.2	10.2
云南宁洱	31.0	33.6	46.5	22.4
云南师宗	30.1	35.1	35.1	8.6
云南祥云	28.3	28.2	27.4	1.8
云南宜良	28.2	31.7	36.9	13.6
重庆彭水	29.1	37.0	37.3	13.5
重庆巫山	31.2	28.1	45.1	26.0

从 32 个产地均值来看，巴豆醛释放量表现出 B2F<C3F<X2F 的规律，见表 5-7 和图 5-6，然而 32 个产地中，仅 14 个产地表现出 B2F<C3F<X2F 的规律，剩余 18 个产地并未符合上述规律，见图 5-7。32 个产地中，烟叶部位巴豆醛释放量之间变异系数为 1.6%～26.0%，变异系数均值为 11.1%，绝大多数（28 个产地）部位之间变异系数（RSD）在 15%以内，以上结果表明烟叶部位对巴豆醛有一定影响（但影响不大）。

表 5-7　　不同部位烟叶巴豆醛释放量

项目		巴豆醛释放量均值/（μg/g）
部位	B2F	32.3
	C3F	35.1
	X2F	37.3
变异系数（RSD）/%		11.1

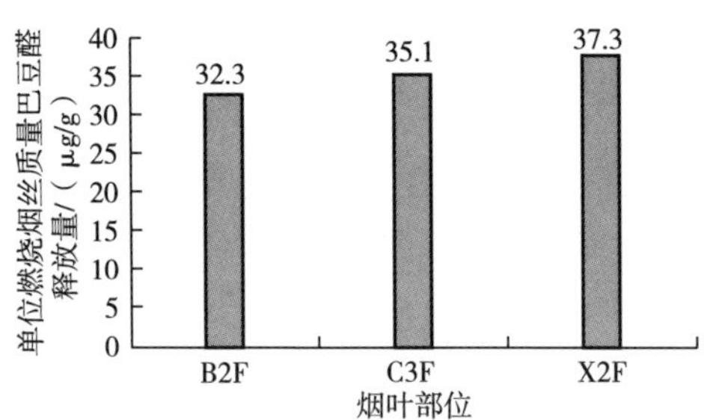

图 5-6　烟叶部位对巴豆醛释放量（单位燃烧烟丝质量巴豆醛释放量）的影响

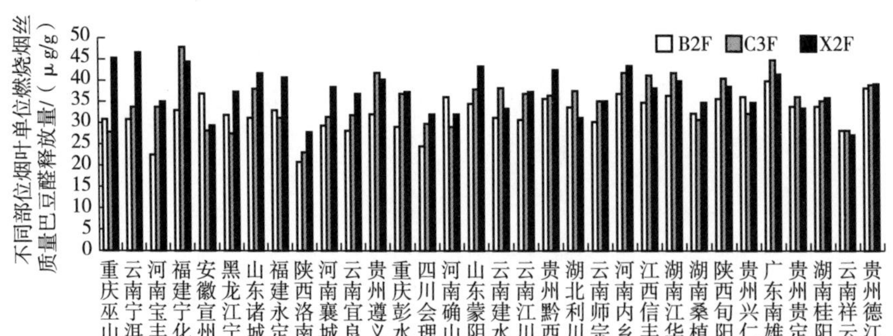

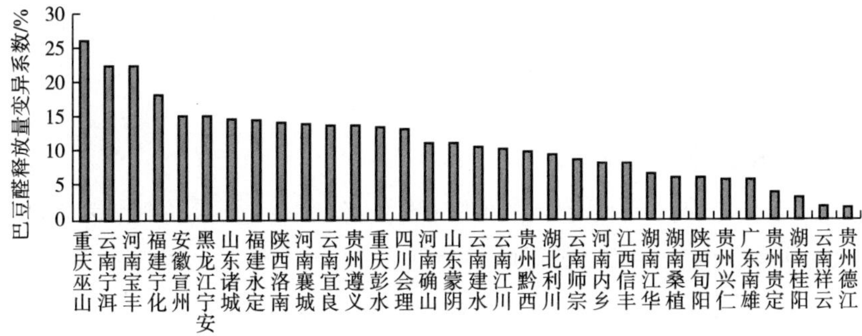

图 5-7 单位燃烧烟丝质量巴豆醛释放量随部位的变化及变异系数

三、烟叶类型的影响

比较同一年份不同类型烟叶（香料烟、白肋烟和烤烟）烟气巴豆醛释放量的差异情况，其中烤烟的数据采用项目所有国产 C3F 烤烟类型烟叶烟气结果的平均值，结果见表 5-8 和图 5-8。

表 5-8 **烟叶类型的影响**

项目		单位燃烧烟丝质量巴豆醛释放量/（μg/g）
烟叶类型	香料烟	29. 5
	白肋烟	14. 5
	烤烟	31. 0
变异系数/%		36. 5

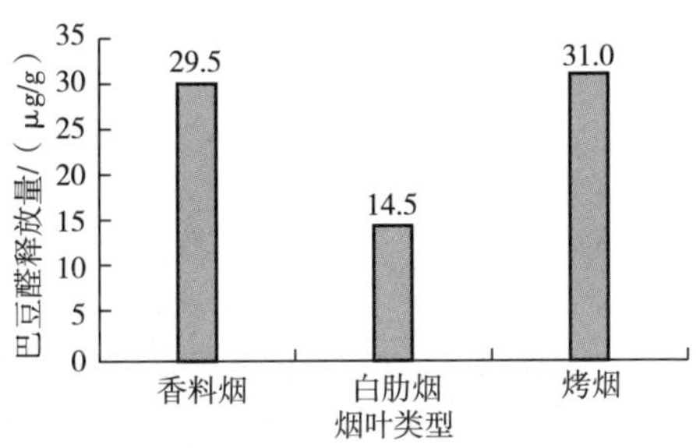

图 5-8 烟叶类型对巴豆醛释放量的影响

结果表明，不同类型烟叶单位燃烧烟丝质量巴豆醛释放量差异较大，烤烟与香料烟巴豆醛释放量差异较小，约为 30. 0μg/g，白肋烟远低于烤烟和香料烟，巴豆醛释放量仅为烤烟和香料烟的50%左右。白肋烟巴豆醛释放量低而其烟叶含氮量高，进一步印证了机理研究中“含氮化合物能够抑制巴豆醛的生成”的结论。

四、烟叶品种的影响

比较同一产地（云南玉溪）同一等级（C3F）不同品种烟叶（K326、红花大金元和云87）烟气巴豆醛释放量的差异情况，见表5-9和图5-9。结果表明，不同品种烟叶单位燃烧烟丝质量巴豆醛释放量在29.0μg/g，变异系数0.8%，说明不同品种烟叶烟气单位燃烧烟丝质量巴豆醛释放量差异很小。

表5-9　烟叶品种的影响

项目		单位燃烧烟丝质量巴豆醛释放量/(μg/g)
烟叶品种	K326	29.3
	红花大金元	29.0
	云87	28.9
变异系数（RSD）/%		0.8

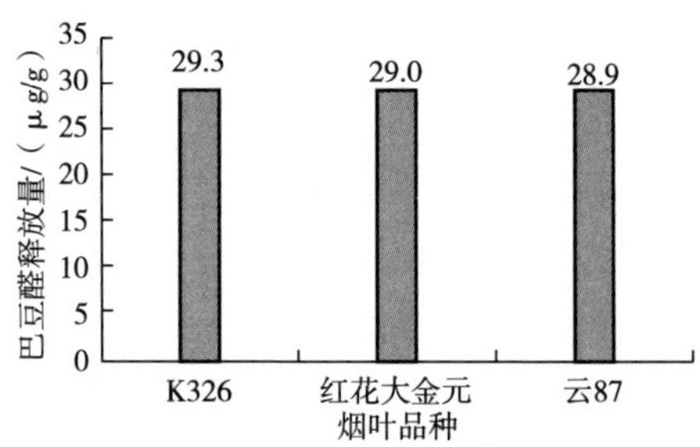

图5-9　烟叶品种对巴豆醛释放量（单位燃烧烟丝质量巴豆醛释放量）的影响

五、烟叶产地、类型、部位和品种对卷烟主流烟气巴豆醛释放量影响的比较

进一步分析比较烟叶产地、类型、部位和品种对卷烟主流烟气巴豆醛释放量的影响，分别计算产地、类型、品种和部位烟叶巴豆醛释放量的变异系数，对其进行比较。如图5-10所示结果表明，对于单位燃烧烟丝质量巴豆醛释放量，烟叶类型影响最大，产地和部位有一定影响，品种影响很小。

表 5-10　不同产地、部位、类型和品种烟叶巴豆醛释放量变异系数

因素	变异系数（RSD）/%
类型	36.5
产地	13.5
部位	12.8
品种	0.8

第二节　“三丝”掺兑比例

本节研究“三丝”（烟草薄片、膨胀梗丝、膨胀叶丝）掺兑比例对卷烟主流烟气巴豆醛释放量的影响。

一、“三丝”掺兑比例对卷烟主流烟气巴豆醛释放量单因素影响

通过单因素实验，考察烟草薄片、膨胀梗丝、膨胀叶丝（简称三丝）掺兑比例对巴豆醛的影响。

（1）膨胀梗丝　此组样品中，不添加膨胀烟丝和烟草薄片，仅变化膨胀梗丝的掺兑比例，分别为10%，20%，30%，40%，50%。

（2）膨胀烟丝　此组样品中，不添加膨胀梗丝和薄片，仅变化膨胀烟丝的掺兑比例，分别为10%，20%，30%，40%，50%。

（3）烟草薄片　此组样品中，不添加膨胀梗丝和膨胀烟丝，仅变化烟草薄片的掺兑比例，分别为10%，20%，30%，40%，50%。

1. “三丝”掺兑比例对单支巴豆醛释放量的影响

通过线性回归分析研究“三丝”掺兑量对卷烟主流烟气巴豆醛释放量的影响规律。结果表明，膨胀梗丝、膨胀烟丝和烟草薄片掺兑量与巴豆醛释放量线性相关系数均大于0.90，说明膨胀梗丝、膨胀烟丝和烟草薄片掺兑量与巴豆醛释放量显著相关，见图5-10。

膨胀梗丝、膨胀烟丝和烟草薄片掺兑量与巴豆醛释放量线性相关方程的斜率为正数，说明膨胀梗丝、膨胀烟丝和烟草薄片掺兑量增加，巴豆醛释放量增加。从斜率来看，随着“三丝”的增加，其每支卷烟巴豆醛释放量水平为烟草薄片>膨胀梗丝>膨胀烟丝，分析其主要原因是巴豆醛的主要前体物质纤维素含量水平依次为烟草薄片最高、膨胀梗丝次之、膨胀烟丝最少，而其他主要前体物质含量水平差异不大，见表5-11。

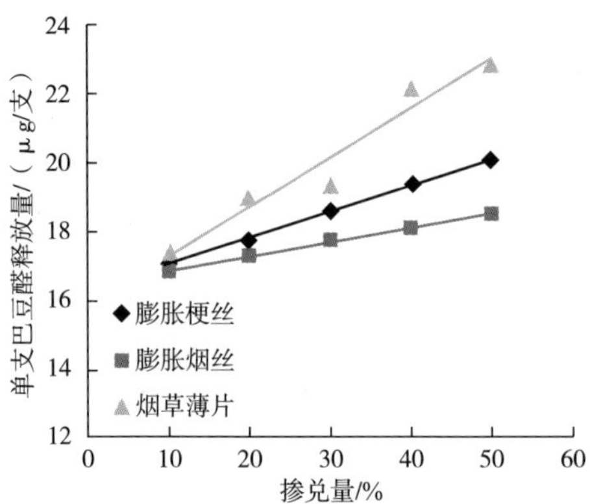

图 5-10 “三丝”掺兑量与单支巴豆醛释放量的关系

表 5-11 “三丝”掺兑量与单支巴豆醛释放量的线性相关方程参数

线性相关方程参数	膨胀梗丝	膨胀烟丝	烟草薄片
截距	16.30	16.53	15.84
斜率	0.081	0.039	0.143
相关系数	0.93	0.94	0.91

2. “三丝”掺兑比例对单位质量烟丝巴豆醛释放量的影响

通过线性回归分析研究“三丝”掺兑量对单位质量烟丝巴豆醛释放量的影响规律，见图 5-11 和表 5-12。结果表明，膨胀梗丝、膨胀烟丝和烟草薄片掺兑量与单位质量烟丝巴豆醛释放量相关系数均大于 0.90，说明膨胀梗丝、

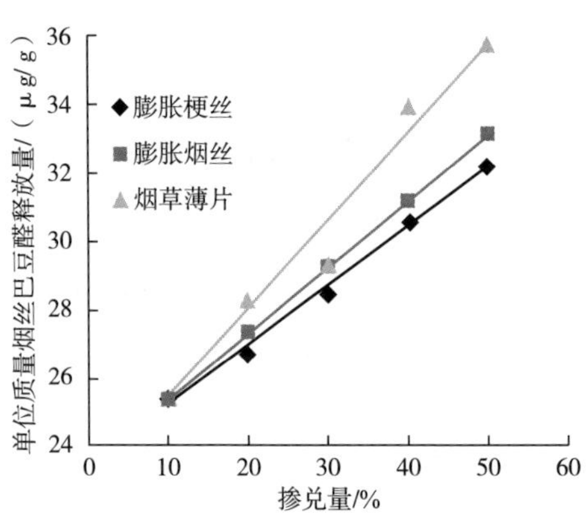

图 5-11 “三丝”掺兑量与单位质量烟丝巴豆醛的关系

膨胀烟丝掺兑量与单位质量烟丝巴豆醛释放量显著相关。膨胀梗丝、膨胀烟丝和烟草薄片掺兑量与单位质量烟丝巴豆醛释放量线性相关方程的斜率为正数，说明随着膨胀梗丝、膨胀烟丝和烟草薄片掺兑量增加，单位质量烟丝巴豆醛释放量增加。

表 5-12　“三丝”掺兑量与单位质量烟丝巴豆醛释放量的线性相关方程参数

线性相关方程参数	膨胀梗丝	膨胀烟丝	烟草薄片
截距	23.53	23.42	22.68
斜率	0.16	0.19	0.26
相关系数	0.91	0.94	0.92

3. “三丝”掺兑比例对单位焦油巴豆醛释放量的影响

图 5-12 和表 5-13 结果表明，膨胀梗丝、膨胀烟丝和烟草薄片掺兑量与单位焦油巴豆醛释放量相关系数均大于 0.90，说明膨胀梗丝、膨胀烟丝和烟草薄片掺兑量与单位焦油巴豆醛释放量显著相关。

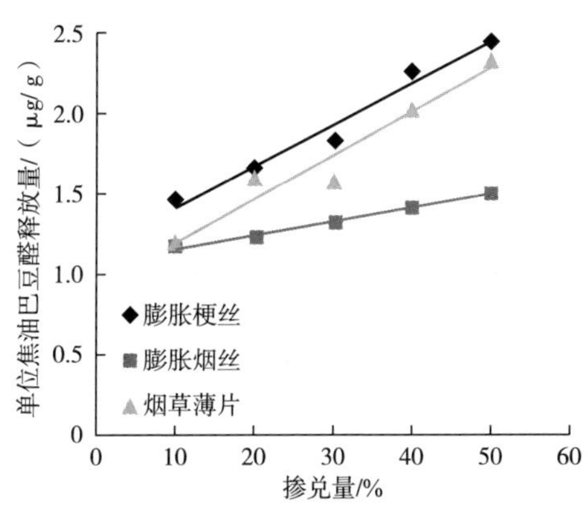

图 5-12　“三丝”掺兑量与单位焦油巴豆醛的关系

表 5-13　“三丝”掺兑量与单位焦油巴豆醛的线性相关方程参数

线性相关方程参数	膨胀梗丝	膨胀烟丝	烟草薄片
截距	1.20	1.08	0.93
斜率	0.026	0.008	0.027
相关系数	0.98	0.99	0.97

膨胀梗丝、膨胀烟丝和烟草薄片掺兑量与单位焦油巴豆醛释放量线性相关方程的斜率为正数，说明随着膨胀梗丝、膨胀烟丝和烟草薄片掺兑量增加，单位焦油巴豆醛释放量增加。

4. “三丝”掺兑比例对单口巴豆醛释放量的影响

图 5-13 和表 5-14 结果表明，膨胀梗丝、膨胀烟丝和烟草薄片掺兑量与单口巴豆醛释放量相关系数均大于 0.90，说明膨胀梗丝、膨胀烟丝和烟草薄片掺兑量与单口巴豆醛释放量显著相关。

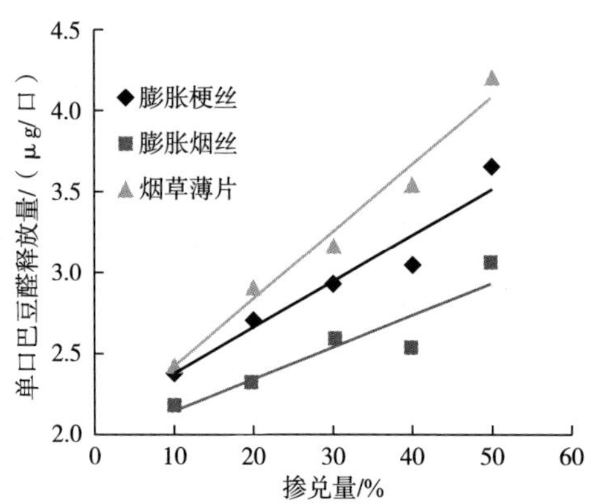

图 5-13 “三丝”掺兑量与单口巴豆醛的关系

表 5-14 “三丝”掺兑量与单口巴豆醛释放量的线性相关方程参数

线性相关方程参数	膨胀梗丝	膨胀烟丝	烟草薄片
截距	2.08	1.97	1.99
斜率	0.029	0.019	0.042
相关系数	0.97	0.93	0.99

膨胀梗丝、膨胀烟丝和烟草薄片掺兑量与单口巴豆醛释放量线性相关方程的斜率为正数，说明随着膨胀梗丝、膨胀烟丝和烟草薄片掺兑量增加，单口巴豆醛释放量增加。

二、“三丝”掺兑对卷烟主流烟气巴豆醛释放量的多因素影响

1. 多因素影响模型的建立及优选

采用线性回归法和逐步回归法建立“三丝”掺兑对主流烟气巴豆醛释放量影响多因素模型，根据预测模型的参数检验结果确定 2~3 个基本可靠

的预测模型，并进行交叉验证，依据交叉验证标准差 RMSECV 筛选出最优预测模型，最后采用外部验证样品对预测模型的预测能力进行验证。

巴豆醛的预测模型建立采用单因素和多因素两组共计 41 个样品的数据，释放量范围：16.1~23.2μg/支。

模型参数：膨胀梗丝掺兑量（X_1）、膨胀烟丝掺兑量（X_2）和薄片掺兑量（X_3）。

预测指标：巴豆醛释放量（Y）。

通过方差检验的巴豆醛预测模型共计 4 个，由于多因子及平方项、二次多项式模型中的平方项和交叉项前的系数均未通过方差检验，没有被引入二次多项式模型中，因此模型 2、模型 3 和模型 4 相同，结果见表 5-15。从表中看出，4 个模型的 R^2 均在 0.3 左右，其中模型 1 的 R^2 最大，交叉验证标准差 RMSECV 值最小，因此选择模型 1 作为巴豆醛最优预测模型。

表 5-15　　巴豆醛模型及模型参数检验结果

模型 1	预测模型	$Y=18.11+2.812X_1+0.04356X_2+4.828X_3$
	模型方差检验	$F=8.248$，$P=0.03288$，$R^2=0.3301$，RMSECV=1.631
	系数方差检验	$p=0.0000561$，0.04074，0.6027，0.01394
模型 2	预测模型	$Y=18.12+3.41X_1+5.047X_3$
	模型方差检验	$F=8.248$，$P=0.001059$，$R^2=0.3027$，RMSECV=1.726
	系数方差检验	$p=0.0000561$，0.04074，0.01394
模型 3	预测模型	$Y=18.12+3.41X_1+5.047X_3$
	模型方差检验	$F=8.248$，$P=0.001059$，$R^2=0.3027$，RMSECV=1.726
	系数方差检验	$p=0.0000561$，0.04074，0.01394
模型 4	预测模型	$Y=18.12+3.41X_1+5.047X_3$
	模型方差检验	$F=8.248$，$P=0.001059$，$R^2=0.3027$，RMSECV=1.726
	系数方差检验	$p=0.0000561$，0.04074，0.01394

注：模型 1—3 因素线性模型（线性回归法）；模型 2—2 因素线性模型（线性回归法）；模型 3—多因子及平方项模型（逐步回归法）；模型 4—二次多项式模型（逐步回归法）。

2. 模型预测能力的外部验证

为了更好地检测预测模型的预测能力，制作不同配方设计参数的卷烟样品，用于考察预测模型的实际应用能力。由于各企业制作的验证样品采用的配方与预测模型所使用的配方不同，因此不能直接采用预测模型预测验证样品的巴豆醛释放量。项目以某企业某一配方卷烟样品作为基准样品，在基准样的基础上变化配方设计参数的样品为验证样品。采用项目所建立的有害成分预测模型，根据样品配方设计参数变化预测验证样品相对于基准样品的变化率，再用基准样品的有害成分释放量实测值进行校正，得出验证样品的有害成分释放量的校正预测值。

验证样品的预测结果由式（5-1）计算。以预测模型计算出的验证样品结果除以模型计算出的基准样品结果，得出验证样品相对于基准样品的变化倍数，再乘以基准样品的实测值，即得出验证样品的校正预测值。计算验证样品的预测标准差［RMSEP，式（5-2）］和平均预测相对偏差［式（5-3）］来考察模型的预测能力。

$$C''_{\text{验证样}} = \frac{\hat{C}_{\text{验证样}}}{\hat{C}_{\text{基准样}}} \times C_{\text{基准样}} \tag{5-1}$$

$$\text{RMSEP} = \sqrt{\frac{\sum (C''_i - C_i)^2}{m}} \tag{5-2}$$

$$\text{平均预测相对偏差} = \frac{\sum_{i=1}^{m} \frac{|C''_i - C_i|}{C_i}}{m} \times 100\% \tag{5-3}$$

式中　C_i——标准方法测得的值；

$\hat{C}_{\text{验证样}}/\hat{C}_{\text{基准样}}$——验证样/基准样模型预测值；

C''_i——校正预测值；

n——校正集样品数；

m——预测集样品数。

验证样品由 3 家卷烟企业单位制备，测定其巴豆醛释放量，并采用预测模型进行预测，以考察预测模型的预测能力和应用能力，见表 5-16。其中 B、C 生产企业所用的“三丝”生产工艺与建模样品相同：膨胀梗丝采用蒸汽膨胀工艺、膨胀烟丝采用 CO_2 膨胀工艺、烟草薄片采用造纸法烟草薄片；A 生产企业所用的膨胀梗丝和薄片生产工艺与建模样品相同，而膨胀烟丝采用在线水蒸气膨胀，与建模样品不同。

表 5-16　　验证样品信息

生产企业	验证样品	掺兑比例/%			
		烟丝	膨胀梗丝	膨胀烟丝	烟草薄片
A	H 基准样	60	0	30	10
	H1	40	10	20	30
	H2	70	20	10	0
B	C 基准样	77	16	0	7
	C1	67	26	0	7
	C2	67	16	10	7
	C3	57	26	10	7
	C4	57	26	0	17
	C5	47	26	10	17
C	W 基准样	65	15	5	15
	W1	45	35	5	15
	W2	45	15	5	35

巴豆醛预测模型的验证采用 3 家企业共 12 个验证样品，验证样品巴豆醛释放量范围为 18.5~25.1μg/支。

由图 5-14 中数据的计算结果表明，工艺相同的两组样品（编号 C 和 W），巴豆醛预测标准差 RMSEP 为 1.53，平均预测相对偏差为 6.0%，验证样品预测结果与实测结果较为一致。工艺不同的样品（编号 H），巴豆醛预测标准差 RMSEP 为 2.05，平均预测相对偏差为 10.0%，模型预测结果有一定的准确度，但与采用相同工艺的验证样品预测效果相比，准确度稍差。

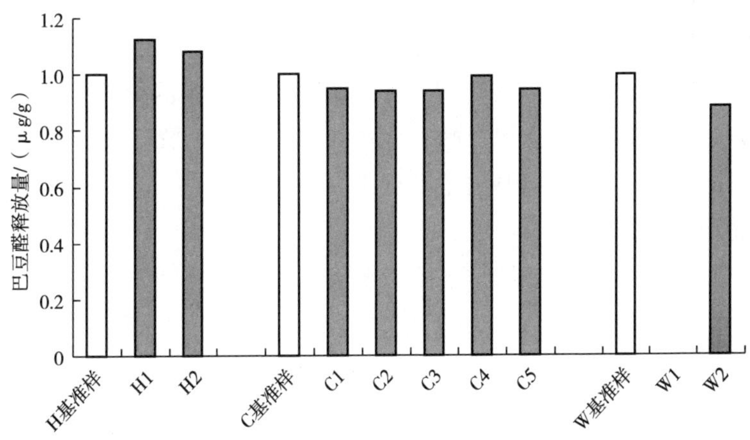

图 5-14　巴豆醛验证结果

第三节　卷烟辅助材料

通过单因素实验，考察卷烟纸、成形纸、接装纸和滤棒等辅助材料参数对巴豆醛释放量的影响。

一、卷烟纸的影响

1. 卷烟纸克重

只改变卷烟纸克重（变化幅度：25.8~34.7g/m²），保持配方和其他辅材不变，研究卷烟纸克重（X）对巴豆醛释放量（Y）的影响，见图 5-15。研究表明，卷烟纸克重与巴豆醛释放量的线性相关系数（R^2）小于 0.3，说明卷烟纸克重与巴豆醛释放量没有线性相关关系。

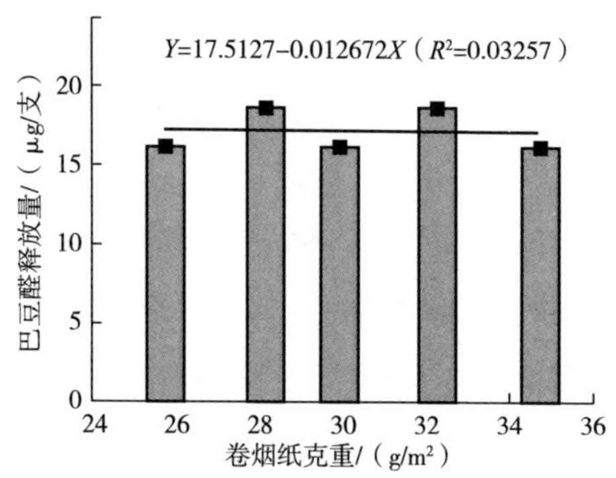

图 5-15　卷烟纸克重对巴豆醛的影响

2. 卷烟纸透气度

只改变卷烟纸透气度（变化幅度：20.6~77.4CU），保持配方和其他辅材不变，研究卷烟纸透气度（X）对巴豆醛释放量（Y）的影响，见图 5-16。结果表明，卷烟纸透气度与巴豆醛释放量的线性相关系数（R^2）都小于 0.3，说明卷烟纸透气度与巴豆醛释放量没有线性相关关系。

3. 卷烟纸助燃剂

（1）助燃剂种类　只改变卷烟纸助燃剂类型（柠檬酸钾、柠檬酸钠、苹果酸钾、苹果酸钠），保持配方和其他辅材不变，研究卷烟纸助燃剂种类对巴豆醛释放量的影响，见表 5-17。结果表明，卷烟纸助燃剂种类对巴豆醛释放量总体影响较小。整体呈现出钾盐略优于钠盐，柠檬酸盐略优于苹果酸盐的趋势。

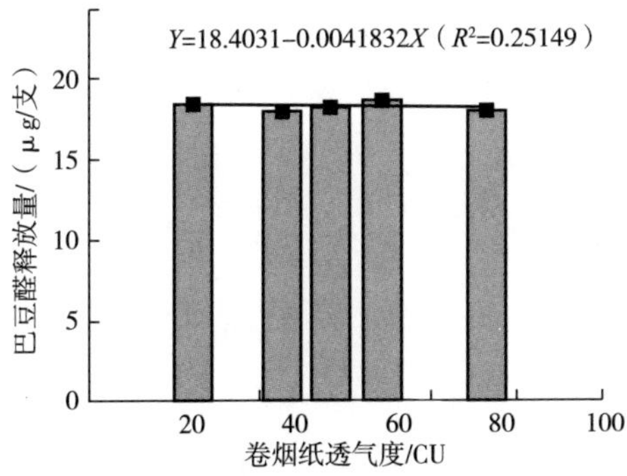

图 5-16　卷烟纸透气度对巴豆醛的影响

表 5-17　　　不同卷烟纸助燃剂种类卷烟巴豆醛释放量列表

助燃剂类型	柠檬酸钾	柠檬酸钠	苹果酸钾	苹果酸钠
巴豆醛/(μg/支)	15.5	15.8	16.0	16.1

注：助燃剂用量均为 2.5%。

（2）助燃剂钾钠比　只改变卷烟纸助燃剂钾钠比（钾离子含量为 0%~100%），保持配方和其他辅材不变，研究卷烟纸助燃剂钾钠比［以钾离子含量计（X）］对巴豆醛释放量（Y）的影响。无论是柠檬酸盐还是苹果酸盐型助燃剂，助燃剂钾离子比例与巴豆醛均无线性相关关系，见图 5-17。

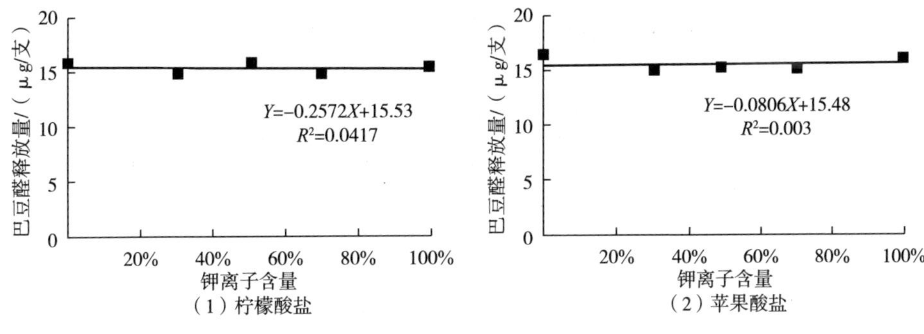

图 5-17　助燃剂钾离子比例对巴豆醛释放量的影响

（3）助燃剂用量　只改变卷烟纸助燃剂用量（助燃剂钾盐含量X为 1.5%~3.5%），保持配方和其他辅材不变，研究卷烟纸助燃剂用量对巴豆醛释放量（Y）的影响，见图 5-18 与表 5-18。结果表明，巴豆醛释放量与助燃剂用量有一定线性相关关系，助燃剂用量增加，巴豆醛释放量降低。助燃剂为柠檬酸钾时，用量由1%增至3.5%，巴豆醛降低7.7%；助燃剂为柠檬酸钾和柠檬酸钠（质量比1∶1）时，用量由1%增至3.5%，巴豆醛降低10.0%；助燃剂为苹果酸钾用量由1%增至3.5%，巴豆醛降低9.3%。

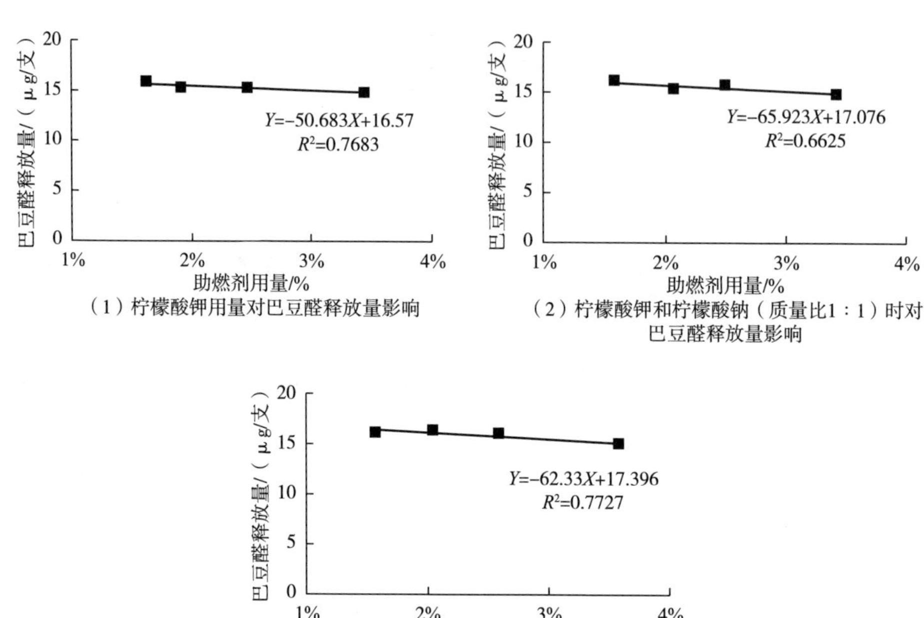

图5-18　助燃剂用量与巴豆醛释放量的线性回归图

表5-18　助燃剂用量与巴豆醛释放量的回归方程参数

助燃剂	回归方程参数			降低率/%（1%增至3.5%）
	斜率	截距	R^2	
柠檬酸钾	-50.68	16.57	0.7683	7.7
柠檬酸钾和柠檬酸钠（1∶1）	-65.92	17.08	0.6625	10.0
苹果酸钾	-62.33	17.40	0.7727	9.3

4. 卷烟纸纸浆类型

只改变卷烟纸麻浆比例（X），保持配方和其他辅材不变，研究卷烟纸纸浆类型对巴豆醛释放量（Y）的影响，见图5-19。研究表明，麻浆比例与巴豆醛无线性相关关系，改变卷烟纸的麻浆比例，巴豆醛释放量无明显变化。

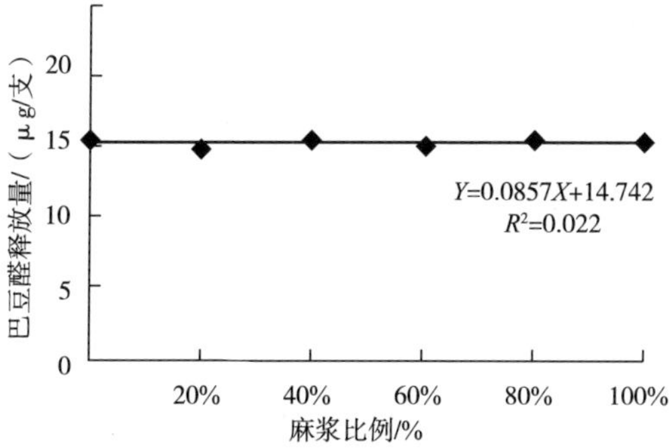

图 5-19　卷烟纸纸浆类型对巴豆醛的影响

二、接装纸和成形纸的影响

1. 滤嘴通风率

仅改变接装纸和成形纸透气度，保持配方和其他辅材不变，制备不同滤嘴通风率（X）的样品，研究滤嘴通风率对巴豆醛释放量（Y）的影响，见图 5-20。结果表明，滤嘴通风率与巴豆醛有显著负相关关系，滤嘴通风率从 0%增到 40%，巴豆醛释放量降低 42%。

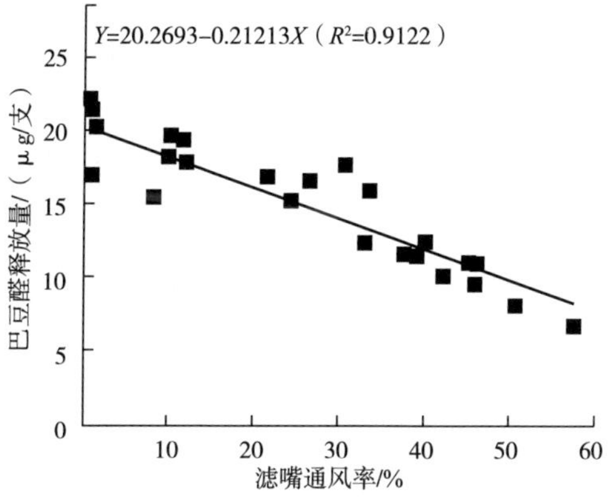

图 5-20　滤嘴通风率对巴豆醛的影响

（1）接装纸透气度　只改变接装纸透气度（X，变化幅度：0～1110CU），保持配方和其他辅材不变，研究接装纸透气度对巴豆醛释放量（Y）的影响，见图 5-21 和表 5-19。研究表明，接装纸透气度与巴豆醛释放量的线性相关性较好，均呈现出显著负相关关系。接装纸透气度从 0CU 增到 1100CU，巴豆醛释放量降低 32.1%～68.9%。

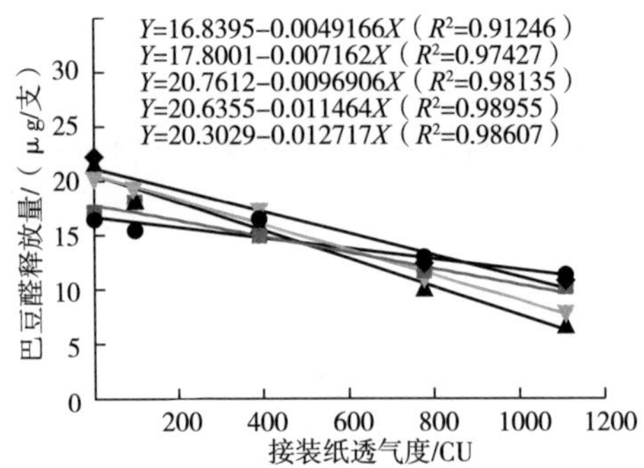

图 5-21　接装纸透气度对巴豆醛的影响

表 5-19　　　　接装纸透气度对巴豆醛的影响

回归方程参数				降低率/%
截距	斜率	R^2	成形纸透气度（X）/CU	
16.84	-0.004917	0.9125	3363	32.1
17.80	-0.007162	0.9743	4025	44.3
20.76	-0.009691	0.9814	5400	51.3
20.64	-0.01146	0.9896	10250	61.1
20.30	-0.01272	0.9861	14950	68.9

（2）成形纸透气度　只改变成形纸透气度（X，变化幅度：3363～14950CU），保持配方和其他辅材不变，研究成形纸透气度对巴豆醛释放量（Y）的影响，见图 5-22 和表 5-20。研究表明，成形纸透气度与巴豆醛释放量的线性相关性受接装纸透气度影响较大。当接装纸透气度较低时，成形纸透气度与

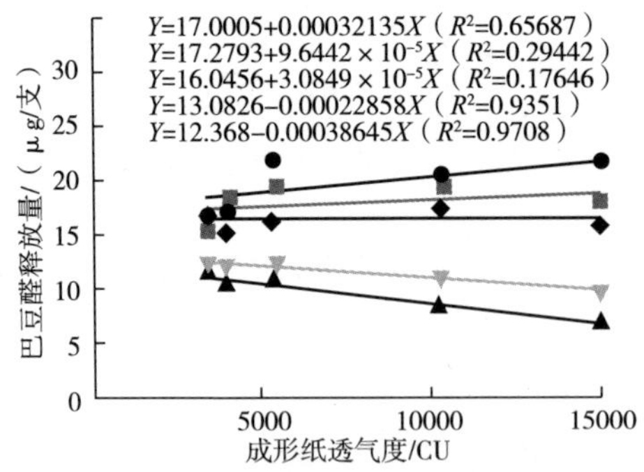

图 5-22　成形纸透气度对巴豆醛的影响

巴豆醛释放量的线性相关性较差（$R^2<0.7$）；当接装纸透气度较高（例如778CU、1110CU）时，成形纸透气度与巴豆醛释放量的线性相关性较好（$R^2>0.9$），当成形纸透气度从3000CU增大至15000CU后，巴豆醛释放量降低22.1%（接装纸透气度778CU）和41.4%（接装纸透气度1110CU）。

表5-20　成形纸透气度对巴豆醛的影响

回归方程参数				降低率/%
截距	斜率	R^2	接装纸透气（X）度/CU	
17.00	3.214×10^{-4}	0.6569	0	—
17.28	9.644×10^{-5}	0.2944	98	—
16.05	3.085×10^{-5}	0.1765	389	—
13.08	-2.286×10^{-4}	0.9351	778	22.1
12.37	-3.865×10^{-4}	0.9708	1110	41.4

2. 接装纸打孔孔径

（1）激光预打孔孔径　保持接装纸透气度接近，比较不同接装纸打孔孔径的样品巴豆醛释放量。分别将不同孔径样品巴豆醛释放量对接装纸透气度和滤嘴通风率结果列于图5-23和图5-24，可以看出：①在相同的接装纸透气度下，特别是较高的接装纸透气度下，小孔径（0.07mm）样品巴豆醛释放量明显低于大孔径（0.22mm）样品。②对于不同孔径的样品，巴豆醛释放量均与滤嘴通风率具有显著的线性负相关性关系，在三个孔径下，线性回归曲线基本一致，说明在相同滤嘴通风下，打孔孔径对巴豆醛释放量基本无影响。

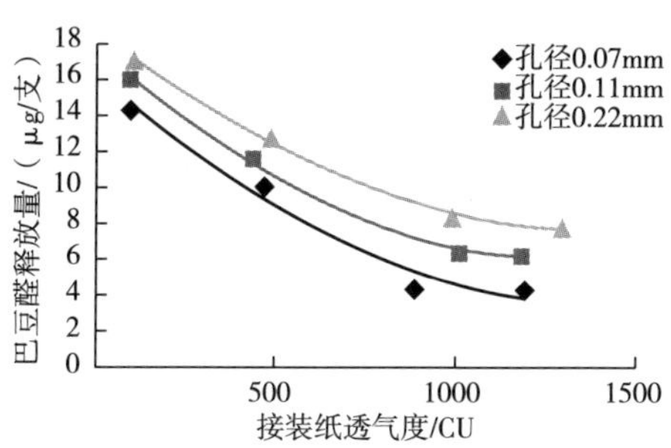

图5-23　相同接装纸透气度下激光预打孔孔径对巴豆醛的影响

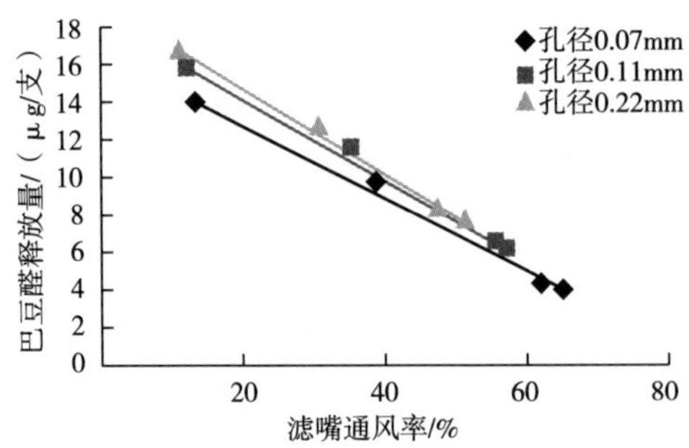

图 5-24　相同滤嘴通风率下激光预打孔孔径对巴豆醛的影响

（2）激光在线打孔孔径　保持相同的滤嘴通风率，设计不同孔径样品，考察打孔孔径对巴豆醛释放量的影响，见图 5-25。研究表明，在相同滤嘴通风率下，不同在线激光打孔孔径样品巴豆醛释放量差异较小，随孔径无明显上升或下降趋势，打孔孔径对巴豆醛释放量无明显影响。

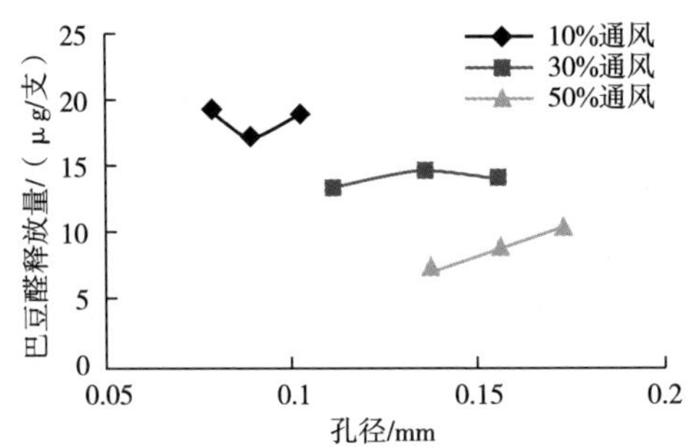

图 5-25　激光在线打孔样品孔径对巴豆醛释放量的影响

3. 接装纸透气方式

改变接装纸透气方式（有激光预打孔、自然透气、激光在线打孔三种方式），保持接装纸透气度或滤嘴通风率相近，配方和其他辅材保持不变，研究接装纸透气方式对巴豆醛释放量的影响。

分别将不同透气方式（预打孔和自然透气接装纸）样品巴豆醛释放量对接装纸透气度和/或滤嘴通风率结果列于图 5-26，可以看出：①在相同的接装纸透气度下，特别是较高的接装纸透气度下（例如 500CU、700CU 等），巴豆醛呈现“自透<预打孔”趋势。②在相同滤嘴通风率下，巴豆醛呈现“自透<预打孔<在线打孔”趋势。

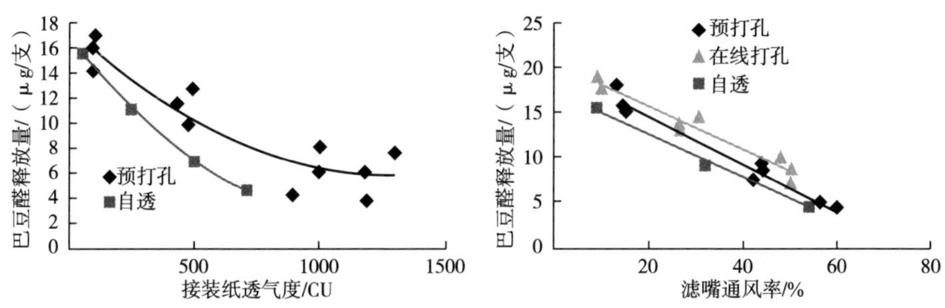

图 5-26　透气方式对巴豆醛释放量的影响

4. 接装纸长度

只改变接装纸长度，保持配方和其他辅材不变，研究接装纸长度对巴豆醛释放量的影响，见表 5-21 和图 5-27。研究表明，滤棒长度相同时，随着卷烟接装纸长度增加，烟气巴豆醛释放量逐步降低。滤嘴长度为 20mm 时，接装纸长度从 25mm 增加到 35mm，巴豆醛释放量从 24.6μg/支降低至 17.8μg/支。如表 5-22 所示线性回归分析数据表明，巴豆醛与接装纸长度有显著负线性相关关系，接装纸长度由 25mm 增加 35mm 时，巴豆醛降低 27.2%。

表 5-21　　不同接装纸长度样品巴豆醛释放量

样品编号	滤嘴长度/mm	接装纸长度/mm	燃烧长度/mm	巴豆醛释放量/(μg/支)
B2025	20	25	56	24.6
B2030	20	30	51	22.5
B2035	20	35	46	17.8

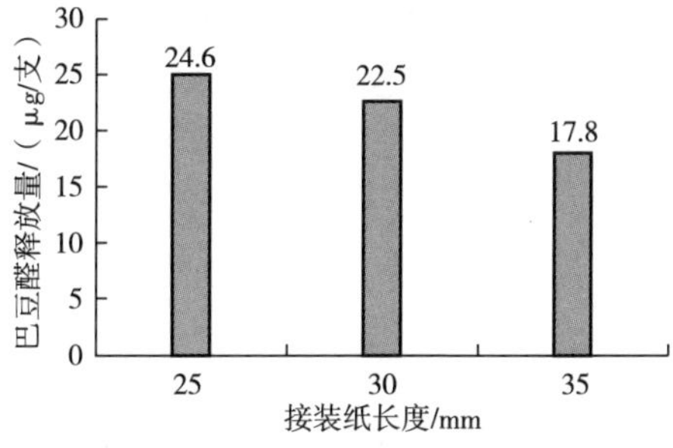

图 5-27　接装纸长度对巴豆醛释放量的影响

表 5-22　接装纸长度与巴豆醛释放量线性回归结果

分析物	回归方程参数			(接装纸 25mm 增至 35mm) 降低率/%
	斜率	截距	R^2	
巴豆醛	-0.68	42.03	0.9535	27.2

三、滤棒的影响

1. 滤嘴长度

接装纸长度相同，随滤嘴长度增加，巴豆醛从 17.8μg/支降低至 15.8μg/支，降低率 11.2%，见表 5-23 和图 5-28。

表 5-23　不同滤嘴长度卷烟烟巴豆醛释放量

滤嘴长度/mm	20	25	30
巴豆醛/(μg/支)	17.8	16.8	15.8

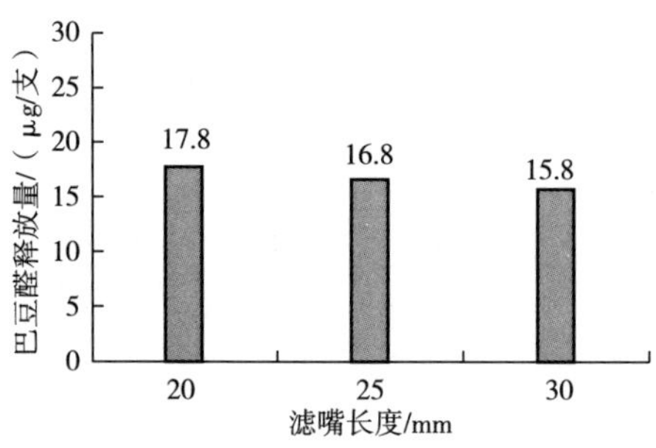

图 5-28　滤嘴长度对巴豆醛释放量的影响

2. 滤棒吸阻

仅改变滤棒吸阻（X），保持配方和其他辅材不变，制备不同滤棒吸阻的样品，研究滤棒吸阻对巴豆醛释放量（Y）的影响，见图 5-29。结果表明，滤棒吸阻与巴豆醛的线性相关系数（R^2）小于0.7，说明滤棒吸阻与巴豆醛没有线性相关关系。

3. 丝束规格

保持滤棒吸阻相近，仅改变单旦（2.7Y/35000、3.0Y/35000、5.0Y/35000）或总旦（3.0Y/32000、3.0Y/35000、3.0Y/37000），考察丝束规格对巴豆醛释放量的影响。

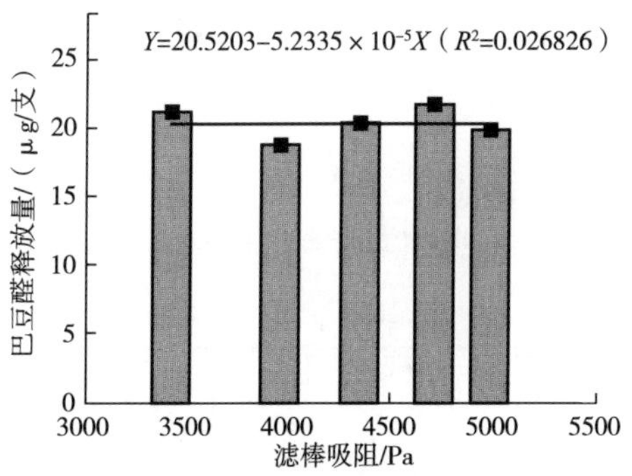

图 5-29　滤棒吸阻对巴豆醛的影响

（1）总旦　在滤嘴不通风（0%）、低通风（10%）、中等通风（25%）和高通风（40%）下，随着总旦从 32000 增加到 37000，巴豆醛释放量变化无规律，且三种丝束对应巴豆醛释放量无明显差异，见图 5-30 和表 5-24。因此可认为实验范围内，总旦对巴豆醛释放量基本无影响。

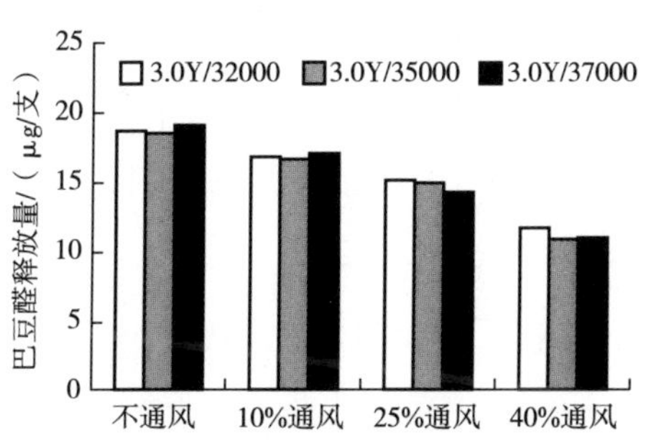

图 5-30　总旦对巴豆醛的影响

表 5-24　　卷烟主流烟气巴豆醛释放量测定结果——总旦变化组

单位：μg/支

丝束规格	不通风	10%通风	25%通风	40%通风
3. 0Y/32000	18. 8	16. 9	15. 2	11. 8
3. 0Y/35000	18. 7	16. 8	15. 0	10. 9
3. 0Y/37000	19. 2	17. 1	14. 3	11. 1

（2）单旦　以表 5-25 中卷烟载体 A 为实验卷烟，采用 5. 0Y/35000 丝束对应的巴豆醛释放量与 3. 0Y/35000 基本一致，见图 5-31（1）；以表 5-25 中

卷烟载体 B 为实验卷烟，2.7Y/35000 丝束对应的巴豆醛释放量与 3.0Y/35000 基本一致，见图 5-31（2）。综合两个实验卷烟实验结果，可以认为实验范围内，单旦对巴豆醛基本无影响。

表 5-25　　卷烟主流烟气巴豆醛释放量测定结果——单旦变化组

单位：μg/支

卷烟载体	丝束规格	不通风	10%通风	25%通风	40%通风
A	3.0Y/35000	18.7	16.8	15	10.9
	5.0Y/35000	18.4	16.6	15.1	10.9
B	2.7Y/35000	18.2	17.0	13.2	7.8
	3.0Y/35000	17.7	17.0	13.4	8.1

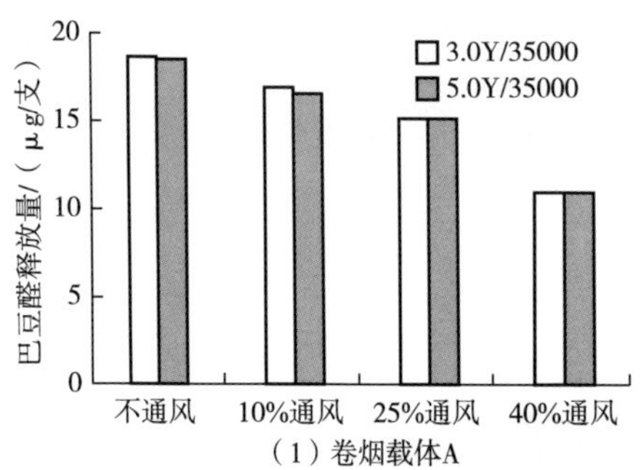

（1）卷烟载体A

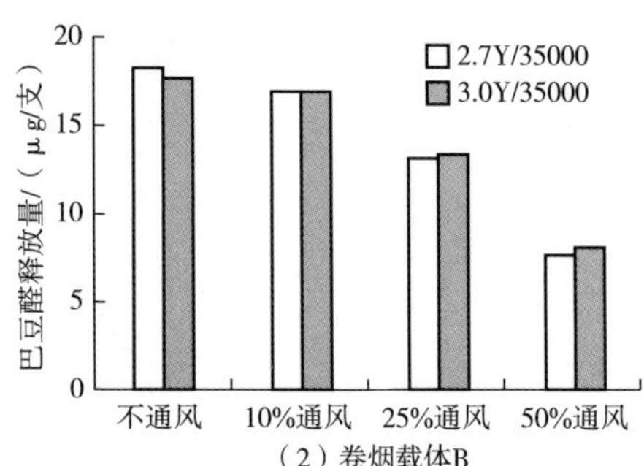

（2）卷烟载体B

图 5-31　单旦对巴豆醛的影响

第六章
亲核功能化材料的合成及其在降低烟气巴豆醛释放量上的应用

利用巴豆醛等羰基化合物易与亲核功能基团发生化学反应的特性，制备富含亲核功能基的新型材料，通过优化材料的制备和应用方式，添加于卷烟样品，实现烟气巴豆醛释放量的降低。

第一节　亲核功能化多孔材料的制备与评价

一、水热法制备富含亲核功能基的无机介孔材料

介孔材料是由美国 Mobil 公司在 1992 年首次制备的，使用烷基季铵盐阳离子表面活性剂为模板剂，通过正硅酸乙酯的水解共聚制备了六方相的 MCM-41，立方相的 MCM-48 以及层状的 MCM-50 三种结构的介孔材料 M41S（图 6-1）。自 M41S 系列材料成功制备之后，介孔材料的制备得到了学术界的极大关注，SBA-n、KIT、HMS、MSU-n、FDU-n、KSW、JLU-n 等一系列具有不同结构、孔径在 2～30nm 的氧化硅基介孔材料相继问世；同时一些非氧化硅基的介孔材料（如各种氧化物、金属硫化物、磷酸盐等）也被成功制备。

（1）六方相MCM-41

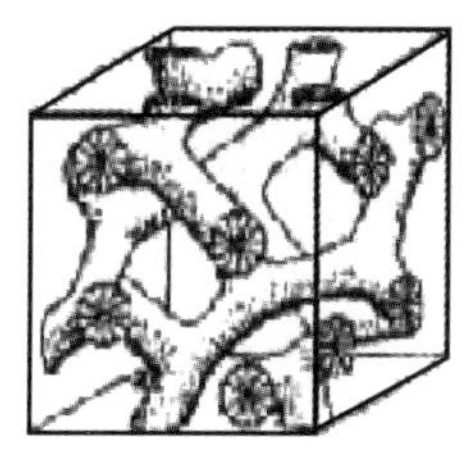
（2）立方相MCM-48

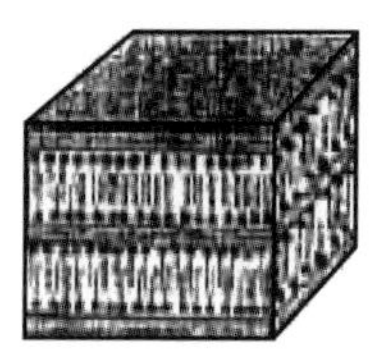
（3）层状MCM-50

图 6-1　M41S 介孔材料结构示意图

介孔材料一诞生就得到国际物理学、化学及材料学界的高度重视，并迅速发展成为跨学科的研究热点之一，研究人员纷纷投入这一领域。介孔材料虽然

目前尚未获得大规模的工业化应用，但它所具有的孔道大小均匀、排列有序等特性，使其在化学工业、信息技术、生物技术、环境能源等领域具有重要的应用意义，也为物质的物理和化学行为等基本问题的研究提供了模板。

Shunai Che 等和 Toshiyuki Yokoi 等利用阴离子表面活性剂制备新型介孔材料。该方法使用应用广泛、价廉、环境友好的阴离子表面活性剂，在制备的材料中具有大量的氨基，这一点是其他介孔材料制备方法不可比拟的。参考上述方法制备富含亲核功能基的无机介孔材料，考察这种材料在降低卷烟烟气中挥发性羰基化合物的性能。

以硬脂酸（SA）或十二烷基苯磺酸钠（SDBS）等阴离子表面活性剂为模板，通过水热法制备富含氨基的无机介孔硅材料。具体制备过程如下，表面活性剂溶解于碱性乙醇/水溶液中，加入 TEOS（正硅酸乙酯）和 APTES（3-氨丙基三乙氧基硅烷），通过水热法制备得到无机介孔硅材料，所得产物经过滤、洗涤、去除表面活性剂后干燥即得氨基功能化的介孔硅样品。如图 6-2 所示为样品结构示意图。

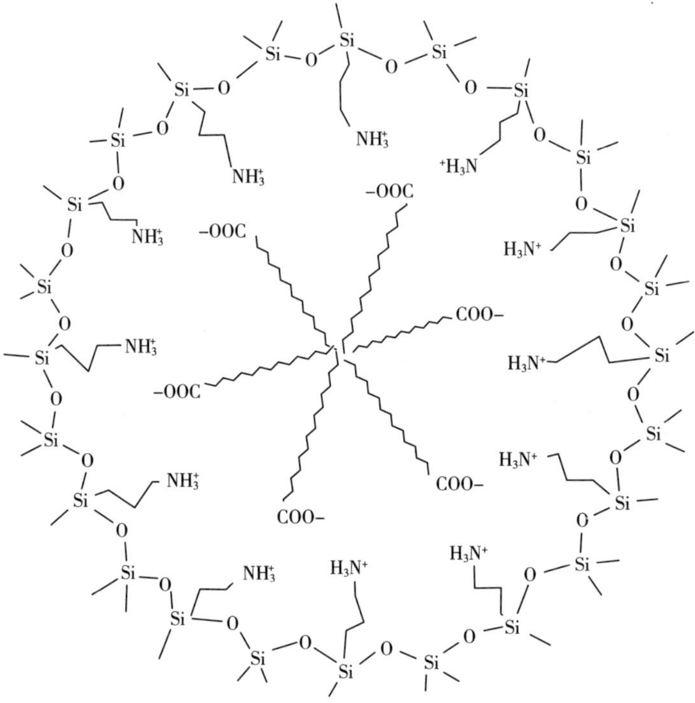

图 6-2　以 SA 阴离子表面活性剂为模板所得产物结构示意图

通过 X 射线衍射（XRD）、N_2 吸附-脱附和红外光谱表征样品结构，见图 6-3～图 6-5。XRD 结果 0.1°出现较强衍射峰表明两种材料均形成有序介孔结构。N_2 吸附-脱附结果表明，SA 和 SDBS 材料均有较大的比表面积和孔径，其中，SA 的比表面积和孔径分别为 $728m^2/g$ 和 3.0nm，SDBS 的比表面积和孔径分别为 $681m^2/g$ 和 2.1nm。SA 的比表面积和平均孔径均要大于 SDBS，这可能是由于 SA 比 SDBS 分子链长造成的。红外结果显示 SA 和 SDBS 材料均在 $3427cm^{-1}$ 和 $1635cm^{-1}$ 出现了较强的—NH_2 特征吸收峰，证明材料存在氨基。为进一步确认并量化氨基的量，测试了 2 种材料的氮元素含量，结果表明，SA 样品氮元素含量为 1.37%，SDBS 为 0.98%，说明 SA 样品的功能基含量高。

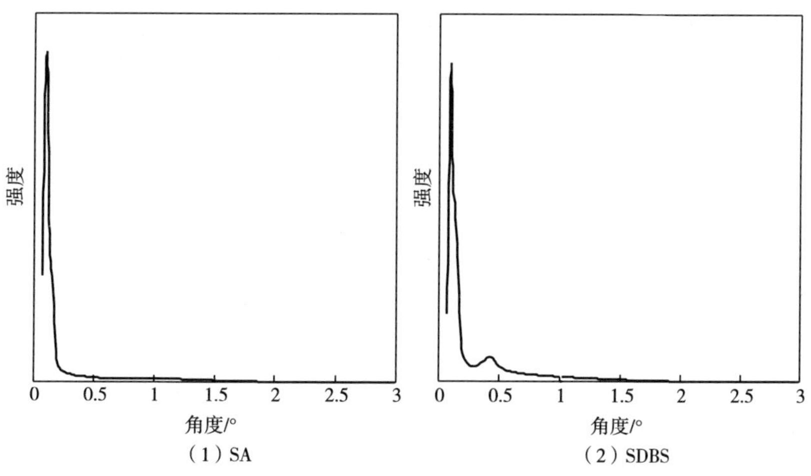

（1）SA　　（2）SDBS

图 6-3　SA 和 SDBS 材料 XRD 图

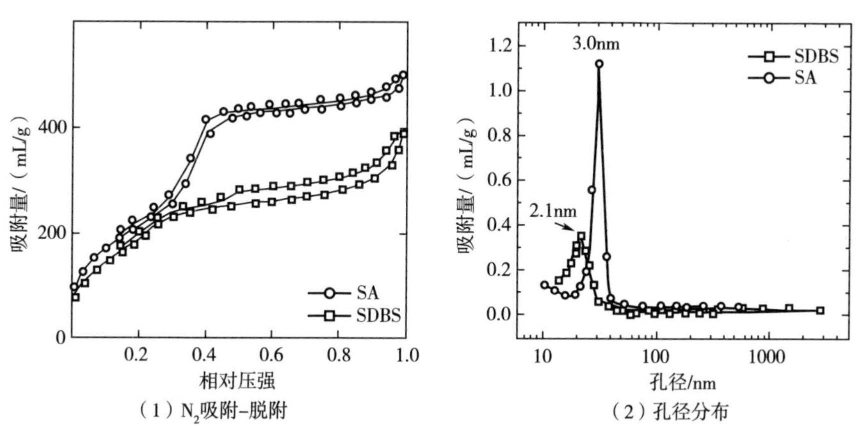

（1）N_2吸附-脱附　　（2）孔径分布

图 6-4　SA 和 SDBS 的 N_2 吸附-脱附等温线和孔径分布

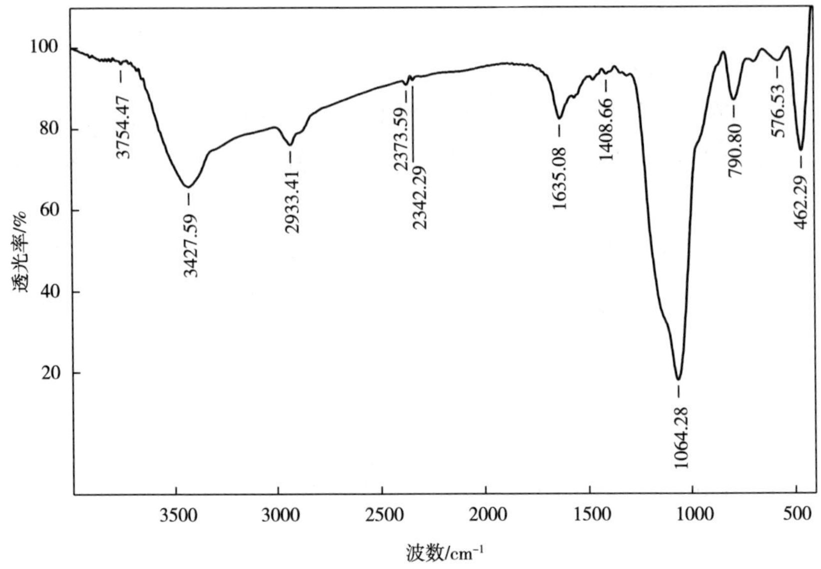

图 6-5 代表性红外光谱图（SDBS 制备的材料）

通过模拟评价装置考察了以 SA 和 SDBS 阴离子表面活性剂为模板制得的材料（用量 35mg/支）降低卷烟烟气中挥发性羰基化合物的性能，见表 6-1。卷烟主流烟气焦油、烟碱、CO、HCN、NNK［4-(N-甲基亚硝胺基)-1-(3-吡啶基)-1-丁酮］、苯并［a］芘、苯酚、巴豆醛和 NH_3 的释放量测定采用国家标准或烟草行业标准方法。结果表明，采用以 SA 和 SDBS 阴离子表面活性剂为模板制得的材料可以有效降低卷烟烟气中挥发性羰基化合物，其降低率分别达到 22.4%和 14.9%。SA 样品性能优于 SDBS 样品，原因可能在于其较高的比表面积和氨基（氮元素）含量。

表 6-1　水热法制备的介孔硅材料氮元素含量及降低挥发性羰基化合物结果

样品	氮元素含量/%	挥发性羰基化合物总量/(μg/支)	降低率/%
对照	—	1085	—
SA	1.37	842	22.4
SDBS	0.98	923	14.9

二、交联法制备富含亲核功能基的无机介孔材料

文献报道利用介孔材料作为载体采用交联法进行胺基嫁接，如张一平等和贾雪平等采用硅烷化试剂 γ-氨丙基三甲氧硅烷（$CH_3O)_3Si$（$CH_2)_3NH_2$ 与

介孔分子筛 SBA-15、SBA-3 表面丰富的硅羟基进行反应，通过共价键方式将特定的有机基团嫁接到介孔分子筛的纳米孔道内。郑珊等以 3-胺基丙基三乙氧基硅烷（APTES）为偶联剂，修饰介孔分子筛 MCM-41（原子的物质的量的比：Si/Al=35），将有机官能团引入介孔分子筛孔道中，置备一种无机-有机复合材料 MCM-$(CH_2)_3NH_2$。

本节使用成本低廉的商品化无机多孔材料为载体，使用亲核功能基嫁接试剂，采用交联法制备新型材料，得到富含亲核功能基的无机介孔材料(图 6-6)，考察其降低卷烟挥发性羰基化合物的性能。

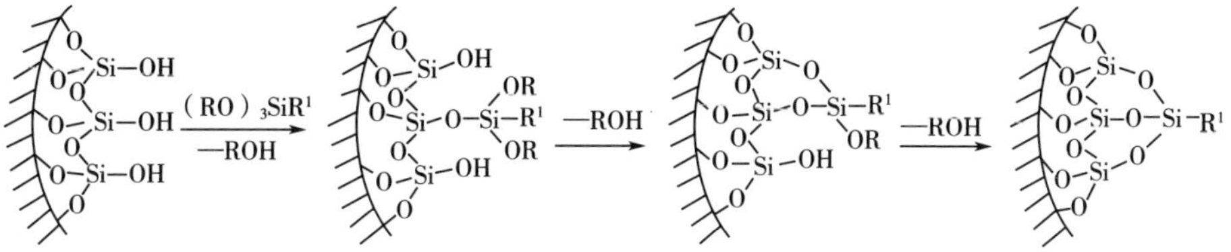

$R=C_2H_5$，$R^1=(CH_2)_3NH_2$

图 6-6 多孔硅羟基材料嫁接胺基化试剂反应路线

1. 无机多孔载体的确定

分别以三氧化二铝、二氧化硅和活性炭为载体，以 3-氨丙基三乙氧基硅烷（APTES）为胺基嫁接试剂制备材料，按照适当的载体及胺基化试剂比例进行功能化反应，得到 1#（三氧化二铝）、2#（二氧化硅）和 3#（活性炭）样（表 6-2）。采用 N_2 吸附-脱附实验测定载体的比表面积和平均孔径，采用模拟评价装置对样品及载体的性能进行评价（用量 35mg/支）。

表 6-2　样品的比表面积和平均孔径

样品	比表面积/(m^2/g)	平均孔径/nm
1#	136	9.8
2#	373	6.7
3#	841	3.3

样品比表面积和平均孔径测试结果（表 6-2）表明，以三氧化二铝为载体的 1#样品平均孔径最大，为 9.8nm，比表面积最小，为 136m^2/g；以活性炭为载体的 3#样品平均孔径最小，为 3.3nm，比表面积最大，为 841m^2/g；以二氧化硅

为载体的2#样品居中，平均孔径和比表面积分别为6.7nm和373m^2/g。

模拟评价结果见表6-3，三氧化二铝和二氧化硅两种载体的加入基本不影响卷烟烟气中挥发性羰基化合物的释放量，采用三氧化二铝为载体的1#样品在降低卷烟烟气挥发性羰基化合物的量上明显优于以二氧化硅为载体的2#样品，降低率达到14.1%。采用活性炭为载体的3#样品降低率达到35.8%，但是直接使用活性炭的样品降低率为28.7%，通过胺基功能化活性炭的效率只增加了7.1%，说明胺基功能化对活性炭材料降低卷烟烟气挥发性羰基化合物性能影响较小，由于活性炭加入烤烟型卷烟对其感官品质影响较大，因此选择三氧化二铝作为胺基功能化材料的载体。

表6-3　　载体的选择

样品	挥发性羰基化合物总量/(μg/支)	降低率/%
对照	1015	—
三氧化二铝	997	1.78
二氧化硅	1018	—
活性炭	724	28.7
1#	872	14.1
2#	921	9.3
3#	651	35.8

2. 胺基化试剂的确定

使用三氧化二铝作为载体，分别以3-氨丙基三乙氧基硅烷（APTES）或*N*-β-（氨乙基）-γ-氨丙基甲基二甲氧基硅烷（APAEDMS）为胺基化试剂进行材料制备，得到4#（APTES）和5#（APAEDMS）2个样品，采用模拟评价装置对其性能评价（用量35mg/支）。模拟评价结果见表6-4，采用APTES为胺基化试剂制得的4#样品材料降低卷烟烟气挥发性羰基化合物的量达到11.2%，5#样品没有效果，因此选择APTES作为胺基化试剂。

表6-4　　胺基化试剂的选择

样品	挥发性羰基化合物总量/(μg/支)	降低率/%
对照	1021	—
4#	907	11.2
5#	1038	—

3. 胺基化试剂用量的选择

通过上面的实验，选定了以三氧化二铝为载体、APTES 为胺基化试剂进行材料制备，针对 APTES 的用量进行了 3 个梯度的实验，即按照载体质量/胺基化试剂体积 = 1g/2mmol，1g/5mmol，1g/10mmol 制备胺基化试剂，得到相对应的 6#样品、7#样品和 8#样品。

8#样品的红外光谱图（图 6-7）表明，8#样品在 3463cm^{-1} 和 1635cm^{-1} 出现了—NH_2 的特征吸收峰，表明氨基有效嫁接到载体上。氮元素含量分析（表 6-5）表明，6#样品、7#样品和 8#样品均含有氮元素，随着胺基化试剂用量的增加，从 6#样品到 8#样品氮元素含量逐渐升高，用量为 1g（载体）：5mmol（胺基化试剂）（7#样品）时氮元素含量基本达到饱和，再增加胺基化试剂的量不能显著提高氮元素含量。

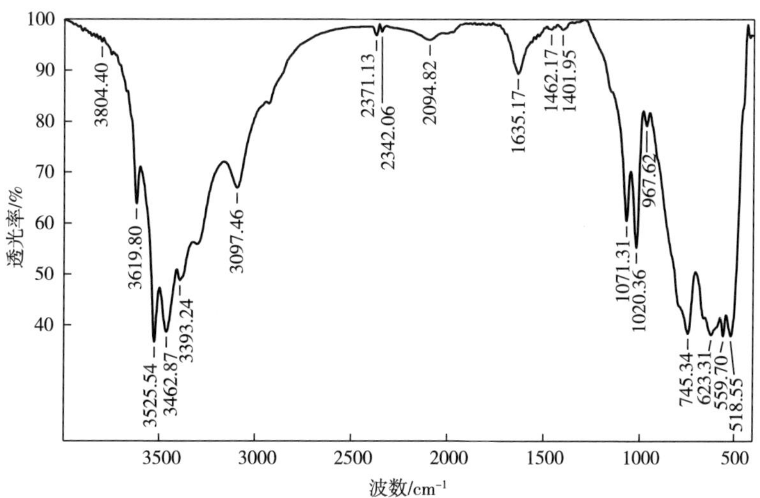

图 6-7　8#样品（胺基功能化样品）的红外光谱图

表 6-5　　胺基化试剂用量的选择

样品	载体质量：胺基化试剂体积	氮元素含量/%	挥发性羰基化合物总量/(μg/支)	降低率/%
对照	—	—	1047	—
6#	1g：2mmol	0. 89	891	14. 9
7#	1g：5mmol	1. 23	747	28. 7
8#	1g：10mmol	1. 26	753	27. 2

用模拟评价装置对该 3 个样品性能进行评价（用量 35mg/支），结果显示：胺基化试剂用量少的 6#样品性能较差，增加胺基化试剂用量可以使制得的材料性能增强，7#样品和 8#材料对羰基化合物的降低率均超过了 27%，样品的氮元素含量分析结果表明 6#样品和 7#样品的胺基已经饱和，考虑到原料的利用率，选取 7#样品材料的制备条件，即胺基化试剂用量为：5mmol APTES/g 载体。

4. 卷烟验证

通过上述实验，确定了交联法制备富含亲核功能基的无机介孔材料的较佳条件，即以三氧化二铝为载体，以 3-胺基丙基三乙氧基硅烷（APTES）为胺基化试剂，胺基化试剂用量为：5mmol APTES/g 三氧化二铝。按照上述最优条件制备实验材料样品，添加至二元复合滤棒并卷制实验卷烟，通过卷烟实验验证上述材料的性能。二元复合滤棒规格为 120mm，添加材料段和不添加材料段各 10mm，材料加入量为 30mg/支。卷烟采用相同配方烟丝，除滤棒外其他辅材与对照卷烟相同。

卷烟主流烟气分析和感官评价结果见表 6-6～表 6-8。

（1）对照卷烟和实验卷烟的 CO、焦油和烟碱释放量基本一致。

（2）与对照卷烟相比，实验卷烟的甲醛降低 55.2%、乙醛降低 25.0%、丙醛降低 20.8%、巴豆醛降低 18.0%，总量下降了 22.3%。

（3）两种卷烟光泽一致，实验卷烟的香气和杂气得分略有下降，谐调、刺激性和余味得分略有上升，总体评分实验卷烟略高于对照卷烟。实验卷烟总体风格特点和感官质量与对照卷烟一致。

表 6-6　　实验卷烟烟气常规成分结果

样品	CO/(mg/支)	焦油/(mg/支)	烟碱/(mg/支)
对照卷烟	12.2	13.4	0.9
实验卷烟	11.7	13.5	0.9

表 6-7　　实验卷烟烟气挥发性羰基化合物分析结果　　单位：μg/支

项目	甲醛	乙醛	丙酮	丙烯醛	丙醛	巴豆醛	2-丁酮	丁醛	总量
对照卷烟	129.1	616.9	219.2	67.8	49.5	21.7	49.1	37.4	1190.7
实验卷烟	57.8	462.8	211.9	57.2	39.2	17.8	47.0	31.9	925.7
降低率/%	55.2	25.0	3.3	15.6	20.8	18.0	4.3	14.7	22.3

表 6-8 实验卷烟评吸结果

样品	光泽（5）	香气（32）	谐调（6）	杂气（12）	刺激性（20）	余味（25）	合计（100）
对照卷烟	4.5	27.3	4.9	10.2	16.4	21.3	84.6
实验卷烟	4.5	27.0	5.0	10.0	17.0	21.5	85.0

采用交联法将胺基嫁接到载体上制备降低卷烟主流烟气中挥发性羰基化合物的材料，通过考察载体、胺基试剂种类和胺基试剂的用量对降低卷烟主流烟气中挥发性羰基化合物性能的影响，确定了交联法的较佳条件，即以三氧化二铝为载体，以 3-氨丙基三乙氧基硅烷（APTES）为胺基化试剂［1g（三氧化二铝）：5mmol（APTES）］。卷烟应用实验结果表明，应用该材料制备的二元复合滤棒卷制实验卷烟，与对照卷烟相比，实验卷烟的烟碱和焦油基本不变，甲醛降低 55.2%、乙醛降低 25.0%、丙醛降低 20.7%、巴豆醛降低 17.8%，说明应用新型材料的实验卷烟能够选择性降低卷烟主流烟气中挥发性羰基化合物，评吸结果表明，两种卷烟总体风格特点和感官质量一致。

三、共聚法制备富含亲核功能基的多孔聚合物材料

通过悬浮聚合制备多孔聚合物材料，采用胺基化试剂进行亲核功能化改性即得富含亲核功能基的多孔聚合物材料。

1. 多孔聚合物载体优化

共聚法制备多孔聚合物材料的比表面积和孔径与交联剂和致孔剂的用量有关，一般情况下交联剂或致孔剂用量增加，孔径减小而比表面积增大。因此，通过调整交联剂和致孔剂用量，制备 5 个多孔聚合物材料样品，负载相同量的同一种胺基化试剂，采用模拟评价装置评价 5 种材料选择性降低卷烟烟气中挥发性羰基化合物的性能，确定最佳的交联剂和致孔剂用量。

依据多孔聚合物的 N_2 吸附等温线，计算材料的比表面积（BET）和孔径。结果显示，通过调整交联剂和致孔剂用量，得到不同平均孔径和比表面积分布的一系列载体。随着载体 C1～C5 的平均孔径逐渐增加，从 12.0nm 增加到 27.3nm，比表面积逐渐降低，从 60.3m^2/g 降低至 37.2m^2/g，见图 6-8。

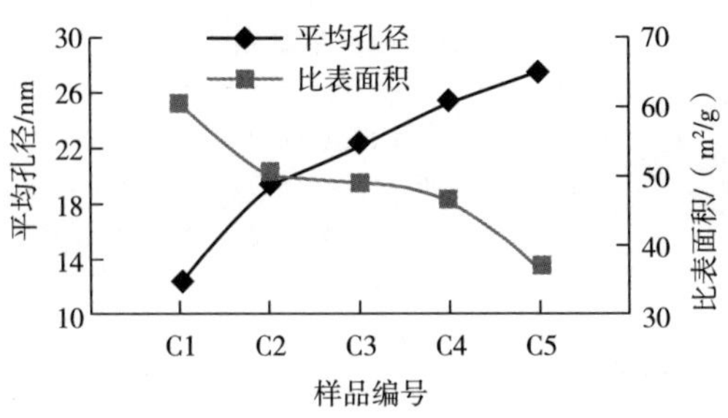

图 6-8　载体 C1～C5 的比表面积和平均孔径

负载相同量的同一种胺基化试剂，采用模拟评价装置评价 5 种材料选择性降低卷烟烟气中挥发性羰基化合物的性能（图 6-9），结果表明：C1～C5 载体负载胺基化功能基后选择性降低卷烟烟气中挥发性羰基化合物的性能呈现出先增加后降低的趋势，从 C1 到 C3，材料的挥发性羰基化合物降低率从 42.7%增加至 56.4%，到 C4 和 C5 时，材料的挥发性羰基化合物降低率分别降至 52.1%和 50.8%。结果表明，C3 为最适宜的载体。

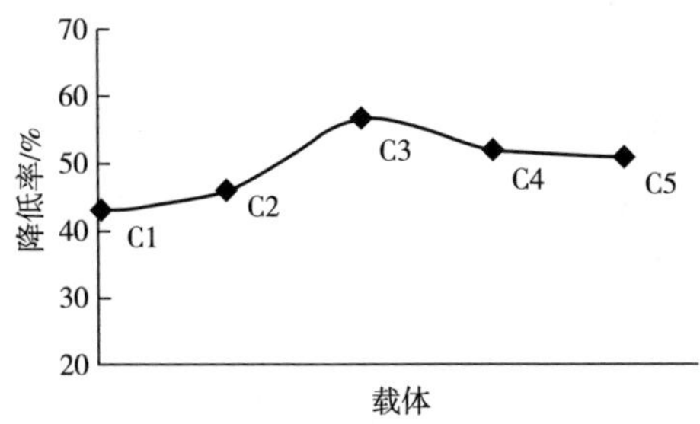

图 6-9　载体对材料性能影响

2. 胺基化试剂种类优化

使用 C3 为载体，分别以乙二胺（A1）、二乙烯基三胺（A2）和三乙烯基四胺（A3）为胺基化试剂（表 6-9），在相同的胺基化试剂用量、相同反应时间和温度条件下制备实验材料，采用模拟评价装置考察材料对卷烟主流烟气中挥发性羰基化合物的选择性降低效果。结果显示，采用 A2 胺基化试剂的样品在降低卷烟烟气挥发性羰基化合物的量上达到 57.2%，高于采用 A1 和 A3 胺基化试剂的样品，因此选择 A2 作为胺基化试剂。

表 6-9　胺基化试剂的选择

样品	挥发性羰基化合物总量/(μg/支)	降低率/%
对照	998	—
A1	577	42.2
A2	427	57.2
A3	465	53.4

3. 胺基化试剂用量的优化

通过上述实验，选择以 C3 为载体、A2 为胺基化试剂进行材料制备。针对 A2 的用量进行 5 个梯度的实验，即 A2 与载体质量比分别为 1∶1，2∶1，3∶1，4∶1，5∶1。反应时间和温度保持一致。材料的 N 元素含量结果显示，随着胺基化试剂 A2 用量的增加，材料的氮元素含量逐渐增加，当 A2 与载体质量比从 1 到 5 时，氮元素从 6.83%增加至 8.15%，说明胺基化试剂用量的增加使载体的功能基含量也在增加。但是，当 A2 用量是载体的 4 倍时，氮元素含量增加趋势趋近平稳，说明当 A2 用量是载体 4 倍以上时，载体的功能基已经饱和。

采用模拟评价装置评价材料降低卷烟烟气中挥发性羰基化合物的性能，结果表明，随着胺基化试剂 A2 用量的增加，材料降低挥发性羰基化合物的性能逐渐增加的趋势，当 A2 与载体质量比从 1∶1 到 4∶1 时，材料的挥发性羰基化合物降低率从 33.6%增加至 59.4%，说明材料功能基的增加使材料的性能也在增加。同样，当 A2 用量是载体的 4 倍时，材料性能达到最佳，挥发性羰基化合物降低率达到最大，为 59.4%，如表 6-10 所示。因此，选择胺基化试剂 A2 用量是载体质量的 4 倍。

表 6-10　胺基化试剂用量的选择

样品编号	A2 与载体的质量比	N/%	挥发性羰基化合物总量/(μg/支)	降低率/%
对照	—	—	1023	—
1	1∶1	6.83	679	33.6
2	2∶1	7.39	635	37.9
3	3∶1	7.64	516	49.6
4	4∶1	8.06	415	59.4
5	5∶1	8.15	420	58.9

4. 胺基功能化反应时间优化

通过上述实验，选择以 C3 为载体和胺基化试剂 A2 用量是载体质量的 4 倍为最优制备条件。进一步考察胺基功能化反应时间对材料性能的影响，研究功能化反应时间（表 6-11）分别为 t1，t2，t3，t4，t5，t6 时材料对卷烟主流烟气中挥发性羰基化合物的选择性降低效果。元素分析结果表明，随着功能化反应时间的增加，材料的氮元素含量逐渐增加，从 t1 到 t6，氮元素从 3. 58%增加至 8. 07%，说明功能化反应时间的增加使载体的功能基含量也在增加。但功能化反应时间到 t5 时，氮元素含量增加趋势趋近平稳，说明载体的功能基已经饱和。

模拟评价结果（表 6-11）表明，随着功能化反应时间的增加，材料降低挥发性羰基化合物的性能逐渐增加，从 t1 到 t6，材料的挥发性羰基化合物降低率从 22. 9%增加至 61. 3%，说明功能化反应时间的增加使材料的性能也在增加。当反应时间为 t5 时，材料降低挥发性羰基化合物的性能基本达到最高，降低率为 60. 8%，反应时间增加至 t6 时，材料性能未见明显增加。因此，选择胺基功能化反应时间为 t5。

表 6-11　　功能化反应时间的选择

样品编号	功能化反应时间/min	N/%	挥发性羰基化合物总量/(μg/支)	降低率/%
对照	—	—	1015	—
t1	4	3. 58	783	22. 9
t2	6	5. 21	722	28. 9
t3	8	6. 34	656	35. 4
t4	10	7. 44	522	48. 6
t5	12	8. 06	398	60. 8
t6	24	8. 07	393	61. 3

5. 胺基功能化反应温度

通过上述实验，选择以 C3 为载体、胺基化试剂 A2 用量是载体质量的 4 倍、胺基功能化反应时间为 t5 为最优制备条件。进一步考察胺基功能化反应温度对材料性能的影响，研究功能化反应温度分别为 T1，T2，T3，T4，T5 时材料对卷烟主流烟气中挥发性羰基化合物的选择性降低效果。元素分析结果表明，随着功能化反应温度的增加，材料的氮元素含量呈现先增加后降低

的趋势，从 T1 到 T4，氮元素从 5.44%增加至 8.11%，到 T6 时，材料氮元素降至 7.43%，说明功能化反应温度在一定范围内增加使载体的功能基含量增加，反应温度过高，载体的功能基含量会下降。此外，功能化反应温度到 T3 时材料的氮元素含量达到 8.06%，增加温度至 T4 时，材料的氮元素仅增加 0.05%，为 8.11%，说明在 T3 温度时氮元素含量增加趋势趋近平稳，载体的功能基已经基本饱和。

模拟评价结果见表 6-12，随着功能化反应温度的增加，材料降低挥发性羰基化合物的性能亦呈现出先增加后降低的趋势，从 T1 到 T3，材料的挥发性羰基化合物降低率从 33.7%增加至 58.9%，到 T4 和 T5 反应温度时，材料的挥发性羰基化合物降低率分别降至 58.5%和 51.2%。因此，选择胺基功能化反应温度为 T3。

表 6-12　　功能化反应温度的选择

样品编号	反应温度/℃	N/%	挥发性羰基化合物总量/(μg/支)	降低率/%
对照	—	—	1042	—
T1	60	5.44	691	33.7
T2	90	7.11	554	46.8
T3	120	8.06	428	58.9
T4	150	8.11	432	58.5
T5	180	7.43	508	51.2

通过上述实验，确定了共聚法制备富含亲核功能基的多孔聚合物材料的较佳条件，即以 C3 为载体，以 A2 为胺基化试剂，A2 的用量是 C3 载体的 4 倍，功能化反应时间和温度分别为 t5 和 T3。

6. 卷烟验证

按照上述最佳条件制备实验材料样品，添加至二元复合滤棒并卷制实验卷烟，通过卷烟实验验证上述材料的性能。二元复合滤棒规格为 120mm，添加材料段和不添加材料段各 10mm，材料加入量为 30mg/支。卷烟采用相同配方烟丝，除滤棒外其他辅材与对照卷烟相同。两组滤棒和卷烟的吸阻和圆周基本一致（表 6-13），实验滤棒质量比对照滤棒重 181mg，相当于每支卷烟相差 30mg，这与实验卷烟和对照卷烟质量差基本相当，说明卷烟样品质量符合实验要求。

表 6-13　　复合滤棒及卷烟物理参数

样品	质量/mg	吸阻/Pa	圆周/mm
对照滤棒	774	4200	24.2
实验滤棒	955	4100	24.2
对照卷烟	908	1210	24.6
实验卷烟	933	1200	24.5

卷烟样品烟气分析结果见表 6-14 和表 6-15，与对照卷烟相比，实验卷烟巴豆醛降低 35.8%、甲醛降低 60.1%、乙醛降低 37.6%、丙醛降低 37.4%、总量下降了 34.5%，而烟碱、焦油和 CO 基本一致，说明应用新型材料的实验卷烟能够选择性降低卷烟主流烟气中挥发性羰基化合物。

表 6-14　　实验卷烟烟气常规成分结果

样品	CO/(mg/支)	焦油/(mg/支)	烟碱/(mg/支)
对照卷烟	15.0	11.4	0.8
实验卷烟	14.5	11.6	0.8

表 6-15　　实验卷烟烟气挥发性羰基化合物分析结果　　单位：μg/支

样品	甲醛	乙醛	丙酮	丙烯醛	丙醛	巴豆醛	2-丁酮	丁醛	总量
对照卷烟	107.5	651.1	261.1	59.3	48.9	20.1	47.0	36.0	1231.2
实验卷烟	42.9	406.5	205.1	43.3	30.6	12.9	38.1	27.1	806.5
降低率/%	60.1	37.6	21.4	27.1	37.4	35.8	18.9	24.8	34.5

卷烟样品的感官质量评价结果见表 6-16，两种卷烟光泽、香气、刺激性和余味一致，实验卷烟谐调和杂气得分略有上升，实验卷烟总体评分略高于对照卷烟。实验卷烟总体风格特点和感官质量与对照卷烟一致。

表 6-16　　实验卷烟评吸结果

样品	光泽(5)	香气(32)	协调(6)	杂气(12)	刺激性(20)	余味(25)	合计(100)
对照卷烟	4.0	27	4.5	9.0	16.5	21	82.0
实验卷烟	4.0	27	5.0	10.0	16.5	21	83.5

四、三种材料降低巴豆醛性能比较

通过比较三类材料降低巴豆醛的效果如表 6–17 所示，采用共聚法制备的富含亲核功能基多孔聚合物材料降低巴豆醛效果最佳。同时，材料的添加对焦油和感官质量无明显负面影响，因此选择富含亲核功能基的聚合物多孔材料作为后文工业样品研究对象。

表 6–17　　三种材料对巴豆醛等羰基化合物的降低率比较　　单位：%

材料	甲醛	乙醛	丙酮	丙烯醛	丙醛	巴豆醛	2–丁酮	丁醛	总量
水热法	—	—	—	—	—	—	—	—	14. 9~22. 4
交联法	55. 2	25. 0	3. 3	15. 6	20. 8	18. 0	4. 3	14. 7	22. 3
共聚法	60. 1	37. 6	21. 4	27. 1	37. 4	35. 8	18. 9	24. 8	34. 5

五、亲核功能化材料工业生产

前述研究表明，富含亲核功能基的聚合物多孔材料性能上均优于水热法制备富含亲核功能基的无机介孔材料和交联法制备富含亲核功能基的无机介孔材料。且制备方法相对简单，原料较为低廉易得，因此选择多孔聚合物材料进行工业生产放大研究，考察生产工艺参数对材料降低卷烟烟气中挥发性羰基化合物释放量性能的影响，最终形成较佳的新型材料工艺条件，并对新型材料的生产成本进行核算，实现新型材料的规模化生产。

1. 工业生产工艺优化

采用 1000L 反应釜进行工业生产放大研究，对工艺条件进行了优化，材料生产工艺流程见图 6–10。

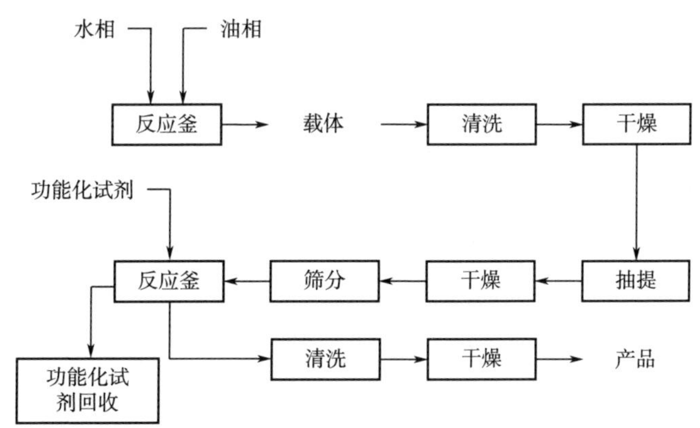

图 6–10　工业生产工艺流程图

2. 工业放大样品评价

(1) 材料结构验证　测试工业生产材料的比表面积、平均孔径和氮元素含量（表6-18），结果表明工业生产出的材料与实验室制备材料在比表面积、平均孔径和氮元素含量上基本一致，说明经过生产放大所得到的产品与实验室样品结构相当。

表6-18　　样品结构参数对比

材料	比表面积/(m^2/g)	平均孔径/nm	氮元素含量/%
实验室样品	49.2	22.1	8.06
工业样品	48.6	21.8	8.12

(2) 卷烟验证　将工业生产出的材料以二元复合滤棒形式应用至卷烟（表6-19），验证其降低卷烟挥发性羰基化合物的性能。二元复合滤棒规格为120mm，添加材料段和不添加材料段各10mm，材料加入量为30mg/支。卷烟采用相同配方烟丝，除滤棒外其他辅材与对照卷烟相同。两组滤棒和卷烟的吸阻和圆周基本一致，实验滤棒质量比对照滤棒重175mg，相当于每支卷烟相差30mg，这与实验卷烟和对照卷烟质量差基本相当，说明卷烟样品质量符合实验要求。

表6-19　　复合滤棒及卷烟物理参数

样品	质量/mg	吸阻/Pa	圆周/mm
对照滤棒	835	3900	24.2
实验滤棒	1010	3930	24.2
对照卷烟	876	1010	24.4
实验卷烟	901	1000	24.5

烟气分析结果（表6-20和表6-21）显示，工业样品制备的对照卷烟和实验卷烟的CO、焦油和烟碱释放量基本一致，而实验卷烟的甲醛降低70.7%、乙醛降低39.0%、丙醛降低26.9%、巴豆醛降低32.1%，总量下降了34.2%。与实验室样品对比，工业生产的材料在降低卷烟烟气挥发性羰基化合物总量上基本一致。

表 6-20　　实验卷烟烟气常规成分结果

样品	CO/(mg/支)	焦油/(mg/支)	烟碱/(mg/支)
对照卷烟	11.1	12.7	0.9
实验卷烟	11.3	12.6	0.9

表 6-21　　实验卷烟烟气挥发性羰基化合物分析结果　　单位：μg/支

项目	甲醛	乙醛	丙酮	丙烯醛	丙醛	巴豆醛	2-丁酮	丁醛	总量
对照卷烟	140.7	529.3	278.8	55.2	44.3	26.0	64.8	33.6	1172.7
实验卷烟	41.2	323.1	236.5	37.0	32.4	17.6	56.2	27.2	771.1
降低率/%	70.7	39.0	15.2	33.0	26.9	32.1	13.3	19.2	34.2
实验室样品降低率/%	60.1	37.6	21.4	27.1	37.4	35.8	18.9	24.8	34.5

六、安全性评价

对多孔聚合物材料和添加该材料的卷烟进行安全性评价。材料安全性评价方法分别采用动物口服急性毒性试验、动物体内细胞微核率检测试验以及鼠伤寒沙门菌回复突变试验，实验卷烟安全性评价采用动物体内细胞微核率检测、卷烟烟气冷凝物鼠伤寒沙门菌诱变试验以及细胞急性毒性试验。样品信息见表 6-22。

表 6-22　　样品信息

送检样品编号	样品信息
2#白色材料	富含亲核功能基的多孔聚合物材料
13#卷烟	对照卷烟
08#卷烟	添加富含亲核功能基的多孔聚合物材料的实验卷烟，材料添加量为 28.4mg/支
09#卷烟	添加混合材料卷烟（含碱性和过渡金属双功能基聚合物材料与富含亲核功能基的多孔聚合物材料的用量为 1∶1），材料添加量为 26.1mg/支

1. 材料动物口服急性毒性试验

实验动物给药后出现短暂运动减少，随后恢复。最大给药剂量（0.9mL/只）未出现死亡。

2. 动物体内细胞微核率检测试验

动物体内细胞微核结果见表 6-23。可以看出，2#白色材料诱发动物体内细胞微核率均与阴性对照无明显差异。3 种卷烟烟气冷凝物（CSC）诱发动物体内细胞微核率高于阴性对照，相互之间无明显差异。

表 6-23　　材料及卷烟 CSC 诱发动物体内细胞微核率

样品名称	微核率/‰
阴性对照	0. 388±0. 056
环磷酰胺（50mg/kg）	3. 714±0. 482
2#白色材料	0. 623±0. 126
08#卷烟	0. 673±0. 100
09#卷烟	0. 679±0. 071
13#卷烟	0. 688±0. 140

3. 细胞急性毒性试验

3 种卷烟 CSC 对 BEAS-2B 细胞增殖的影响如图 6-11 所示，IC_{50}（半抑制浓度）如表 6-24 所示。可以看出，08#卷烟 CSC 的细胞毒性低。

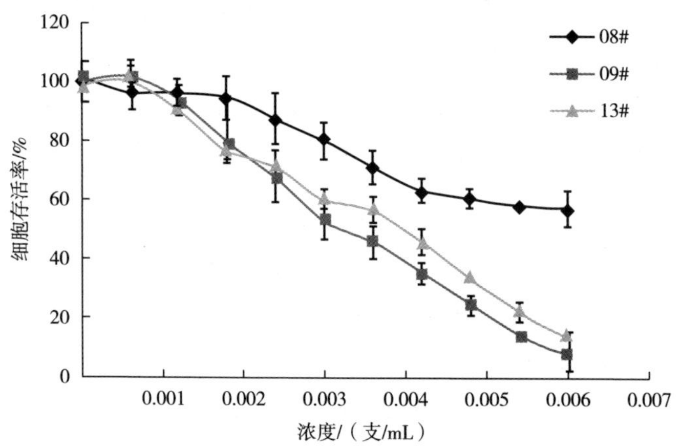

图 6-11　3 种卷烟 CSC 对 BEAS-2B 细胞增殖的影响

表 6-24　　3 种卷烟 CSC 对 BEAS-2B 细胞毒性的 IC_{50}　　单位：支/mL

卷烟编号	IC_{50}	95%置信区间
08#卷烟	0. 00575	0. 00498～0. 00669
09#卷烟	0. 00344	0. 00282～0. 00390
13#卷烟	0. 00380	0. 00296～0. 00436

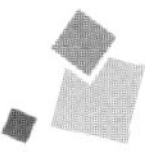

4. 鼠伤寒沙门菌回复突变试验

鼠伤寒沙门菌回复突变试验结果见表 6-25，可以看出 2#白色材料对鼠伤寒沙门氏菌（TA98 和 TA100）无明显致突变性。3 种卷烟 CSC 在受试剂量下对 TA100（沙门菌菌种）的致突变率无明显增加（在溶剂对照的两倍以内），而在 120×10^{-3} 支/皿剂量下，对 TA98（沙门菌菌种）的突变率出现升高，相互之间无明显差异。

表 6-25　　鼠伤寒沙门菌回复突变试验结果

样品名称	浓度（CSC 为$\times10^{-3}$ 支/皿，材料为 μL/皿）	平均回复突变菌落数（个/皿，$\bar{x}\pm SD$）	
		TA98	TA100
空白对照（自发突变）	—	33±4	134±5
溶剂对照	—	35±3	111±9
阳性对照（苯并［a］芘）	1μg/皿	1710±32	707±56
2#白色材料	15	34±4	144±23
	30	45±8	159±10
	60	56±4	112±23
	120	36±3	185±25
08#卷烟	15	28±3	56±5
	30	31±3	63±8
	60	58±2	123±11
	120	85±6	130±4. 5
09#卷烟	15	29±6	160±21
	30	28±5	157±8
	60	59±17	165±15
	120	114±22	181±11
13#卷烟	15	44±2	143±9
	30	36±6	128±4
	60	44±3	148±4
	120	78±10	135±12

材料安全性评价方法分别采用动物口服急性毒性试验、动物体内细胞微核率检测试验以及鼠伤寒沙门菌诱变试验，实验卷烟安全性评价采用动物体内细胞微核率检测、卷烟烟气冷凝物鼠伤寒沙门氏菌诱变试验以及细胞急性

毒性试验。

研究结果表明：多孔聚合物材料在受试剂量下，未观察到动物急性毒性，诱发动物体内细胞微核率均与阴性对照无明显差异，无明显的鼠伤寒沙门氏菌诱变性。对照卷烟和实验卷烟的烟气冷凝物（CSC）的动物体内微核率及鼠伤寒沙门菌诱变性近似、鼠伤寒沙门菌及细胞毒性诱变性近似。

第二节　亲核功能化材料在降低烟气巴豆醛释放量上的应用

利用工业设备制备 100kg 左右的材料，将其以不同方式应用于卷烟，具体有二元复合滤棒、卷烟纸涂布和沟槽滤棒用纤维素纸涂布，考察最佳的材料卷烟应用方式。通过不同时间对实验卷烟样品进行化学分析和感官质量评价，考察实验卷烟的放置稳定性。

一、亲核功能化材料的卷烟应用方式

研究二元复合滤棒、卷烟纸涂布和沟槽滤棒纤维素纸涂布 3 种卷烟应用方式。

二元复合滤棒：原则是保证实验滤棒和对照滤棒的可比性，滤棒规格为 10mm（加料段）+15mm（普通醋纤段），材料添加梯度为 10，20，30mg/μg。

卷烟纸涂布：利用球磨机预先将材料处理至 200 目以上，加入一定浓度的乙基纤维素水分散体中，将其涂布于卷烟纸上得到涂布该材料的改性卷烟纸。以相同生产条件下涂布不含减害材料的乙基纤维素水分散体的卷烟纸卷制的卷烟为对照样品，涂布材料的卷烟纸卷制的卷烟为实验卷烟样品。

沟槽滤棒纤维素纸涂布：预先利用球磨机将材料处理至 200 目以上，将其配制成一定浓度的水溶液，再加入防沉流平剂，将其涂布于沟槽滤棒用纯纤维素纸上，经干燥、分切后得到涂布有减害材料的沟槽滤棒用纤维素纸。以相同生产条件下未涂布富含亲核功能基多孔聚合物材料的普通醋酸纤维沟槽滤棒制得的卷烟为对照样品，涂布材料的醋酸纤维沟槽滤棒制得的卷烟为实验卷烟样品。

依据卷烟主流烟气挥发性羰基化合物释放量分析结果（表 6-26），确定二元复合滤棒为材料的最佳卷烟应用方式，最佳添加量为 30mg/支，可选择性降低巴豆醛达 39.2%。

表 6-26　　卷烟烟气中挥发性羰基化合物选择性降低率结果　　单位：%

应用方式	材料用量/（mg/支）	甲醛	乙醛	丙酮	丙烯醛	丙醛	巴豆醛	2-丁酮	丁醛	总量
卷烟纸涂布	0.63	-5.6	1.6	3.1	-8.9	2.9	1.2	5.3	3.2	1.1
沟槽纸涂布	5.06	23.0	6.4	4.7	8.6	6.2	4.3	2.4	4.9	7.3
二元复合滤棒	10	33.5	7.7	-10.9	-4.8	4.3	15.9	-8.1	0.5	5.5
	20	58.9	23.1	-5.6	11.6	16.4	26.3	-5.3	10.0	19.1
	30	64.6	41.8	2.4	24.1	32.8	39.2	3.7	24.7	33.1

实验卷烟主流烟气中 7 种有害成分的分析测试结果（表 6-27，*H* 为危害性评价指数）显示，与对照卷烟相比，随材料添加量增加，实验卷烟主流烟气中巴豆醛的选择性降低率逐渐升高，其余 6 种有害成分释放量无明显差异，卷烟危害性指数逐渐下降。评吸结果表明（表 6-28），低、中、高三种不同添加量的卷烟样品与对照卷烟相比，整体感官质量接近，香气风格差异较小，感官质量基本一致，通过工艺和配方上的微调，应能保证感官质量稳定。

表 6-27　　卷烟主流烟气 7 种有害成分释放量选择性降低率结果　　单位：%

应用方式	材料用量/（mg/支）	CO	HCN	NNK	NH_3	B［a］P	苯酚	巴豆醛	*H*
二元复合滤棒	10	-4.4	-9.7	-0.7	-6.1	-3.6	2.7	15.9	-0.6
	20	-2.2	-7.9	-2.5	-6.6	-2.4	13.1	26.3	2.6
	30	-1.7	-6.2	-2.8	-6.3	-1.3	12.1	39.2	5.0

表 6-28　　卷烟感官品质变化情况

卷烟样品	感官品质变化
二元复合滤棒 10mg	卷烟整体感官质量差异不大，香气风格接近
二元复合滤棒 20mg	卷烟整体感官质量差异不明显，香气风格接近，在香气和圆润感上略有欠缺
二元复合滤棒 30mg	卷烟香气量明显减少，刺激感和杂气略有增加

二、亲核功能化材料在卷烟上的应用

根据上述研究成果，选择二元复合滤棒进行卷烟工业适用性研究，原则是保证实验滤棒和对照滤棒的可比性。针对不同品牌卷烟滤棒规格制作 3 种规格的复合滤棒和对照滤棒（表 6-29），其中，一元对照滤棒控制与二元实验滤棒吸阻一致，二元对照控制丝束规格和用量与二元实验滤棒一致。

表 6-29　　滤棒参数

滤棒规格	滤棒种类	质量/mg	压降/Pa	圆周/mm	硬度/%	长度/mm	材料实际添加量/（mg/支）
规格Ⅰ	二元对照滤棒	645	2360	24.1	88.1	100	0
	一元对照滤棒	584	2760	24.1	86.8	100	0
	Ⅰ-3 滤棒	743	2770	24.1	89.9	100	28.4
规格Ⅱ	二元对照滤棒	928	3490	24.1	90.0	144	0
	一元对照滤棒	902	4110	24.3	88.8	144	0
	Ⅱ滤棒	1068	4130	24.2	90.6	144	26.5

注：规格Ⅰ—10mm（加料段）+15mm（普通醋纤段），材料添加量为 30mg/支；规格Ⅱ—14mm（加料段）+10mm（普通醋纤段），材料添加量为 30mg/支。

将规格Ⅰ滤棒应用于卷烟（HB3）、卷烟（GD1）、卷烟（LZ1）以及卷烟（HN1），规格Ⅱ滤棒应用于卷烟（CY1）和卷烟（FJ1）。卷烟烟支物理参数结果（表 6-30）显示，实验卷烟与对照卷烟的吸阻、滤嘴通风、圆周等基本一致，其中二元对照卷烟吸阻低于实验卷烟，这是由于实验滤棒和二元对照滤棒丝束用量和规格一致，而实验滤棒添加了材料导致实验卷烟吸阻高于二元对照卷烟。此外，实验卷烟与二元对照和一元对照卷烟质量差基本等于滤棒之间质量差，说明实验卷烟和对照卷烟符合实验要求。

表 6-30　　卷烟烟支物理参数

样品名称	滤棒编号	质量/mg	开式吸阻/Pa	闭式吸阻/Pa	滤嘴通风/%	圆周/mm	滤嘴长度/mm	接装纸长度/mm
二元对照	二元对照	916.0	1010	1010	1.0	24.5	25	30
一元对照	一元对照	901.8	1110	1110	1.2	24.3	25	30
HB3	Ⅰ-3	941.5	1120	1120	1.2	24.4	25	30
二元对照	二元对照	911.0	970	1100	15.6	24.7	25	30
一元对照	一元对照	891.6	1050	1200	17.6	24.6	25	30
GD1	Ⅰ-3	940.4	1050	1200	16.2	24.6	25	30
二元对照	二元对照	875.1	1040	1040	0.5	24.6	25	30

续表

样品名称	滤棒编号	质量/mg	开式吸阻/Pa	闭式吸阻/Pa	滤嘴通风/%	圆周/mm	滤嘴长度/mm	接装纸长度/mm
一元对照	一元对照	864.3	1160	1160	0.6	24.6	25	30
LZ1	Ⅰ-3	897.3	1170	1170	0.5	24.6	25	30
二元对照	二元对照	925.4	1030	1030	0.3	24.6	25	30
一元对照	一元对照	900.9	1110	1110	0.2	24.6	25	30
HN1	Ⅰ-3	944.7	1150	1150	0.5	24.5	25	30
二元对照	二元对照	942.0	1020	1030	0.2	24.6	24	30
一元对照	一元对照	937.1	1130	1130	0.2	24.6	24	30
CY1	Ⅱ	966.3	1120	1120	0.3	24.7	24	30
二元对照	二元对照	895.6	1020	1020	0.5	24.5	24	30
一元对照	一元对照	892.1	1160	1160	0.5	24.4	24	30
FJ1	Ⅱ	911.5	1140	1140	0.6	24.5	24	30

1. 应用效果

（1）减害效果　烟气常规成分分析（表6-31）显示，6个卷烟规格应用多孔聚合物材料后，实验卷烟主流烟气中常规成分的释放量与二元对照和一元对照卷烟基本一致。

表6-31　卷烟主流烟气常规成分释放量结果

样品名称	CO/(mg/支)	焦油/(mg/支)	烟碱/(mg/支)
二元对照	12.5	15.1	1.5
一元对照	12.3	14.7	1.4
HB3	13.0	15.4	1.4
二元对照	10.6	10.5	1.0
一元对照	11.1	9.6	0.9
GD1	10.3	9.9	0.9
二元对照	11.0	9.1	0.7
一元对照	11.1	8.7	0.6
LZ1	11.3	9.1	0.7
二元对照	12.3	12.6	1.1

续表

样品名称	CO/(mg/支)	焦油/(mg/支)	烟碱/(mg/支)
一元对照	11.9	12.4	1.0
HN1	12.8	12.8	1.1
二元对照	10.8	12.6	1.0
一元对照	10.6	12.1	1.1
CY1	10.6	12.4	1.0
二元对照	12.0	14.0	1.2
一元对照	11.5	13.3	1.1
FJ1	12.1	13.4	1.1

巴豆醛等羰基物测试结果（表6-32）显示，与两种对照卷烟相比，实验卷烟主流烟气中挥发性羰基化合物释放量显著下降，降低率依次为甲醛>乙醛>巴豆醛、丙醛和丙烯醛>丁醛>丙酮和2-丁酮。

表6-32　卷烟主流烟气挥发性羰基化合物释放量分析结果　单位：μg/支

材料名称	甲醛	乙醛	丙酮	丙烯醛	丙醛	巴豆醛	2-丁酮	丁醛	总量
二元对照	164.6	695.2	276.7	78.5	60.8	23.3	65.1	34.4	1398.6
一元对照	161.4	728.0	305.0	87.1	64.0	23.3	71.1	36.2	1476.2
HB3	62.2	421.3	276.6	61.5	42.3	14.7	64.2	26.7	969.5
二元对照	108.2	518.8	213.2	64.7	46.7	18.4	51.8	26.3	1048.0
一元对照	95.8	529.4	205.5	63.5	46.1	16.3	45.4	26.3	1028.3
GD1	31.7	278.8	191.2	44.4	28.9	10.6	45.5	18.9	650.1
二元对照	98.7	601.5	268.3	62.4	54.1	21.1	69.5	33.5	1209.1
一元对照	98.5	599.9	263.7	58.2	53.3	20.1	70.7	33.9	1198.2
LZ1	30.8	358.5	239.2	39.2	36.9	14.8	66.4	25.4	811.1
二元对照	132.5	735.7	320.2	80.4	67.8	27.9	85.1	38.9	1488.5
一元对照	114.9	672.6	292.1	72.1	62.1	25.1	79.2	36.2	1354.4
HN1	40.5	386.7	264.1	55.7	41.6	14.9	66.2	27.2	896.8
二元对照	130.6	713.4	319.5	74.4	63.3	22.3	81.0	37.3	1441.9
一元对照	133.5	704.7	308.2	80.2	61.6	22.1	75.5	36.2	1422.0

续表

材料名称	甲醛	乙醛	丙酮	丙烯醛	丙醛	巴豆醛	2-丁酮	丁醛	总量
CY1	36.9	352.9	267.9	52.3	36.7	11.1	63.4	24.2	845.4
二元对照	119.8	629.5	267.8	69.8	55.2	21.1	68.9	32.6	1264.7
一元对照	119.3	651.6	271.8	72.4	56.4	21.9	70.9	33.4	1297.7
FJ1	30.8	368.0	257.3	56.9	37.4	12.9	63.2	25.4	851.9

与二元对照（表 6-32 和图 6-12）相比，实验卷烟的甲醛的选择性降低率为 64.6%~70.8%，乙醛的选择性降低率为 37.2%~49.2%，丙酮的选择性降低率为 0%~18.9%，丙烯醛的选择性降低率为 14.1%~37.1%，丙醛的选择性降低率为 27.9%~40.8%，巴豆醛的选择性降低率为 29.8%~49.0%，2-丁酮的选择性降低率为 3.7%~23.6%，丁醛的选择性降低率为 17.8%~33.7%，总量的选择性降低率为 28.3%~41.1%。

与一元对照（表 6-33 和图 6-13）相比，实验卷烟的甲醛的选择性降低率为 66.2%~74.9%，乙醛的选择性降低率为 44.3%~52.4%，丙酮的选择性降低率为 6.1%~15.6%，丙烯醛的选择性降低率为 22.2%~37.8%，丙醛的选择性降低率为 34.4%~42.9%，巴豆醛的选择性降低率为 31.6%~52.3%，2-丁酮的选择性降低率为 3.1%~19.6%，丁醛的选择性降低率为 24.7%~35.6%，总量的选择性降低率为 35.1%~43.0%。

表 6-33　　卷烟烟气中挥发性羰基化合物选择性降低率结果　　单位:%

对照	材料名称	甲醛	乙醛	丙酮	丙烯醛	丙醛	巴豆醛	2-丁酮	丁醛	总量
二元对照计算	HB3	64.6	41.8	2.4	24.1	32.8	39.2	3.7	24.7	33.1
	GD1	64.9	40.5	4.5	25.5	32.3	36.7	6.4	22.1	32.2
	LZ1	68.7	40.3	10.7	37.1	31.7	29.8	4.5	24.1	32.8
	HN1	70.8	48.8	18.9	32.1	40.1	48.0	23.6	31.6	41.1
	CY1	70.4	49.2	14.8	28.4	40.8	49.0	20.5	33.7	40.1
	FJ1	69.9	37.2	0	14.1	27.9	34.4	3.9	17.8	28.3
一元对照计算	HB3	66.2	46.9	14.1	34.2	38.7	41.7	14.5	31.0	39.1
	GD1	70.1	50.6	10.2	33.3	40.5	38.2	3.1	31.2	40.0
	LZ1	73.8	45.3	14.4	37.8	35.8	31.6	11.2	30.1	37.4
	HN1	68.0	45.7	12.8	26.0	36.2	43.9	19.6	28.1	37.0

续表

对照	材料名称	甲醛	乙醛	丙酮	丙烯醛	丙醛	巴豆醛	2-丁酮	丁醛	总量
一元对照	CY1	74.8	52.4	15.6	37.3	42.9	52.3	18.5	35.6	43.0
计算	FJ1	74.9	44.3	6.1	22.2	34.4	41.8	11.6	24.7	35.1

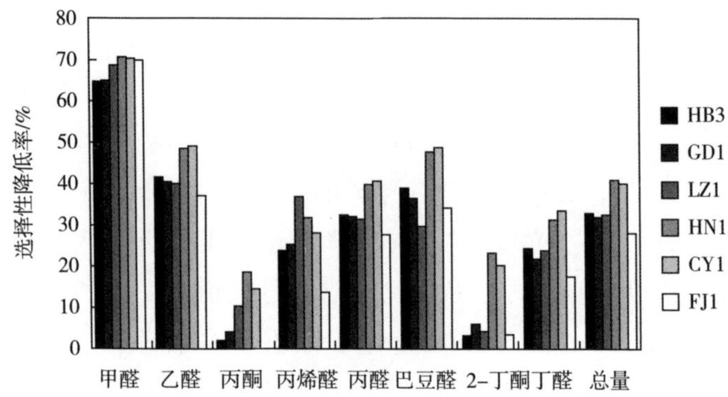

图 6-12　实验卷烟烟气羰基物释放量选择性降低率（相对二元对照）

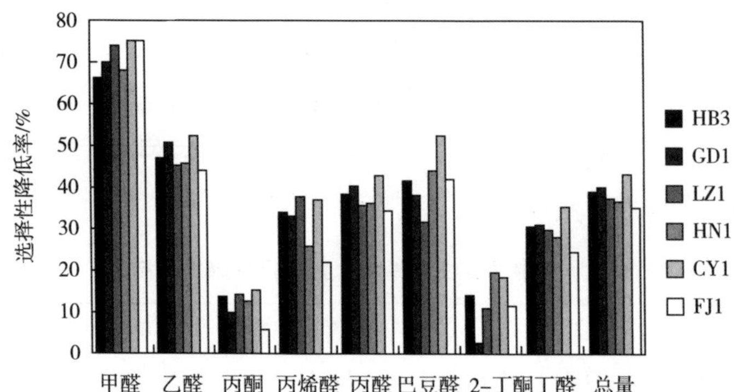

图 6-13　实验卷烟烟气羰基化合物释放量选择性降低率（相对一元对照）

上述结果表明多孔聚合物材料对卷烟烟气中挥发性羰基化合物具有显著的选择性降低性能，且具有广泛的适用性。

实验卷烟主流烟气中 7 种有害成分的分析结果（表 6-34）表明，相对二元对照样品（图 6-14），试验卷烟 H 下降 0.4～0.8；相对一元对照样品（图 6-15），试验卷烟 H 下降 0.1～0.5。除巴豆醛外其他 6 种有害成分释放量变化均在分析测试误差之内，表明多孔聚合物材料对卷烟烟气中巴豆醛的选择性降低效果较显著。

表 6-34　　卷烟主流烟气 7 种有害成分释放量分析结果

样品名称	CO/（mg/支）	HCN/（μg/支）	NNK/（ng/支）	NH_3/（μg/支）	B［a］P/（ng/支）	苯酚/（μg/支）	巴豆醛/（μg/支）	*H*
二元对照	12.5	119.3	4.8	8.5	13.8	19.4	23.3	10.4
一元对照	12.3	121.9	4.9	8.3	12.9	19.4	23.3	10.2
HB3	13.0	129.5	5.1	9.2	14.3	17.6	14.7	10.0
二元对照	10.6	121.2	5.7	7.6	9.3	13.4	18.4	8.8
一元对照	11.1	131.4	5.6	7.4	8.3	11.8	16.3	8.5
GD1	10.3	120.6	5.6	7.9	8.7	12.5	10.6	8.0
二元对照	11.0	107.8	4.4	8.2	7.7	10.7	21.1	8.3
一元对照	11.1	98.6	4.3	7.7	7.5	8.8	20.1	7.8
LZ1	11.3	106.7	4.4	8.2	7.3	9.7	14.8	7.7
二元对照	12.3	124.4	4.3	7.7	10.8	15.8	27.9	9.8
一元对照	11.9	130.8	4.4	7.5	9.7	15.6	25.1	9.4
HN1	12.8	126.7	4.5	8.2	10.7	15.5	14.9	9.0
二元对照	10.8	114.3	3.8	9.4	11.2	13.5	22.3	9.1
一元对照	10.6	107.3	3.8	8.8	10.9	12.4	22.1	8.8
CY1	10.6	115.2	4.0	10.0	11.1	12.5	11.1	8.3
二元对照	12.0	128.9	5.3	9.5	13.3	12.5	21.1	9.9
一元对照	11.5	107.7	5.2	9.3	11.9	12.0	21.9	9.4
FJ1	12.1	120.2	5.3	10.3	12.5	11.5	12.9	9.2

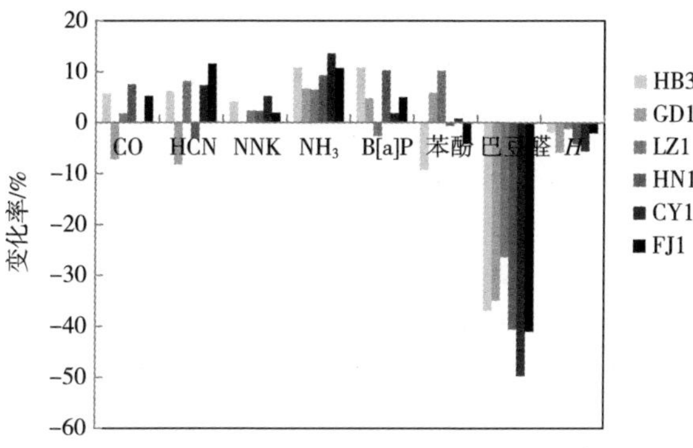

图 6-14　实验卷烟烟气有害成分释放量变化率（相对二元对照）

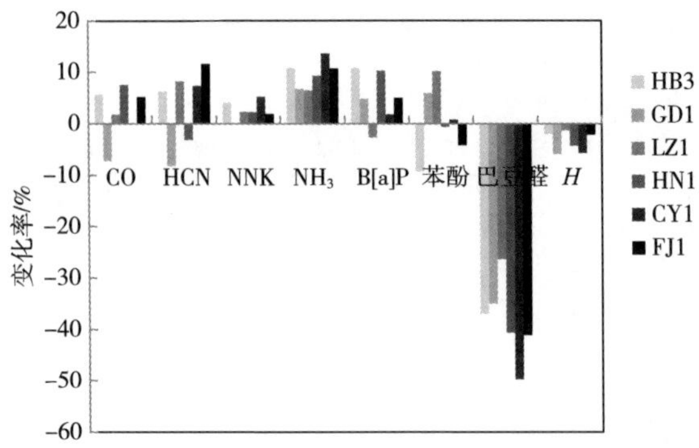

图 6-15　试验卷烟烟气其他有害成分释放量变化率（相对一元对照）

（2）感官质量评价　评吸结果表明，与对照卷烟相比，实验卷烟的风格特征保持一致，香气质和香气量相同，LZ1、HN1 和 CY1 卷烟余味微有不适，总体质量基本一致。

2. 稳定性评价

将 HB3 实验卷烟置于室温避光条件下，按 0，2，4，6 个月分别取样，进行卷烟主流烟气中主要有害成分释放量分析和感官评吸，考察材料对挥发性羰基化合物释放量和感官质量的变化情况。

（1）减害效果稳定性　选用添加多孔聚合物材料的卷烟 HB3 以及二元对照卷烟，依次按 0，2，4，6 个月取样，考察卷烟挥发性羰基化合物释放量变化情况。

如表 6-35 所示，在 0~6 个月，对照卷烟焦油释放量为 14.7~15.5mg/支，相对标准偏差为 2.4%，烟碱释放量为 1.4~1.5mg/支，相对标准偏差为 4.0%，CO 释放量为 12.2~12.8mg/支，相对标准偏差为 2.0%；HB3 卷烟焦油释放量为 14.7~15.6mg/支，相对标准偏差为 2.7%，烟碱释放量为 1.3~1.5mg/支，相对标准偏差为 5.8%，CO 释放量为 12.4~13.1mg/支，相对标准偏差为 2.4%。说明放置 6 个月内，对照卷烟和实验卷烟 HB3 常规烟气成分释放量基本保持不变。

表 6-35　卷烟烟气常规成分释放量分析

放置时间/月	样品名称	CO/(mg/支)	焦油/(mg/支)	烟碱/(mg/支)
0	二元对照	12.5	15.1	1.5
	HB3	13.0	15.4	1.4

续表

放置时间/月	样品名称	CO/(mg/支)	焦油/(mg/支)	烟碱/(mg/支)
2	二元对照	12.4	14.7	1.4
	HB3	12.8	15.0	1.4
4	二元对照	12.8	15.5	1.5
	HB3	13.1	15.6	1.5
6	二元对照	12.2	14.8	1.4
	HB3	12.4	14.7	1.3

如表 6-36 结果显示，在 0～6 个月，对照卷烟甲醛释放量为 155.7～164.6μg/支，相对标准偏差为 2.6%，乙醛释放量为 687.9～713.6μg/支，相对标准偏差为 1.7%，丙酮释放量为 258.8～298.3μg/支，相对标准偏差为 6.5%，丙烯醛释放量为 73.7～78.5μg/支，相对标准偏差为 2.6%，丙醛释放量为 57.8～64.2μg/支，相对标准偏差为 4.4%，巴豆醛释放量为 21.6～24.2μg/支，相对标准偏差为 4.7%，2-丁酮释放量为 61.8～71.5μg/支，相对标准偏差为 6.8%，丁醛释放量为 30.8～35.3μg/支，相对标准偏差为 6.7%，挥发性羰基化合物总量释放量为 1354.8～1415.4μg/支，相对标准偏差为 1.8%。

HB3 卷烟甲醛释放量为 60.1～64.4μg/支，相对标准偏差为 2.9%，乙醛释放量为 406.8～434.8μg/支，相对标准偏差为 3.4%，丙酮释放量为 259.0～286.9μg/支，相对标准偏差为 4.3%，丙烯醛释放量为 56.3～62.3μg/支，相对标准偏差为 5.4%，丙醛释放量为 39.3～46.9μg/支，相对标准偏差为 7.4%，巴豆醛释放量为 13.6～16.6μg/支，相对标准偏差为 8.4%，2-丁酮释放量为 62.4～69.1μg/支，相对标准偏差为 5.1%，丁醛释放量为 25.0～28.4μg/支，相对标准偏差为 5.9%，挥发性羰基化合物总量释放量为 922.8～995.9μg/支，相对标准偏差为 3.2%。

表 6-36　卷烟主流烟气挥发性羰基化合物释放量分析结果　单位：μg/支

放置时间/月	样品名称	甲醛	乙醛	丙酮	丙烯醛	丙醛	巴豆醛	2-丁酮	丁醛	总量
0	二元对照	164.6	695.2	276.7	78.5	60.8	23.3	65.1	34.4	1398.6
	HB3	62.2	421.3	276.6	61.5	42.3	14.7	64.2	26.7	969.5

续表

放置时间/月	样品名称	甲醛	乙醛	丙酮	丙烯醛	丙醛	巴豆醛	2-丁酮	丁醛	总量
2	二元对照	157.6	687.9	263.0	73.7	57.8	21.6	61.8	31.4	1354.8
	HB3	60.1	406.8	259.0	56.5	39.3	13.6	62.4	25.0	922.8
4	二元对照	163.0	713.6	258.8	75.1	59.9	23.0	62.5	30.8	1386.6
	HB3	64.4	403.7	286.9	62.3	43.9	14.7	68.9	28.4	973.2
6	二元对照	155.7	690.4	298.3	76.0	64.2	24.2	71.5	35.3	1415.4
	HB3	63.2	434.8	280.8	56.3	46.9	16.6	69.1	28.2	995.9

上述结果表明在放置6个月内，对照卷烟和实验卷烟HB3挥发性羰基化合物释放量基本保持不变。与二元对照卷烟相比，HB3卷烟主流烟气中挥发性羰基化合物总量的选择性降低率稳定在30%以上，其中巴豆醛的选择性降低率亦稳定在30%以上。

如表6-37所示，在0~6个月，对照卷烟CO释放量为12.2~12.8mg/支，相对标准偏差为2.0%，HCN释放量为115.8~129.5μg/支，相对标准偏差为3.9%，NNK释放量为4.5~5.1ng/支，相对标准偏差为5.3%，氨释放量为8.0~9.8μg/支，相对标准偏差为9.2%，B［a］P释放量为12.7~14.2ng/支，相对标准偏差为4.6%，苯酚释放量为18.5~20.5μg/支，相对标准偏差为4.5%，巴豆醛释放量为21.6~24.2μg/支，相对标准偏差为4.7%。

HB3卷烟CO释放量为12.4~13.1mg/支，相对标准偏差为2.4%，HCN释放量为115.3~134.5μg/支，相对标准偏差为6.4%，NNK释放量为4.9~5.2ng/支，相对标准偏差为2.1%，氨释放量为8.4~10.2μg/支，相对标准偏差为8.0%，B［a］P释放量为13.2~15.0ng/支，相对标准偏差为5.6%，苯酚释放量为18.5~20.5μg/支，相对标准偏差为6.1%，巴豆醛释放量为13.6~16.6μg/支，相对标准偏差为8.4%。

表6-37　卷烟主流烟气7种有害成分释放量结果

放置时间/月	样品名称	CO/（mg/支）	HCN/（μg/支）	NNK/（ng/支）	NH_3/（μg/支）	B［a］P/（ng/支）	苯酚/（μg/支）	巴豆醛/（μg/支）	H
0	二元对照	12.5	119.3	4.8	8.5	13.8	19.4	23.3	10.4
	HB3	13.0	129.5	5.1	9.2	14.3	17.6	14.7	10.0

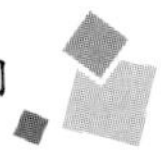

续表

放置时间/月	样品名称	CO/(mg/支)	HCN/(μg/支)	NNK/(ng/支)	NH_3/(μg/支)	B[a]P/(ng/支)	苯酚/(μg/支)	巴豆醛/(μg/支)	*H*
2	二元对照	12.4	116.5	4.5	8.0	12.7	18.5	21.6	9.8
	HB3	12.8	115.3	4.9	8.4	13.2	16.3	13.6	9.3
4	二元对照	12.8	126.0	5.0	8.3	14.2	20.5	23.0	10.6
	HB3	13.1	134.5	5.1	9.3	14.7	18.8	14.7	10.2
6	二元对照	12.2	115.8	5.1	9.8	13.7	18.9	24.2	10.6
	HB3	12.4	126.4	5.2	10.2	15.0	17.0	16.6	10.3

上述结果表明在放置6个月内，对照卷烟和实验卷烟HB3挥发性羰基化合物及其他6种有害成分释放量变化较小。

（2）感官质量稳定性 卷烟感官评价结果（表6-38）表明，HB3卷烟放置6个月，与对照卷烟相比，光泽、香气、谐调未发生变化，杂气、刺激性和余味略有波动，变化量很小，说明HB3卷烟的感官质量基本稳定，整体风格与二元对照卷烟差异不大，香气风格一致。

表6-38 卷烟感官质量变化

放置时间/月	样品	光泽(5)	香气(32)	谐调(6)	杂气(12)	刺激性(20)	余味(25)	合计(100)
0	二元对照	5.0	30.0	5.0	11.2	17.4	23.2	91.8
	HB3	5.0	30.0	5.0	11.0	17.4	23.0	91.4
2	二元对照	5.0	30.0	5.0	10.9	17.4	23.0	91.3
	HB3	5.0	30.0	5.0	10.7	17.2	23.0	90.9
4	二元对照	5.0	30.0	5.0	11.3	17.6	22.8	91.7
	HB3	5.0	30.0	5.0	11.2	17.6	22.7	91.5
6	二元对照	5.0	30.0	5.0	11.0	17.0	23.0	91.0
	HB3	5.0	30.0	5.0	10.9	17.0	22.9	90.8

上述研究结果表明，将降低挥发性羰基化合物性能较佳的卷烟HB3放置6个月，卷烟主流烟气挥发性羰基化合物及其他6种有害成分释放量变化较

小。与二元对照卷烟相比，HB3 卷烟主流烟气中挥发性羰基化合物总量的选择性降低率稳定在 30%以上，其中巴豆醛的选择性降低率亦稳定在 30%以上，且卷烟感官质量基本稳定，整体风格与二元对照卷烟差异不大，香气风格一致。

第七章
极性材料的合成及其在降低烟气巴豆醛释放量上的应用

通过筛选具有特殊结构的常用基础材料，对材料进行物理结构修饰和表面化学修饰，制备能够选择性降低卷烟烟气巴豆醛的极性滤嘴添加材料。通过优化材料的制备和添加方式，将材料应用于卷烟样品，实现烟气中巴豆醛释放量的降低。

第一节　极性材料的制备和评价

一、极性材料基材的筛选

选择两类颗粒材料作为基材进行研究：①天然植物颗粒材料——选择具有特殊微观结构和特殊活性成分的植物茎、梗、果及根制备颗粒作为基材进行研究。②非植物颗粒材料——选择具有粗糙表面、多孔结构、大比表面积以及含有活性化学基团的无机或有机颗粒材料作为基材进行研究。

采用氮气吸附检测（BET）检测、扫描电子显微镜（SEM）分析、固相微萃取-气质联用分析（SPWM-GC-MS）分析、基团表面酸碱性分析、傅里叶红外光谱（FT-IR）分析等表征方法对 13 种颗粒基材（表 7-1）进行表征，通过实验室烟气评价筛选对巴豆醛具有明显降低作用的基材。

表 7-1　　颗粒基材信息

类别	编号	名称	主要特征
天然植物类颗粒	G-1-0	铁观音茶梗	茶多酚、儿茶素等活性成分
	G-2-0	软木	多孔结构
	G-3-0	玉米秆	纤维素、半纤维素和木质素等成分
	G-4-0	核桃壳颗粒	核桃醌、氢化胡桃醌，β-葡萄糖苷、鞣质、没食子酸等活性成分
	G-5-0	炒骨碎补	淀粉、葡萄糖、柚皮苷等成分
	G-6-0	侧柏叶	挥发油、黄酮、鞣质等活性成分
	G-7-0	炒续断	环烯醚萜糖苷等活性成分

续表

类别	编号	名称	主要特征
非植物类颗粒	G-8-0	硅藻土	$SiO_2 \cdot nH_2O$、含少量 Al_2O_3、Fe_2O_3、CaO、MgO 等、表面羟基
	G-9-0	硅胶	$mSiO_2 \cdot nH_2O$、表面羟基
	G-10-0	聚苯乙烯树脂	微孔结构、高比表面积
	G-11-0	活性炭	微孔结构、高比表面积
	G-12-0	*X* 型分子筛	硅铝酸盐、硅氧和铝氧四面体组成的 FAU 型骨架结构
	G-13-0	γ 型氧化铝	高比表面积、表面氨基

1. 材料结构表征

（1）氮气吸附分析　采用氮气吸附分析仪对植物颗粒基材的比表面积以及孔结构进行分析。

BET 检测结果（表 7-2）显示，植物颗粒（G-1-0、G-2-0、G-3-0、G-4-0、G-5-0、G-6-0 和 G-7-0）的比表面积较小，孔容也较小，有别于传统吸附材料。植物颗粒主要是通过截留烟气气溶胶粒子降低卷烟危害性。非植物颗粒中，G-8-0 和 G-12-0 比表面积略小；G-9-0 以及 G-10-0 具有中等比表面积，G-13-0 比表面积最大。此外，G-13-0 孔容最大，其次为 G-9-0 和 G-11-0，G-12-0 和 G-8-0 的孔容最小。

表 7-2　　颗粒基材的比表面积和孔结构检测

材料编号	比表面积/(m^2/g)	孔容/(cm^3/g)
G-1-0	0.6	0.00
G-2-0	1.1	0.00
G-3-0	1.3	0.00
G-4-0	2.1	1.76
G-5-0	0.5	0.00
G-6-0	0.5	0.00
G-7-0	1.4	0.00
G-8-0	178.6	0.07
G-9-0	396.4	0.89

续表

材料编号	比表面积/(m^2/g)	孔容/(cm^3/g)
G-10-0	451.1	0.18
G-11-0	758.6	0.43
G-12-0	289.3	0.18
G-13-0	970.1	1.11

（2）扫描电子显微镜（SEM）分析　材料的表面形态，粗糙度影响着烟气气溶胶的行进路线，还影响材料对烟气粒子的截留效率。颗粒基材SEM图片（图7-1）显示：①G-3-0、G-6-0以及G-7-0呈现规则的细胞腔结构。②G-1-0及G-5-0材料呈现无规粗糙表面。③G-4-0除了可以观察到细胞腔体，在其细胞壁上还有微小的孔洞存在。④G-2-0表面为皱褶结构。植物颗粒的这种粗糙的表面形态能够扰乱烟气，起到截留烟气气溶胶粒子的作用。⑤天然无机吸附材料G-8-0为具有规则孔分布的筛盘结构。⑥G-10-0和G-13-0为球状结构，其中G-10-0为表面光滑，内部呈现从微孔到大孔结构兼具的三维多孔结构；而G-13-0表面呈现裂隙结构。⑦G-9-0、G-11-0和G-12-0呈现无规固体结构，其中G-9-0与G-11-0表面相对光滑，但仍然分布有一些孔结构；G-12-0表面较为粗糙，分布大量的微孔结构。

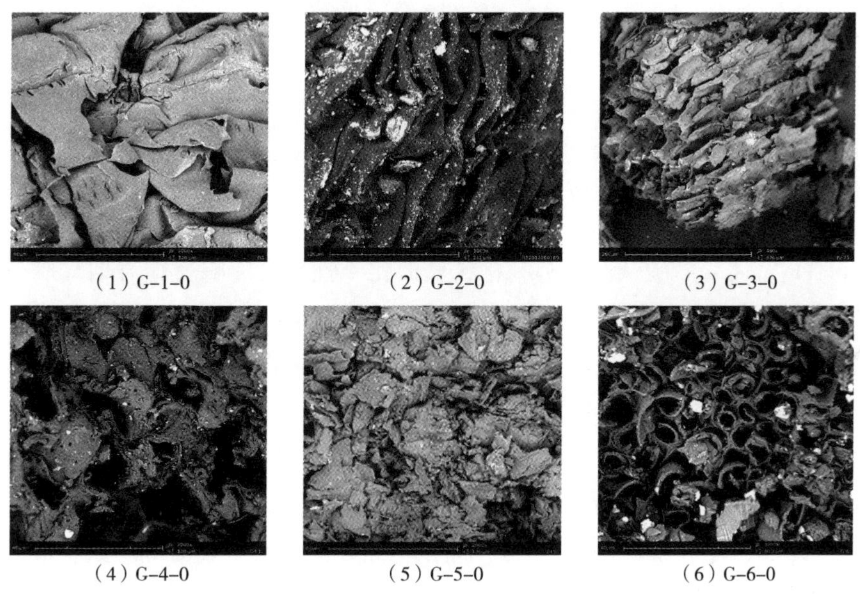

（1）G-1-0　（2）G-2-0　（3）G-3-0

（4）G-4-0　（5）G-5-0　（6）G-6-0

图7-1　颗粒基材SEM图片

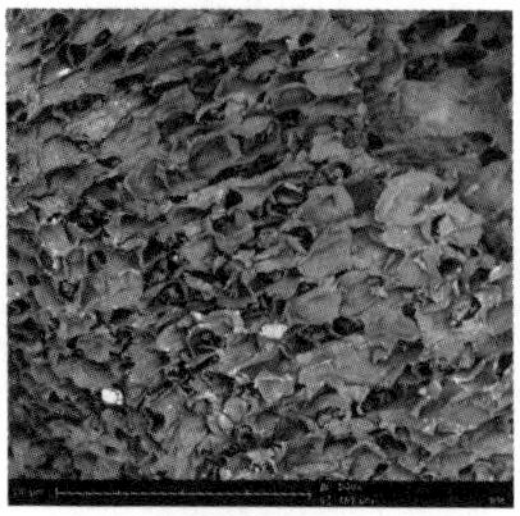

(7) G-7-0 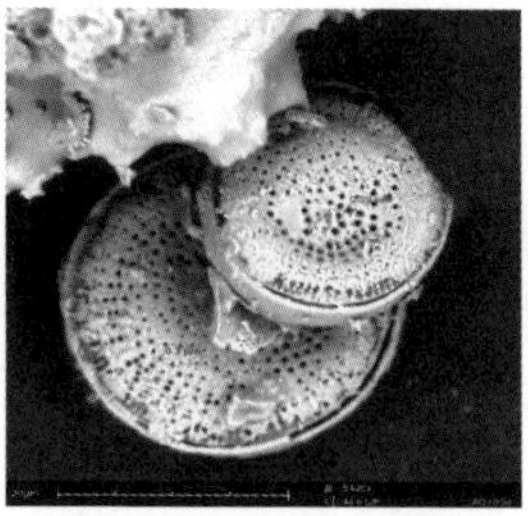　　(8) G-8-0 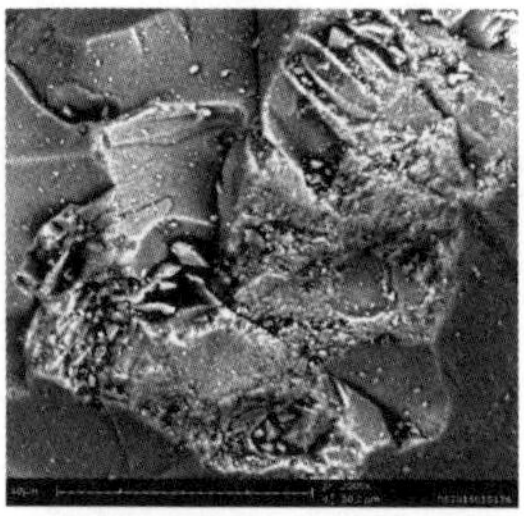　　(9) G-9-0

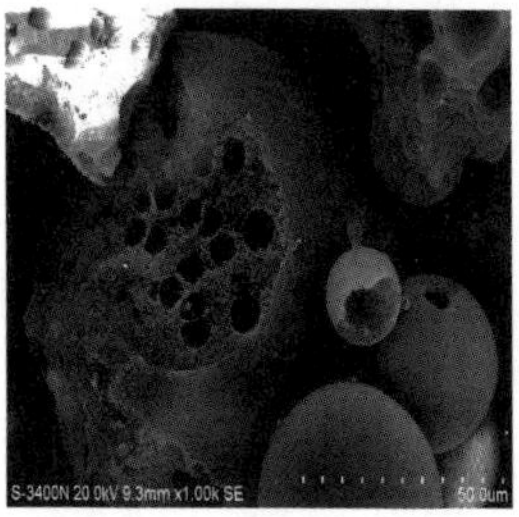

(10) G-10-0　　(11) G-11-0 　　(12) G-12-0

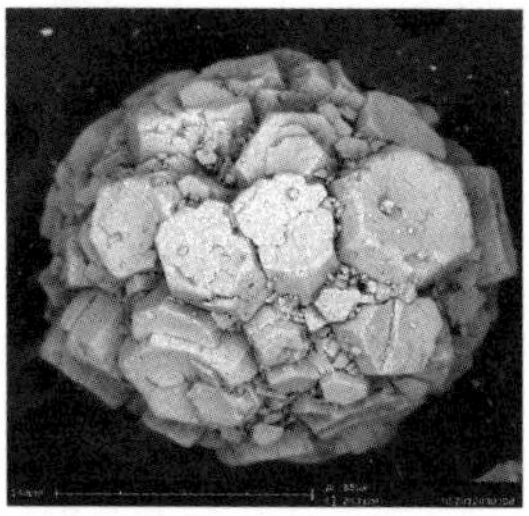

(13) G-13-0

图 7-1　颗粒基材 SEM 图片（续）

(3) 基团表面酸碱性分析　材料表面化学性质是影响材料对烟气成分吸附选择性的重要因素，因此采用 Bohem 方法对非植物颗粒的表面酸碱性基团的数量以及表面酸碱性进行分析，结果见表 7-3 和图 7-2。非植物颗粒基材中，呈现表面酸性的材料有 1 个，为 G-12-0；中性表面材料 3 个，为 G-9-0、G-8-0 以及 G-11-0；碱性表面材料 2 个，为 G-10-0 和 G-13-0。材料表面酸碱性位点最多的为 G-10-0，总酸碱基团数量为 2.47mmol/g；G-12-0，G-13-0、G-8-0 以及 G-9-0 的基团数量相当，其中表面基团数量最低的为 G-11-0，其总酸碱基团量为 0.69mmol/g。

表 7-3 非植物颗粒表面酸碱性分析

材料编号	总酸性基团 TA/(mmol/g)	总碱性基团 TB/(mmol/g)	总酸性基团-总碱性基团 (TA-TB)/(mmol/g)
G-8-0	0.53	0.57	-0.04
G-9-0	0.64	0.53	0.11
G-10-0	0.69	1.78	-1.09
G-11-0	0.38	0.31	0.07
G-12-0	0.99	0.56	0.43
G-13-0	0.45	0.85	-0.40

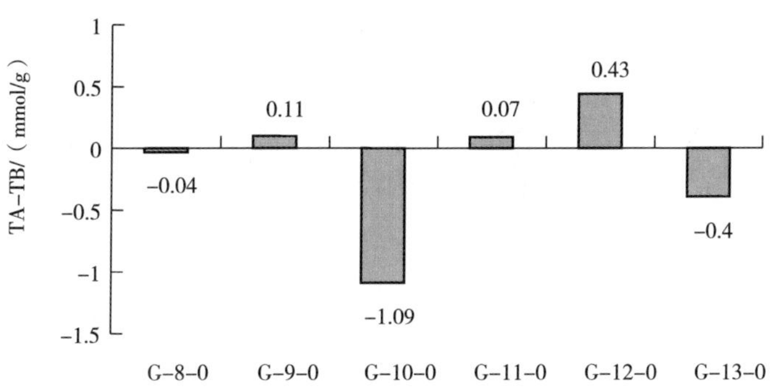

图 7-2 非植物颗粒表面酸碱性分析

注：正为酸性，负为碱性。

(4) 傅里叶红外光谱（FT-IR）分析 采用 FT-IR 方法分析非植物颗粒表面的基团特性，结果见表 7-4。由 FT-IR 谱图可知，非植物颗粒基材上均含有一定的极性亲水性基团，这些极性亲水性基团主要以羟基和氨基为主。G-10-0 和 G-13-0 颗粒均含有一定数量的氨基，故而其表面呈现碱性及弱碱性特性，G-10-0 和 G-13-0 表面的氨基能够与巴豆醛发生亲核反应，从而能够选择性吸附烟气中的低分子醛酮（巴豆醛）。G-8-0、G-9-0 和 G-10-0 基材颗粒所含的亲水性基团为羟基，羟基与苯酚之间有形成氢键的可能，从而增强材料表面与苯酚的吸附作用。

表 7-4　　颗粒红外特征基团

样品编号	FT-IR 特征基团
G-8-0	—OH,
G-9-0	—OH,
G-10-0	—OH，芳环—C ═C—，—NH_2
G-11-0	—C—C—
G-12-0	—OH,
G-13-0	—OH，—NH_2

2. 实验室烟气评价

以成品卷烟作为载体，采用实验室模拟评价方法分析并评价基材降害性能。烟气检测数据如表 7-5 所示。

表 7-5　　植物颗粒基材烟气数据（实验室评价）

样品编号	水分/（mg/支）	烟碱/（mg/支）	焦油/（mg/支）	口数/（口/支）	一氧化碳/（mg/支）	巴豆醛/（μg/支）
对照	1.9	1.2	12.8	7.7	15.9	21.9
G-1-0	1.9	1.2	12.7	7.9	15.8	21.4
G-2-0	1.9	1.2	12.7	7.7	15.8	21.3
G-3-0	2.0	1.2	12.6	7.8	15.7	23.8
G-4-0	1.9	1.2	12.7	7.7	15.8	20.1
G-5-0	1.7	1.1	12.7	7.5	15.6	21.6
G-6-0	1.9	1.2	12.6	7.6	15.6	18.9
G-7-0	1.7	1.2	12.8	7.7	15.6	19.1

对植物颗粒基材的烟气常规检测分析显示，植物颗粒基材对卷烟主流烟气的总粒相物、水分、烟碱、焦油及一氧化碳都没有影响，意味着植物颗粒的添加对滤棒的物理过滤效率影响较小。巴豆醛分析结果如图 7-3 所示，G-6-0 和 G-7-0 对巴豆醛有一定幅度的选择性降低，分别为 12.2%和 12.6%。

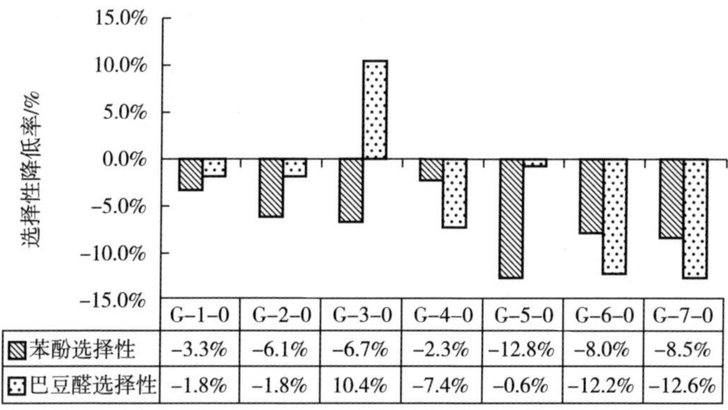

图 7-3　植物颗粒基材降害性能实验室评价

烟气常规检测数据分析（表 7-6）显示，非植物颗粒对烟气一氧化碳没有影响，对烟碱、总粒相物以及焦油的影响较小，但是降低烟气水分含量，可能导致卷烟抽吸刺激性增大。非植物颗粒基材表面有大量亲水性的羟基，对烟气水分的吸附能力较强。因此，与对照卷烟相比，添加非植物颗粒的卷烟，烟气水分释放量均明显下降，其中 G-12-0 烟气水分降低幅度最大为 24.6%。但非植物颗粒基材对烟气总粒相物、焦油以及烟碱的影响较小，可见，非植物颗粒基材对滤棒的过滤效率影响较小。不同非植物基材对有害成分（巴豆醛）的分析（图 7-4）显示：G-9-0 和 G-12-0 对巴豆醛的选择性均超过 15%，其中 G-9-0 为最高，达到 18.7%。

表 7-6　　非植物颗粒基材烟气数据（实验室评价）

样品编号	水分/（mg/支）	烟碱/（mg/支）	焦油/（mg/支）	抽吸口数/（口/支）	一氧化碳/（mg/支）	巴豆醛/（μg/支）
对照	2.5	1.0	10.3	7.0	11.1	23.4
G-8-0	2.0	1.0	9.7	7.0	11.0	18.9
G-9-0	2.0	1.0	10.1	7.3	11.3	18.6
G-10-0	1.9	1.0	10.4	7.2	11.6	20.5
G-11-0	2.1	1.0	9.7	7.1	10.9	19.1
G-12-0	1.9	1.0	9.7	6.9	11.4	18.3
G-13-0	2.0	1.0	9.7	7.4	11.3	19.6

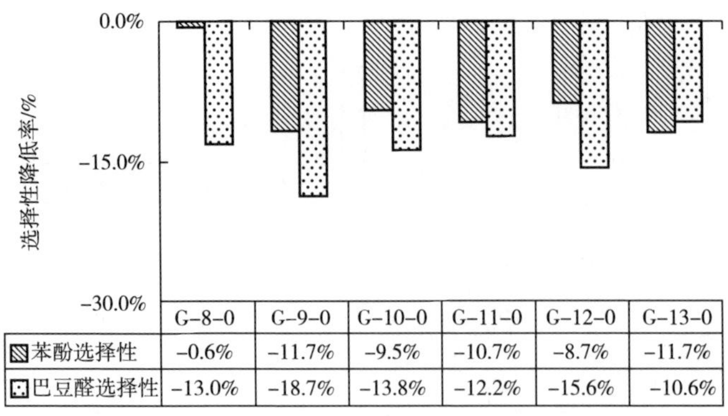

图 7-4 非植物颗粒基材降害性能实验室评价

综合以上分析，筛选出对巴豆醛具有明显降低作用的 G-9-0 基材，其对巴豆醛的选择降幅达到 18.7%。为进一步提高其降低巴豆醛的效果，后续将针对 G-9-0 进行化学修饰。

二、极性材料的修饰

1. 反应条件的优化

氨基能够与巴豆醛发生反应，且碱性的基团有利于苯酚的选择性吸附，因此选择氨基作为修饰基团增强颗粒对巴豆醛和苯酚的吸附能力和选择性，修饰工艺参数见表 7-7。分别向基材颗粒加入一定体积的助剂 A（乙醇溶液），室温搅拌数小时，过滤后，将颗粒置于烘箱中，处理一定时间后得到偶联预处理化的颗粒基材。分别将上述预处理的基材颗粒与一定体积的助剂 B（乙醇溶液）进行反应，回流反应一段时间后，冷却至室温，过滤，加入一定体积的醋酸水溶液处理数小时，过滤用 $NaHCO_3$ 水溶液洗涤至滤液呈现碱性，再用水洗至滤液为中性，再用乙醇洗涤 2~3 次。将洗涤后的颗粒置于烘箱中 120℃ 干燥，得到选择性降害颗粒材料。

表 7-7　　非植物颗粒基材 G-9-0 化学修饰工艺参数

步骤	因素	参数范围	关键控制点
预活化（助剂 A 预处理）	助剂 A 浓度	2%~20%	活化基团负载量*，颗粒产率
	助剂 A 用量	1~5 倍体积	
	处理温度	100~150℃	材料不分解，且乙醇含量低于 10%
	处理时间	0.5~8h	

续表

步骤	因素	参数范围	关键控制点
氨基修饰（助剂 B 修饰）	助剂 B 浓度	5~30%	基团负载量*，产率最高
	助剂 B 用量	1~5 倍体积	
	反应温度	25℃、78℃	
	反应时间	1~24h	
后处理	醋酸浓度	1%~10%	反应体系 pH<5
	醋酸用量	1~3 倍体积	
	处理时间	0.5~2h	
	$NaHCO_3$ 溶液用量	1~5 倍体积	体系 pH>9
	水用量	1~5 倍体积	体系 pH<8
	乙醇用量	1~3 倍体积	溶剂含量低于 7%，总胺（氨）低于 0.1%
	干燥时间	1~8h	

注：*活化基团负载量和基团负载量用颗粒含氮量（N%）表示。

以产率和活化基团负载量（用颗粒含氮量 N%表示）为导向，研究活化条件、胺基修饰条件和后处理条件对产率和 N%的影响，最后确定优化的条件（图 7-5~图 7-9）：①活化，5%助剂 A，2 倍体积，室温 0.5h，120℃，处理 4h。②氨基修饰，20%助剂 B，2 倍体积，78℃反应 8h。③后处理条件，5%醋酸溶液，2 倍体积，室温，处理 1h，2 倍体积的 10% $NaHCO_3$ 水溶液洗涤，用 3 倍体积水洗涤，1 倍体积 95%乙醇洗涤后于 120℃烘箱中干燥 4h。最终收率 80.4%，N%=3.36%。

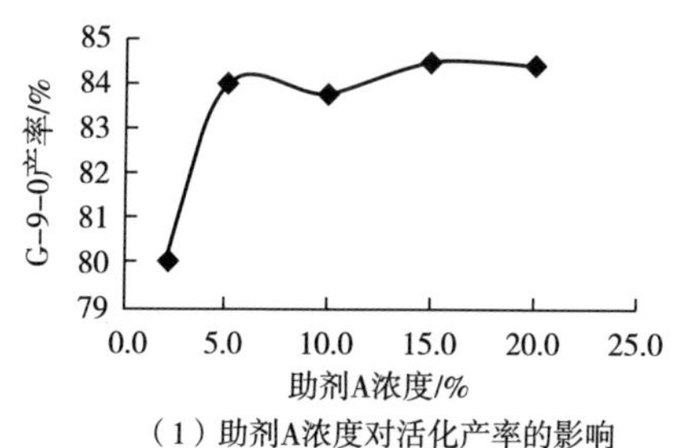

（1）助剂A浓度对活化产率的影响

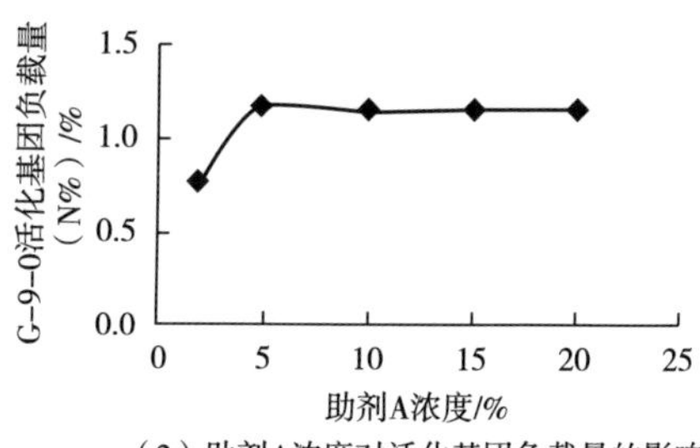

（2）助剂A浓度对活化基团负载量的影响

图 7-5　助剂 A 浓度优化

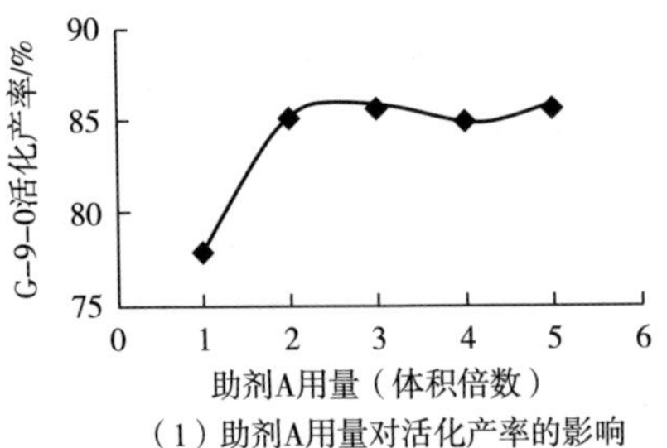

（1）助剂A用量对活化产率的影响

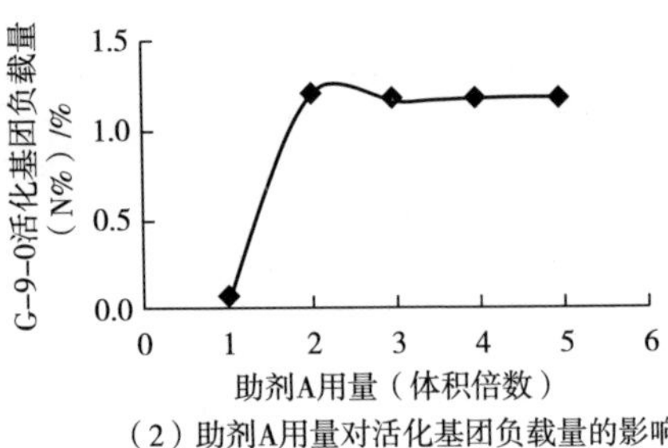

（2）助剂A用量对活化基团负载量的影响

图 7–6 活化助剂 A 用量优化

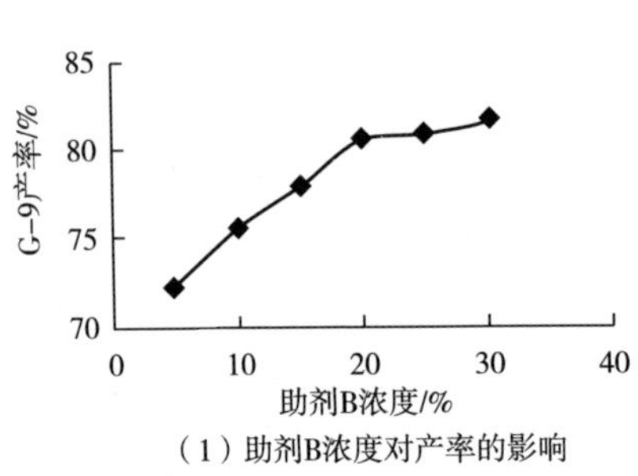

（1）助剂B浓度对产率的影响

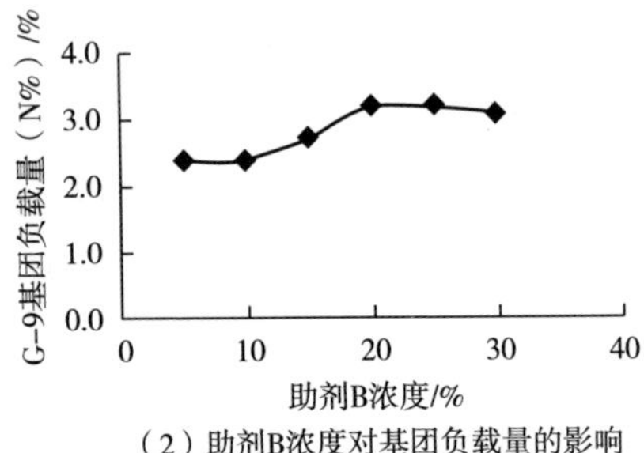

（2）助剂B浓度对基团负载量的影响

图 7–7 助剂 B 浓度优化

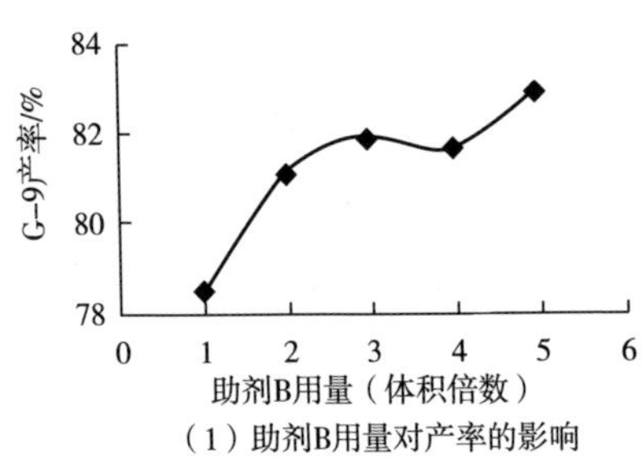

（1）助剂B用量对产率的影响

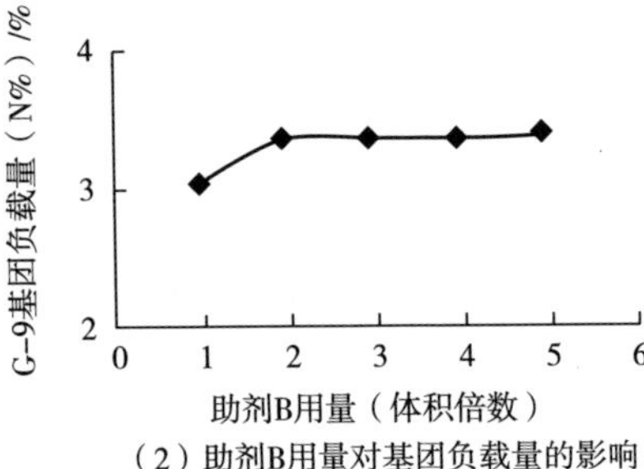

（2）助剂B用量对基团负载量的影响

图 7–8 助剂 B 用量优化

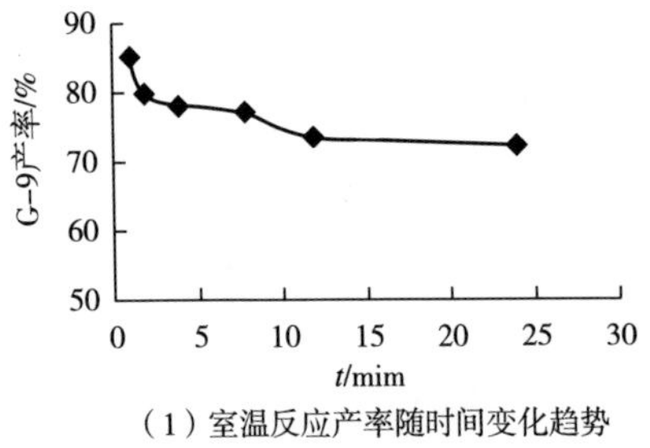

（1）室温反应产率随时间变化趋势

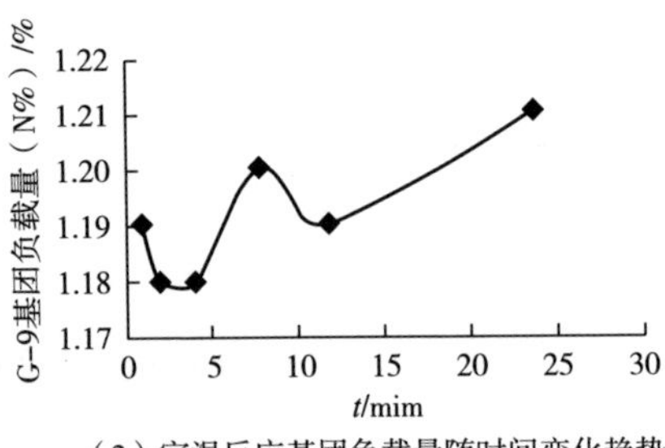

（2）室温反应基团负载量随时间变化趋势

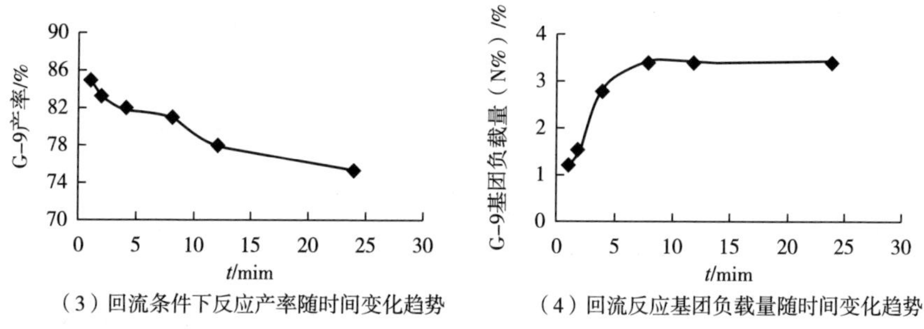

（3）回流条件下反应产率随时间变化趋势　（4）回流反应基团负载量随时间变化趋势

图 7-9　反应温度及时间优化

2. 极性功能材料表征

（1）FT-IR 和元素分析　采用 FT-IR 方法对材料 G-9-0 修饰前后表面基团的变化进行表征分析。相比基材而言，修饰得到的选择性降害颗粒材料 FT-IR 谱图（图 7-10），在 3500cm^{-1} 附近的吸收峰都发生了一定的变化，其中 G-9 相比 G-9-0 而言，峰形变窄但强度明显增加，说明 G-9-0 在修饰后表面缔合羟基减少，且由于表面负载大量氨基，其吸收明显增强；以上变化显示在基材颗粒的表面成功修饰了氨基基团。

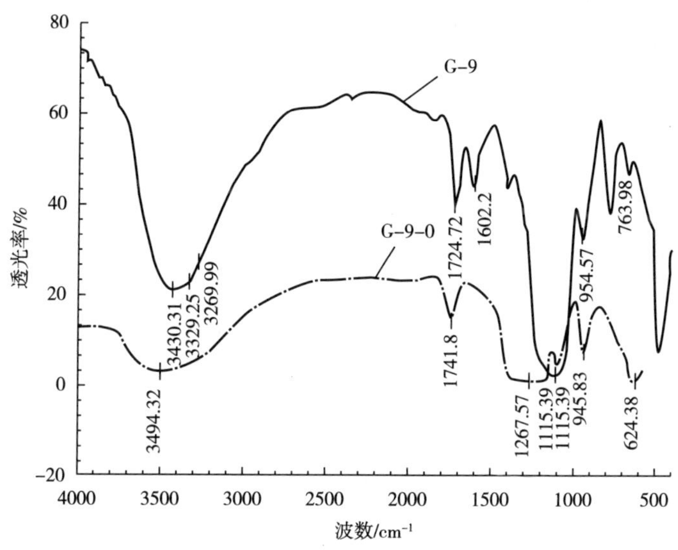

图 7-10　颗粒基材修饰前后表面基团变化

采用元素分析的方式对颗粒表面基团的负载量进行分析，见表 7-8。由于我们所采用的基材本身没有 N 元素，而后期修饰则是通过引入氨基实现巴豆醛的选择性降低，因此用颗粒 N 元素含量（N%）作为表征基团负载量的指标。

表 7-8　　N 元素分析与基团负载量

颗粒	N/%	端氨基量/(mmol/g)
G-9-0	0	—
G-9	3.36	2.41

从负载量以及末端氨基的量来看，G-9 的末端氨基量较高，能够反应作用于巴豆醛的主要以末端的伯氨基为主。说明进行修饰后，增强了 G-9 与巴豆醛的作用的可能性。

(2) 热稳定性　滤棒添加材料的稳定性对卷烟抽吸的安全性至关重要。为了确保选择性降害材料表面接枝的基团在滤棒及卷烟生产以及抽吸过程中不会发生脱落，我们对选择性降害颗粒材料的氨成分分析、热稳定性以及对水的敏感性进行评价。

采用热失重分析对选择性降害颗粒表面基团的热稳定性进行评价，结果见图 7-11。热失重分析（图 7-11）显示在 250℃以下，选择性降害材料不会发生分解和基团脱落，因而不会带来安全风险。这一分解起始温度完全能够满足滤棒及卷烟生产、储运以及抽吸的温度要求。

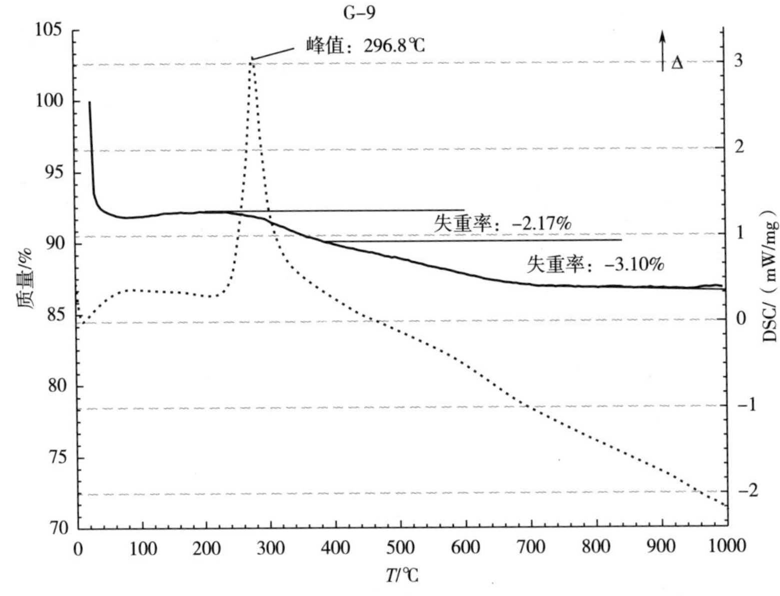

图 7-11　选择性降害颗粒材料 G-9 的热重曲线

（3）含水条件下稳定性　由于在滤棒以及卷烟的生产、储运和卷烟抽吸的过程中，水分是不可避免的，而酰胺键在水分存在时可能发生分解，因此我们对选择性降害材料对水分的敏感性进行研究，结果见表 7-9。将选择性降害材料在水中回流 8h 后，检测水溶液中的 NH_4^+/有机胺总量，从而了解基团脱落降解的概率。在严苛的条件下进行处理后，G-9 水溶液中 NH_4^+ 含量为 0.024mg/g，计算得到其基团脱落率为 0.071%，在 0.1%以下。因此，G-9 具有较高的稳定性和安全性。

表 7-9　　溶液中有机胺/铵根离子检测

样品编号	NH_4^+/（mg/g）	末端氨基量/（mmol/g）	基团脱落率/%	有机胺
G-9	0.024	2.41	0.071%	未检出

（4）有机胺和氨残留量分析　选择性降害材料制备过程中可能会出现氨基脱落的情况，并产生有机胺的副产物，由于有机胺具有一定的毒性，会对人体造成伤害，所以必须对选择性降害颗粒材料中残留的有机胺进行检测，确保有机胺在安全范围内。此外，由于有机胺中含有部分氨，因而会造成烟气中氨释放量的升高，所以还必须对氨成分进行分析评价，确保其不会导致烟气中氨释放量的升高。

采用离子色谱方法对有机胺/NH_4^+ 进行检测，结果见表 7-10。通过对 G-9 的检测分析：G-9 有氨的副产物，其含量为 0.01mg/g，在添加量低于 50mg 时，氨仅为 0.5μg，这一微量对整个主流烟气的氨释放量影响较小。因此，在进行应用时，G-9 具有较好的安全性。

表 7-10　　颗粒样品中有机胺（或 NH_4^+）的含量

样品名称	NH_4^+/（mg/g）	有机胺
G-9	0.01	未检出

（5）极性功能材料选择性降低巴豆醛效果评价　对卷烟样品的烟气常规指标进行检测分析，结果见表 7-11。烟气常规分析结果显示，G-9 修饰前后其对焦油、水分、烟碱释放量没有明显影响，因此修饰前后非植物颗粒材料对卷烟气溶胶的截留效率相当。苯酚和巴豆醛释放量测试结果显示，氨基修

饰后非植物颗粒 G-9 对主流烟气中苯酚以及巴豆醛的降低幅度均有不同程度的提升。苯酚的选择性降幅提升了 2.0%，巴豆醛选择性降幅提升 9.8%，G-9 对巴豆醛选择性降幅达到 29.0%，如图 7-12 所示。

表 7-11　　颗粒卷烟样品烟气常规指标

样品编号	水分/（mg/支）	烟碱/（mg/支）	焦油/（mg/支）	苯酚/（μg/支）	巴豆醛/（μg/支）
0	1.6	1.0	10.3	12.1	24.0
G-9-0	1.6	1.0	9.9	10.7	17.2
G-9	1.5	1.0	9.7	9.5	15.6

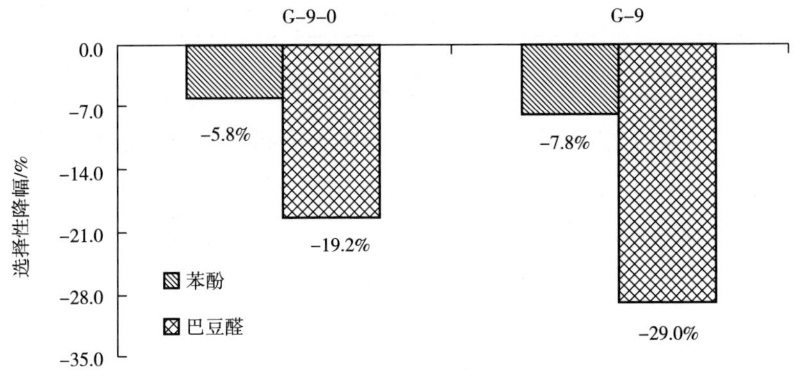

图 7-12　G-9-0 修饰前后降害性能比较

三、安全性评价

1. 鼠伤寒沙门菌回复突变试验（Ames 试验）结果

3 个烟用滤棒提取液 Ames 试验的测试剂量为 125μL/皿、250μL/皿、500μL/皿和 1000μL/皿，共计 4 个剂量。

在菌株 TA98（+S9）、TA98（-S9）、TA100（+S9）、TA100（+S9）检测体系下，检测结果均呈阴性，结果见表 7-12～表 7-15。采用 SPSS 16.0 软件的 one-way ANOVA 对 2 个受试滤棒提取液诱发的回复突变菌落数进行统计学分析，2 个受试样品间无统计学差异（$P>0.05$），且 G-9 与对照相比均无统计学差异（$P>0.05$）。

表 7-12　　滤棒样品的 Ames 试验结果［菌株 TA98（+S9）］

样品名称	检测编号	剂量/（μL/皿）	回复突变菌落数（均值±标准偏差）/（个/皿）	
			第一次①	第二次①
对照滤棒	AQY14120281	125	26. 67±0. 58	20. 67±2. 08
		250	24. 33±4. 62	22. 67±2. 52
		500	23. 67±2. 89	26. 33±2. 08
		1000	23. 33±2. 52	23. 33±1. 53
G-9 滤棒	AQY14120283	125	23. 67±3. 51	27. 67±3. 21
		250	23. 67±2. 89	32. 67±2. 08
		500	24. 00±6. 08	30. 33±1. 53
		1000	23. 33±4. 16	34. 33±1. 53
自发回复突变+S9			30. 33±1. 53	27. 33±2. 08
溶剂对照+S9②			26. 67±1. 53	24. 00±3. 61
阳性对照（2-乙酰氨基芴）			1928. 33±60. 67	1935. 67±82. 28

注：①第 1 次检测和第 2 次检测的回复菌落数之间的差异属于该试验的正常变异。

②溶剂对照采用无菌蒸馏水，剂量为 1000μL/皿。阳性对照采用 2-乙酰氨基芴，剂量为 10μL/皿。

表 7-13　　滤棒样品的 Ames 试验结果［菌株 TA98（-S9）］

样品名称	检测编号	剂量/（μL/皿）	回复突变菌落数（均值±标准偏差）/（个/皿）	
			第一次①	第二次①
对照滤棒	AQY14120281	125	26. 67±2. 08	25. 00±2. 00
		250	20. 00±1. 00	22. 00±2. 00
		500	24. 67±1. 53	24. 67±1. 53
		1000	24. 67±3. 06	26. 67±2. 52
G-9 滤棒	AQY14120283	125	21. 00±1. 00	22. 67±2. 52
		250	22. 67±1. 53	21. 67±2. 08
		500	28. 00±1. 00	24. 67±1. 53
		1000	23. 67±3. 21	24. 00±2. 65

续表

样品名称	检测编号	剂量/(μL/皿)	回复突变菌落数(均值±标准偏差)/(个/皿)	
			第一次[①]	第二次[①]
自发回复突变-S9			23.33±1.53	22.33±2.52
溶剂对照-S9[②]			24.33±0.58	25.00±2.65
阳性对照（2-硝基芴）			1440.67±91.00	1479.00±39.74

注：①第 1 次检测和第 2 次检测的回复菌落数之间的差异属于该试验的正常变异。

②溶剂对照采用无菌蒸馏水，剂量为 1000μL/皿。阳性对照采用 2-硝基芴，剂量为 4μL/皿。

表 7-14　滤棒样品的 Ames 试验结果［菌株 TA100（+S9）］

样品名称	检测编号	剂量/(μL/皿)	回复突变菌落数(均值±标准偏差)(个/皿)	
			第一次[①]	第二次[①]
对照滤棒	AQY14120281	125	155.33±17.62	143.33±4.73
		250	134.67±31.07	154.67±10.21
		500	171.33±4.51	155.67±10.91
		1000	111.67±5.77	162.33±7.51
G-9 滤棒	AQY14120283	125	153.67±18.23	174.00±12.53
		250	169.33±19.50	173.33±10.41
		500	131.00±17.06	169.33±11.02
		1000	133.33±13.65	157.00±7.00
自发回复突变+S9			159.00±25.71	168.33±5.69
溶剂对照+S9[②]			183.67±11.02	166.33±5.51
阳性对照（2-氨基蒽）			1622.33±66.01	1573.67±105.88

注：①第 1 次检测和第 2 次检测的回复菌落数之间的差异属于该试验的正常变异。

②溶剂对照采用无菌蒸馏水，剂量为 1000μL/皿。阳性对照采用 2-氨基蒽，剂量为 2μL/皿。

表 7-15　滤棒样品的 Ames 试验结果［菌株 TA100（-S9）］

样品名称	检测编号	剂量/(μL/皿)	回复突变菌落数(均值±标准偏差)/(个/皿)	
			第一次[①]	第二次[①]
对照滤棒	AQY14120281	125	155.33±7.02	151.00±13.11
		250	153.67±7.23	147.33±11.02
		500	162.00±6.08	149.00±9.54
		1000	143.33±6.51	148.67±6.03

续表

样品名称	检测编号	剂量/(μL/皿)	回复突变菌落数(均值±标准偏差)/(个/皿)	
			第一次①	第二次①
G-9 滤棒	AQY14120283	125	161. 33±31. 9	170. 00±17. 44
		250	144. 00±4. 58	178. 33±2. 08
		500	164. 67±13. 65	179. 33±9. 02
		1000	154. 33±12. 66	181. 67±8. 50
自发回复突变+S9			153. 33±12. 50	150. 33±6. 66
溶剂对照+S9②			150. 67±8. 33	151. 67±9. 61
阳性对照（叠氮化钠）			468. 00±19. 00	469. 33±21. 59

注：①第 1 次检测和第 2 次检测的回复菌落数之间的差异属于该试验的正常变异。

②溶剂对照采用无菌蒸馏水，剂量为 1000μL/皿。阳性对照采用叠氮化钠，剂量为 1μL/皿。

2. 中性红细胞毒性试验结果

2 个烟用滤棒提取液中性红细胞毒性试验的测试剂量为提取液原液 100%、原液 50%、原液 25%和原液 12. 5%，共计 4 个剂量。

2 个滤棒提取液的 4 个测试剂量产生的细胞抑制率均小于 50%，结果见表 7-16。采用 SPSS 16. 0 软件的 one-way ANOVA 对 2 个受试滤棒提取液产生的细胞抑制率进行统计学分析，2 个受试样品间无统计学差异（$P>0.05$），且 G-9 与对照相比均无统计学差异（$P>0.05$）。

表 7-16　　滤棒样品的中性红细胞毒性试验结果

送样名称	检测编号	剂量/%	细胞抑制率/%	
			第一次①	第二次①
对照滤棒	AQY14120281	12. 5	8. 87	9. 10
		25	15. 12	11. 15
		50	21. 56	24. 07
		100	40. 97	41. 88
G-9 滤棒	AQY14120283	12. 5	10. 32	5. 15
		25	13. 48	15. 30

续表

送样名称	检测编号	剂量/%	细胞抑制率/%	
			第一次①	第二次①
G-9 滤棒	AQY14120283	50	19.66	17.53
		100	48.10	42.47
阳性对照②		200μg/mL	96.46	91.84

注：①第 1 次检测和第 2 次检测的细胞抑制率之间的差异属于该试验的正常变异。
②阳性对照为十二烷基磺酸钠（SDS），剂量为 200μg/mL。

3. 体外微核试验结果

2 个滤棒提取液原液（剂量 100%）在中性红细胞毒性试验中测出的细胞抑制率均小于 50%，因此体外微核试验的测试剂量为提取液原液 100%、原液 50%、原液 25%和原液 12.5%，共计 4 个剂量。

2 个受试滤棒提取液的 4 个测试剂量与诱发的微核率无剂量反应关系，检测结果呈阴性，见表 7-17。采用 SPSS16.0 软件的 one-way ANOVA 对 2 个受试滤棒提取液诱发的微核率进行统计学分析，2 个受试样品间无统计学差异（$P>0.05$），且 G-9 与对照相比均无统计学差异（$P>0.05$）。

表 7-17　　滤棒样品的微核试验结果

送样名称	检测编号	剂量/%	微核率/%			
			第 1 片①	第 2 片①	第 3 片①	均值±标准偏差
对照滤棒	AQY14120281	12.5	21	15	10	15.33±5.51
		25	20	16	12	16.00±4.00
		50	22	16	11	16.33±5.51
		100	21	15	10	15.33±5.51
G-9 滤棒	AQY14120283	12.5	23	19	11	17.67±6.11
		25	22	20	14	18.67±4.16
		50	23	22	13	19.33±5.51
		100	19	24	15	19.33±4.51
阳性对照②（环磷酰胺）		0.2μg/mL	37	32	36	35.00±2.65
细胞空白		0	11	13	9	11.00±2.00

注：①3 次平行检测的细胞抑制率之间的差异属于该试验的正常变异。
②阳性对照为环磷酰胺，剂量为 0.2μg/mL。

第二节　极性材料的合成在降低烟气巴豆醛释放量上的应用

一、含有极性材料的滤棒制备

1. 调整滤棒丝束规格、丝束填充量和料棒白棒复合比

设计一系列滤棒，综合优化颗粒复合滤棒的丝束规格、丝束填充量和料棒白棒复合比（表 7-18），以期提升选择性降低巴豆醛的效果。

表 7-18　　滤棒参数设计

编号	成形纸/CU	颗粒添加量/(mg/mm)	长度比（料棒/白棒）	吸阻和丝束规格
0# 一元对照	6000	—	—	吸阻：4100Pa±200Pa 丝束规格：3. 0Y/32000
0-1 二元对照	12000	—	14/10	白棒：2650Pa，3. 9Y/31000 料棒：3450Pa，2. 4Y/34000
G-9-P1	12000	2	14/10	吸阻与一元对照、二元对照一致 白棒：2650Pa，3. 9Y/31000 料棒：3450Pa，2. 4Y/34000
G-9-P2	12000	2	10/14	吸阻与一元对照、二元对照一致 白棒：3100Pa，3. 3Y/35000 料棒：3550Pa，3. 0Y/32000
G-9-F1	12000	2	14/10	丝束填充量同二元对照一致 白棒：3. 9Y/31000 料棒：2. 4Y/34000

注：其余滤棒参数：圆周为（Φ）24. 1mm±0. 15mm；长度为（144mm±0. 5mm）/6 分切；硬度为 89%±3%；吸阻为 4100Pa±200Pa；三醋酸甘油酯比例 8%。

滤棒检测结果（表 7-19）显示：滤棒中颗粒实际添加量小于设计值，尤其是 G-9-F1 样品。除 G-9-F1 样品因为丝束添加量的提高导致吸阻有升高外，其余样品吸阻接近。

表 7-19　　滤棒物理参数

样品编号	颗粒添加量/(mg/mm)		颗粒添加量/(mg/支)	滤棒吸阻/Pa		C. V（吸阻）/%
	设计值	实测值		设计值	实测值	
0	—	—	—	4100±200	4010	1. 36
0-1	—	—	—	4100±200	4197	1. 04

续表

样品编号	颗粒添加量/(mg/mm)		颗粒添加量/(mg/支)	滤棒吸阻/Pa		C.V(吸阻)/%
	设计值	实测值		设计值	实测值	
G-9-P1	2	1.27	17.78	4100±200	4247	0.90
G-9-P2	2	1.21	12.10	4100±200	4060	1.56
G-9-F1	2	0.80	11.20	4100±200	4420	1.56

烟气分析结果（表 7-20）显示：增加料棒长度，提高丝束填充量对卷烟主流烟气焦油释放量没有太大影响，结果见图 7-13。增加料棒长度，可以显著提高复合滤棒对主流烟气中巴豆醛的选择性过滤效率，采用 G-9-P1 后巴豆醛选择性降低率最高，为 24.6%。增加丝束填充量后，可能是因为颗粒添加量减小，造成 G-9-F1 对主流烟气中巴豆醛的选择性降低率低于 G-9-P1，结果见图 7-14。综上所述，G-9-P1 是降低巴豆醛的较优方案。

表 7-20　　烟气焦油、巴豆醛及苯酚释放量

编号	烟碱/(mg/支)	焦油/(mg/支)	CO/(mg/支)	巴豆醛/(μg/支)	苯酚/(μg/支)
0	0.96	10.17	11.5	23.67	12.72
0-1	0.96	10.25	11.2	23.29	13.42
G-9-P1	0.96	9.79	10.9	18.21	12.66
G-9-P2	1.00	10.25	11.6	18.04	13.95
G-9-F1	0.95	9.42	11.4	19.05	12.48

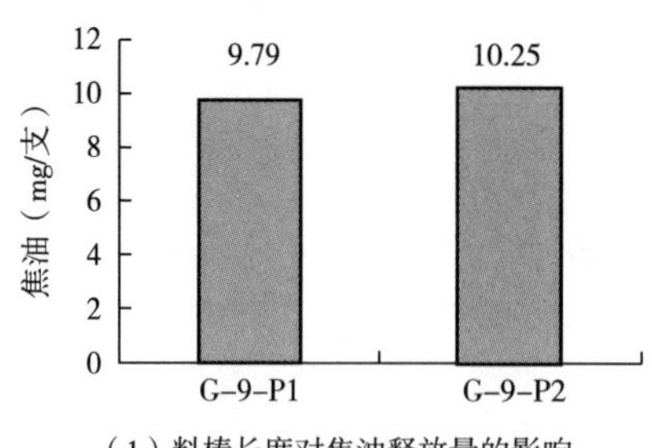

（1）料棒长度对焦油释放量的影响

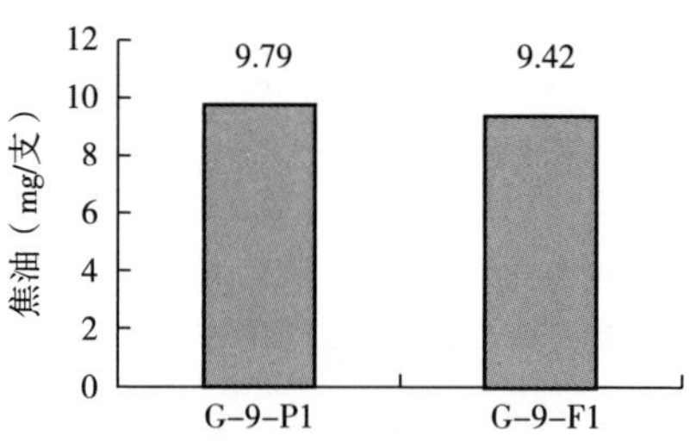

（2）丝束填充量对焦油释放量的影响

图 7-13　滤棒参数对焦油释放量的影响

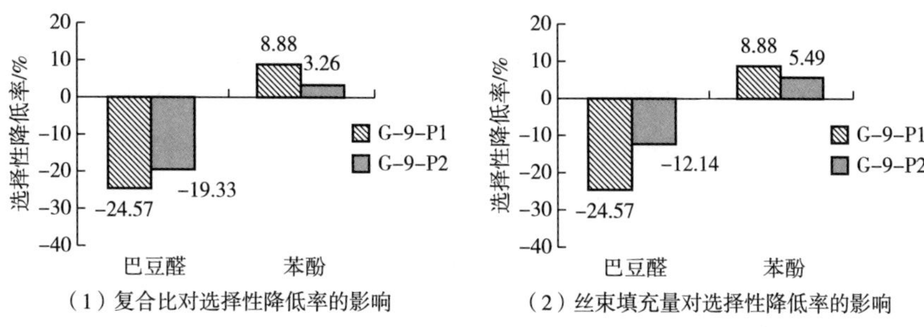

（1）复合比对选择性降低率的影响　（2）丝束填充量对选择性降低率的影响

图 7−14　滤棒参数对巴豆醛和苯酚选择性降低率的影响

2. 调整滤棒形式

为进一步提升滤棒的降害性能，对滤棒的形式进行优化（表 7−21），主要考察颗粒复合滤棒集成沟槽后，对烟气有害成分的影响。结合复合滤棒的情况，选择以外置半沟槽滤棒进行研究。

表 7−21　滤棒形式及参数

编号	成形纸/CU	颗粒添加量/（mg/mm）	复合比（料棒/白棒）	备注*
0	6000	—	—	吸阻：4100Pa±200Pa 丝束规格：3.0Y/32000
G−9−P1	12000	2	14/10	吸阻与 0#一致；白棒 2650Pa；料棒 3450Pa 丝束规格：白棒 3.9Y/31000；料棒 2.4Y/34000
G−9−G	12000	2	14/10	外沟槽滤棒，白棒 2650Pa；料棒 3450Pa 丝束规格：白棒 3.9Y/31000；料棒 2.4Y/34000

注：*其余滤棒参数：圆周为（Φ）24.1mm±0.15mm；长度为（144mm±0.5mm）/6 分切；硬度为 89%±3%；吸阻为 4100Pa±200Pa。

滤棒物理参数检测数据（表 7−22）显示，G−9−P1 与 G−9−G 颗粒添加量几乎无差异，且滤棒吸阻稳定性较好，变异系数在 3%以内。因此，符合卷烟样品分析比较的要求。

表 7-22　　滤棒及卷烟物理参数分析

样品编号	颗粒添加量/(mg/mm)		滤棒吸阻/Pa		C. V（吸阻）/%	吸阻/Pa	质量/g
	设计值	实测值	设计值	实测值			
0	—	—	4100	4010	1.36	1210	0.89
G-9-P1	2	1.27	4100	4247	0.90	1180	0.90
G-9-G	2	1.26	4100	4080	0.99	1200	0.92

烟气评价结果（表 7-23）显示，颗粒复合滤棒集成沟槽后，G-9-G 对巴豆醛的降幅要高于 G-9-P1，但由于 G-9-G 对焦油有一定的降幅，造成 G-9-G 对主流烟气中巴豆醛的降幅略低于 G-9-P1。综合来看，G-9-P1 效果最优。

表 7-23　　卷烟烟气数据对比

样品编号	烟碱/(mg/支)	焦油/(mg/支)	CO/(mg/支)	巴豆醛/(μg/支)	巴豆醛选择性降低率/%
0	0.93	10.30	11.65	23.67	—
G-9-P1	0.91	10.49	11.30	18.21	24.9
G-9-G	0.91	9.90	11.65	17.61	21.7

二、极性材料在卷烟上的应用

将开发的滤棒 G-9-P1 在卷烟上开展应用实验。

1. 烟气分析

从烟气结果（表 7-24）可以看出，与对照相比，焦油、烟碱、CO 基本稳定。与一元对照相比，添加极性材料的 G-9-P1 滤棒可以有效降低卷烟主流烟气中的巴豆醛，选择性降低率为 21.6%，同时，能选择性的降低 HCN10.2%，其卷烟危害性评价指数 H 从 9.0 降低至 8.5，降低了 0.5，见图 7-15；与二元对照相比，添加极性材料的 G-9-P1 滤棒可以有效降低卷烟主流烟气中的巴豆醛 23.8%，其卷烟危害性评价指数从 9.3 降低至 8.5，降低了 0.8，见图 7-16。

2. 感官评价

感官评价结果显示 G-9-P1 滤棒对卷烟的风格特征没有负面影响，感官质量与对照相比均无明显差异。

表 7-24　　烟气成分分析结果

样品	烟碱/(mg/支)	焦油/(mg/支)	CO/(mg/支)	HCN/(μg/支)	NNK/(ng/支)	NH_3/(μg/支)	B［a］P/(ng/支)	苯酚/(μg/支)	巴豆醛/(μg/支)	*H*
一元对照	0.98	11.9	11.1	121.1	6.0	7.4	12.1	11.7	16.5	9.0
二元对照	1.10	12.3	11.4	116.7	6.1	7.7	12.2	13.2	17.7	9.3
实验卷烟	1.04	11.6	11.6	105.6	6.1	7.3	12.1	11.2	12.5	8.5

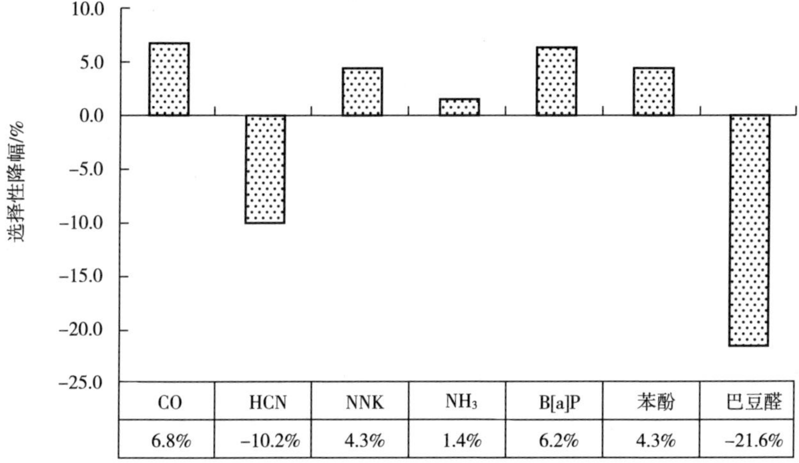

图 7-15　实验卷烟相比一元对照的七项有害成分选择性降低率

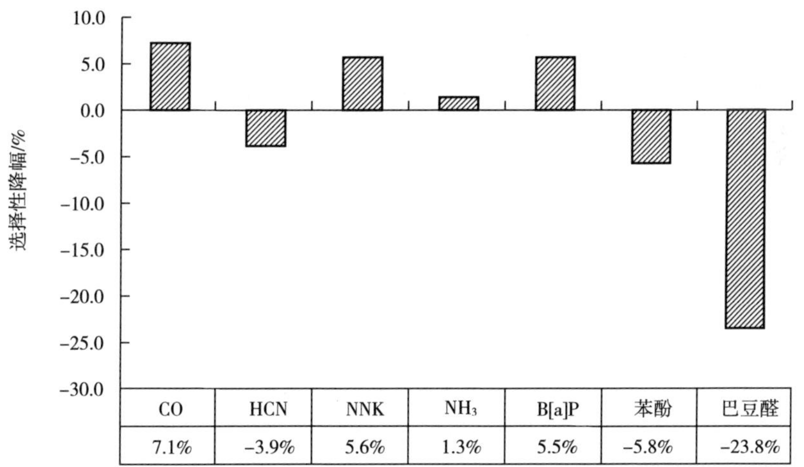

图 7-16　实验卷烟相比二元对照的七项有害成分选择性降低率

3. 减害性能稳定性

分别抽取刚制样、保存 3 个月、6 个月以及 12 个月的同一批卷烟中试样品按照标准方法检测主流烟气中焦油和巴豆醛释放量，结果如表 7-25 和图 7-17。保存 3 个月、6 个月以及 12 个月的同一批卷烟中试样品，焦油具有良好的稳定性，巴豆醛降低率具有良好的稳定性，G-9-P 对巴豆醛的选择性降低率均稳定在 20%以上。

表 7-25　　保存时间对焦油释放量的影响

样品编号	焦油/(mg/支)				巴豆醛/(μg/支)			
	0 个月	3 个月	6 个月	12 个月	0 个月	3 个月	6 个月	12 个月
一元对照	11.3	11.9	11.5	11.7	21.3	19.2	20.6	18.8
二元对照	11.4	11.3	11.5	11.3	19.6	18.9	19.1	18.9
实验卷烟	11.2	11.6	11.8	11.2	16.1	14.2	15.7	14.1

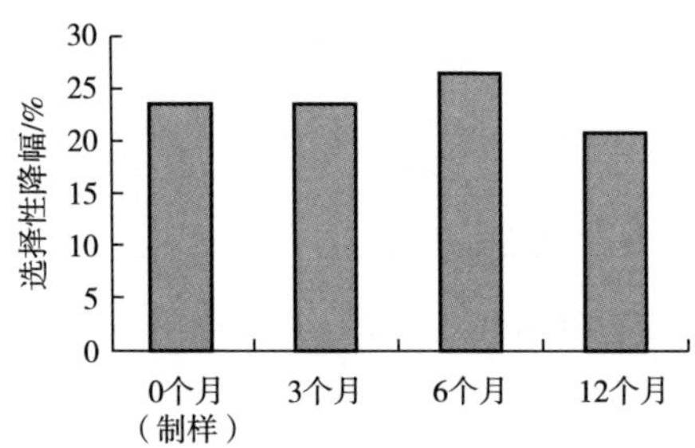

图 7-17　保存时间对巴豆醛选择性降低率的影响

第八章

活泼亚甲基纤维素材料的合成及其在降低烟气巴豆醛释放量上的应用

根据醛类化合物具有较强亲电性，可与活泼亚甲基离子形成的负碳离子反应的特点，对纤维素进行衍生化制备乙酰乙酰化功能材料，用来选择性降低卷烟主流烟气中的挥发性醛类化合物。

第一节　多孔型活泼亚甲基纤维素材料的制备与评价

一、乙酰乙酰化纤维素的制备及条件优化

使用微晶纤维素作为底物，在纤维素的活性羟基位上进行乙酰乙酰化反应（图 8-1），来制备相应的活泼亚甲基纤维素材料，并通过红外光谱、核磁氢谱对材料结构进行表征，结合模拟评价结果，确定最佳的制备条件。

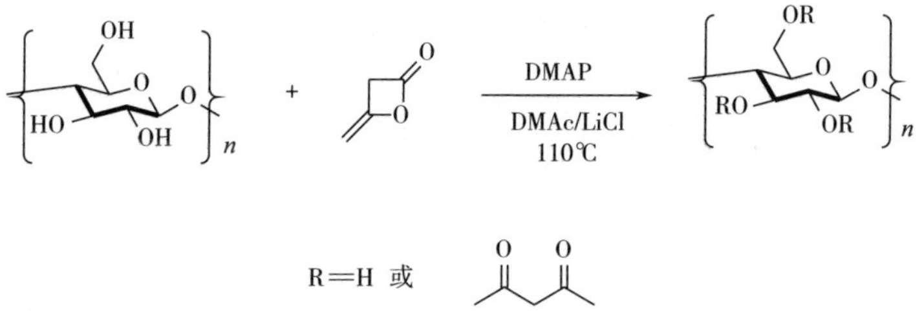

OH　HO　OH　O　O　n　+　O　O　DMAP　DMAc/LiCl　110℃　OR　RO　OR　O　O　n

R═H 或　O　O

图 8-1　乙酰乙酰化纤维素合成

1. 纤维素离子溶液浓度优化

在保持其他反应条件不变的情况下［催化剂为 4-二甲氨基吡啶（DMAP，15mg/g 纤维素）、衍生化试剂比例为 2∶1、反应时间为 3h、反应温度为 110℃］，考察不同纤维素离子溶液浓度的影响。分别使用质量百分比浓度 2.5%，5%，7.5%，10%的纤维素离子溶液进行反应，制备乙酰乙酰化纤维素，样品的产率、取代度、模拟评价结果列于表 8-1。综合考虑反应产率和

降醛效果，选择质量百分比浓度为5%的纤维素离子溶液。

表8-1　　不同纤维素离子溶液浓度的影响

序号	纤维素离子溶液浓度/%	取代度	产率/%	醛类化合物总量降低率/%
1	2.5	1.53	87	22.5
2	5	1.62	85	24.3
3	7.5	1.54	74	23.3
4	10	1.51	67	24.1

2. 衍生化试剂比例影响

在保持其他反应条件不变的情况下［催化剂为4-二甲氨基吡啶（DMAP，15mg/g纤维素）、纤维素离子溶液浓度为5%、反应时间为3h、反应温度为110℃］，考察不同衍生化试剂比例的影响。分别在双烯酮与微晶纤维素的物质的量的比为1∶1，1.5∶1，2∶1，3∶1的情况下进行反应，制备乙酰乙酰化纤维素，样品的产率、取代度、模拟评价结果列于表8-2。综合成本、产率和降醛效果，选择衍生化试剂比例（双烯酮与微晶纤维素的物质的量的比）为2∶1。

表8-2　　不同衍生化试剂比例的影响

序号	衍生化试剂比例	取代度	产率/%	醛类化合物总量降低率/%
1	1∶1	0.89	87	12.5
2	1.5∶1	1.31	84	19.4
3	2∶1	1.62	85	24.3
4	3∶1	1.71	83	25.9

3. 反应时间影响

在保持其他反应条件不变的情况下［催化剂为4-二甲氨基吡啶（DMAP，15mg/1g纤维素）、纤维素离子溶液浓度为5%、衍生化试剂比例2∶1、反应温度为110℃］，考察反应时间的影响。在滴加衍生化试剂后，分别反应1，1.5，2，3h，制备乙酰乙酰化纤维素。样品的产率、取代度、模拟评价结果列于表8-3。综合产率、降醛效果，选择反应时间为3h。

表 8-3　　不同反应时间的影响

序号	反应时间/h	取代度	产率/%	醛类化合物总量降低率/%
1	1	0.87	82	11.8
2	1.5	1.28	87	18.4
3	2	1.59	83	23.9
4	3	1.62	85	24.3

4. 反应温度影响

在保持其他反应条件不变的情况下［催化剂为 4-二甲氨基吡啶（DMAP，15mg/g 纤维素）、纤维素离子溶液浓度为 5%、衍生化试剂比例 2∶1、反应时间为 3h］，考察反应温度的影响。分别在 50，80，110，120，140℃条件下反应，制备乙酰乙酰化纤维素。样品的产率、取代度、模拟评价结果列于表 8-4。考虑降醛效果，选择 110℃为最佳的反应温度。

表 8-4　　不同反应温度的影响

序号	反应温度/℃	取代度	产率/%	醛类化合物总量降低率/%
1	50	0.45	82	7.3
2	80	0.95	87	13.2
3	110	1.62	85	24.3
4	120	1.57	82	23.8
5	140	1.52	79	21.6

5. 催化剂影响

在保持其他反应条件不变的情况下（纤维素离子溶液浓度为 5%、衍生化试剂比例 2∶1、反应时间为 3h、反应温度为 110℃），考察催化剂的影响。分别使用 DMAP、对甲基苯磺酸作为催化剂制备乙酰乙酰化纤维素。样品的产率、取代度、模拟评价结果列于表 8-5。依据降醛效果，选择 DMAP 作为催化剂，用量为 15mg/g 纤维素。

表 8-5　　不同催化剂的影响

序号	催化剂	催化剂用量/（mg/g 纤维素）	取代度	产率/%	醛类化合物总量降低率/%
1	DMAP	0	1.47	87	21.6
2	DMAP	10	1.54	83	23.1

续表

序号	催化剂	催化剂用量/(mg/g 纤维素)	取代度	产率/%	醛类化合物总量降低率/%
3	DMAP	15	1.62	85	24.3
4	DMAP	20	1.61	84	24.2
5	DMAP	25	1.63	86	23.9
6	对甲基苯磺酸	15	1.57	84	22.8

综合以上制备条件研究，对于乙酰乙酰化纤维素的最优合成条件如下，纤维素离子溶液浓度为5%、催化剂为4-二甲氨基吡啶（DMAP，15mg/g 纤维素）、衍生化试剂比例2∶1、反应温度为110℃，滴加双烯酮后反应时间为3h。模拟评价结果显示在添加量为30mg/支，粒径为40~60目时，巴豆醛降低率为20.9%，醛类化合物总量降低率为24.3%。

二、乙酰乙酰化醋酸纤维素的制备及条件优化

在纤维素的衍生化产物中，纤维素酯的应用是很广泛的，但大多是单酯，由于单酯结构单一、功能有限，许多混合酯也被开发出来，弥补了单酯的缺陷，并得到广泛开发与应用。选用微晶纤维素为原料，LiCl/DMAc 为纤维素的溶剂体系，与醋酸酐、双烯酮制备纤维素混合酯-乙酰乙酰化醋酸纤维素（图8-2），通过对产品进行结构表征，考察反应时间、反应温度等条件对反应程度的影响，采用模拟装置评价降醛效果，确定制备乙酰乙酰化醋酸纤维素的最佳条件。

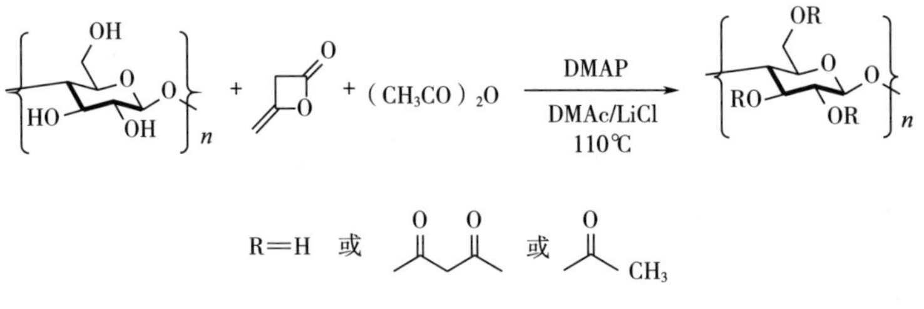

图8-2　乙酰乙酰化醋酸纤维素的合成

1. 纤维素离子溶液浓度影响

在保持其他反应条件不变的情况下［先滴加乙酸酐后滴加双烯酮、纤维素与乙酸酐、双烯酮的物质的量的比为1∶3∶1.5、催化剂为4-二甲氨基吡

啶（DMAP，15mg/g 纤维素］，考察不同纤维素离子溶液浓度的影响。使用浓度为2.5%，5%，7.5%，10%，12.5%的纤维素离子溶液进行反应，制备乙酰乙酰化醋酸纤维素。样品的产率、取代度、模拟评价结果列于表 8-6。综合考虑反应产率和降醛效果，选择浓度为 10%的纤维素离子溶液。

表 8-6　　不同纤维素离子溶液浓度的影响

序号	纤维素离子溶液浓度/%	取代度	产率/%	醛类化合物总量降低率/%
1	2.5	AA1.01，Ac1.80	87	29.8
2	5	AA1.02，Ac1.84	85	30.6
3	7.5	AA0.98，Ac1.87	84	29.4
4	10	AA1.00，Ac1.83	88	30.8
5	12.5	AA0.94，Ac1.85	78	28.2

2. 衍生化试剂滴加顺序影响

纤维素分子中三个羟基由于结构上的不同，反应活性存在一定的差异，一般情况下为 C6>C2>C3。考虑到醋酸酐和双烯酮的滴加顺序可能对产品的取代度及性质造成影响，对衍生化试剂的滴加顺序进行研究。在保持其他反应条件不变的情况下［纤维素离子溶液浓度为 10%、纤维素与乙酸酐、双烯酮的物质的量的比为 1∶3∶1.5、催化剂为 4-二甲氨基吡啶（DMAP，15mg/g 纤维素）、加入乙酸酐的反应时间为 1h、加入双烯酮后的反应时间为 3h、反应温度为 110℃］，考察衍生化试剂滴加顺序的影响。分别采用先滴加乙酸酐后滴加双烯酮、先滴加双烯酮后滴加乙酸酐、乙酸酐和双烯酮混合滴加三种方式，制备乙酰乙酰化醋酸纤维素。样品的产率、取代度、模拟评价结果列于表 8-7。依据降醛效果，选择先滴加乙酸酐再滴加双烯酮的滴加顺序。

表 8-7　　不同滴加顺序的影响

序号	滴加顺序	取代度	产率/%	醛类化合物总量降低率/%
1	先乙酸酐后双烯酮	AA1.00，Ac1.83	88	30.8
2	先双烯酮后乙酸酐	AA0.40，Ac1.88	85	14.9
3	混合滴加	AA0.51，Ac1.35	84	18.5

3. 衍生化试剂比例影响

在保持其他反应条件不变的情况下［先滴加乙酸酐后滴加双烯酮、纤维素离子溶液浓度为10%、催化剂为4-二甲氨基吡啶（DMAP，15mg/g纤维素）、加入乙酸酐的反应时间为1h、加入双烯酮后的反应时间为3h、反应温度为110℃］，考察不同衍生化试剂比例的影响。分别在纤维素、乙酸酐、双烯酮的不同比例下反应，制备乙酰乙酰化醋酸纤维素。样品的产率、取代度、模拟评价结果列于表8-8。依据降醛效果，选择衍生化试剂比例为$n_{纤维素}:n_{乙酸酐}:n_{双烯酮}=1:3:1.5$。

表8-8　不同衍生化试剂比例的影响

序号	衍生化试剂比例（$n_{纤维素}:n_{乙酸酐}:n_{双烯酮}$）	取代度	产率/%	醛类化合物总量降低率/%
1	1：2：1	AA0.65，Ac1.28	85	21.5
2	1：2：1.5	AA0.72，Ac1.30	86	24.7
3	1：2：2	AA0.78，Ac1.25	83	25.4
4	1：2.5：1	AA0.70，Ac1.38	87	23.6
5	1：2.5：1.5	AA0.87，Ac1.43	89	27.2
6	1：2.5：2	AA0.91，Ac1.62	86	27.6
7	1：3：1	AA0.90，Ac1.75	83	28.3
8	1：3：1.5	AA1.00，Ac1.83	88	30.8
9	1：3：2	AA1.02，Ac1.80	87	30.6

4. 反应温度影响

在保持其他反应条件不变的情况下［先滴加乙酸酐后滴加双烯酮、纤维素离子溶液浓度为10%、衍生化试剂比例为1：3：1.5、催化剂为4-二甲氨基吡啶（DMAP，15mg/g纤维素）、加入乙酸酐的反应时间为1h、加入双烯酮后的反应时间为3h］，考察反应温度的影响。分别在50，80，110，120，140℃条件下，制备乙酰乙酰化醋酸纤维素。样品的产率、取代度、模拟评价结果列于表8-9。综合考虑反应产率和降醛效果，选择反应温度为110℃。

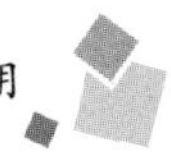

表 8-9 不同反应温度的影响

序号	反应温度/℃	取代度	产率/%	醛类化合物总量降低率/%
1	50	AA0.40，Ac0.98	85	13.6
2	80	AA0.52，Ac1.04	86	17.4
3	110	AA1.00，Ac1.83	88	30.8
4	120	AA0.95，Ac1.87	83	29.2
5	140	AA0.90，Ac1.94	79	28.4

5. 反应时间影响

在保持其他反应条件不变的情况下［先滴加乙酸酐后滴加双烯酮、纤维素离子溶液浓度为10%、衍生化试剂比例为1∶3∶1.5、催化剂为4-二甲氨基吡啶（DMAP，15mg/g纤维素）、反应温度为110℃］，考察反应时间的影响。分别在不同的乙酸酐反应时间（t_1）、双烯酮反应时间（t_2）下，制备乙酰乙酰化醋酸纤维素。样品的产率、取代度、模拟评价结果列于表8-10。综合考虑反应效率和降醛效果，选择选择加入乙酸酐后的反应时间为1h，加入双烯酮后的反应时间为3h。

表 8-10 不同反应时间的影响

序号	t_1/h	t_2/h	取代度	产率/%	醛类化合物总量降低率/%
1	1	1	AA0.90，Ac1.93	86	26.6
2	1	2	AA0.92，Ac1.90	83	27.2
3	1	3	AA1.00，Ac1.83	88	30.8
4	1	4	AA0.97，Ac1.85	82	28.3
5	2	2	AA0.94，Ac1.79	85	27.4
6	2	3	AA0.97，Ac1.72	87	28.1
7	2	4	AA0.95，Ac1.71	84	27.2

综合以上制备条件研究，对于乙酰乙酰化纤维素的最优合成条件如下，先滴加乙酸酐后滴加双烯酮、纤维素离子溶液浓度为10%、衍生化试剂比例为1∶3∶1.5、催化剂为4-二甲氨基吡啶（DMAP，15mg/g纤维素），在110℃条件下，加入乙酸酐后的反应时间为1h、加入双烯酮后的反应时间为3h。

在最优条件下制备乙酰乙酰化纤维素，乙酰乙酰化醋酸纤维素总取代度达到2.8左右，乙酰乙酰基团取代度达到1.0。模拟评价结果显示：在添加量为30mg/支，粒径为40~60目时，巴豆醛降低率为24.9%，醛类化合物总量降低率为30.8%。

三、两种材料降醛效果比较

为考察合成的乙酰乙酰化纤维素和乙酰乙酰化醋酸纤维素对醛类化合的降醛效果，在同样粒径的情况下，使用模拟评价装置（添加量为30mg/支，粒径为40~60目），分别对微晶纤维素原料和两种纤维素改性材料在烟气状态下的降醛效果进行评价，确定降醛效果较优的材料。结果列于表8-11。

表8-11　　模拟评价结果　　单位：μg/支

项目	甲醛	乙醛	丙烯醛	丙醛	巴豆醛	丁醛	总量
对照	104.5	624.6	63.4	48.3	20.7	28.0	889.4
纤维素	102.4	618.7	62.8	49.4	20.8	27.5	881.8
降低率/%	2.0	0.9	1.0	-2.3	-0.7	1.6	0.9
乙酰乙酰化纤维素	58.0	483.5	51.9	38.2	16.4	25.6	673.6
降低率/%	44.5	22.6	18.1	20.8	20.9	8.6	24.3
乙酰乙酰化醋酸纤维素	43.4	447.7	48.8	35.4	15.5	24.5	615.8
降低率/%	58.4	28.3	23.0	26.7	24.9	12.3	30.8

结果显示，与对照相比，纤维素对于挥发性醛类化合物基本无降低效果，而两种纤维素改性材料，对主流烟气中的挥发性醛类化合物均具有较高的降低效果。其中乙酰乙酰化纤维素的巴豆醛降低率为20.9%，醛类化合物总量降低率为24.3%，乙酰乙酰化醋酸纤维素的巴豆醛降低率为24.9%，醛类化合物总量降低率为30.8%。对比两种活泼亚甲基化纤维素材料，乙酰乙酰化醋酸纤维素降醛效果较优。

四、材料造粒工艺

通过实验室材料合成及评价，确定乙酰乙酰化醋酸纤维素为降低烟气中醛类化合物的较优材料。使用活泼亚甲基纤维素材料，主要是通过活泼亚甲基作为亲核试剂与烟气中醛类化合物反应达到降醛的目标，不同加工条件引起的粒径、比表面积变化，都会影响材料与烟气的有效接触面积，进而影响反应的效果。考察不同加工条件对改性纤维素材料降醛效果的影响以确定最

佳的加工条件。

1. 造粒工艺确定

对于纤维素类材料，受其分子结构影响，在较高的温度时，稳定性较差。乙酰乙酰化醋酸纤维素由于其衍生化更是进一步降低了其热稳定性，其热解曲线如图 8-3 所示。

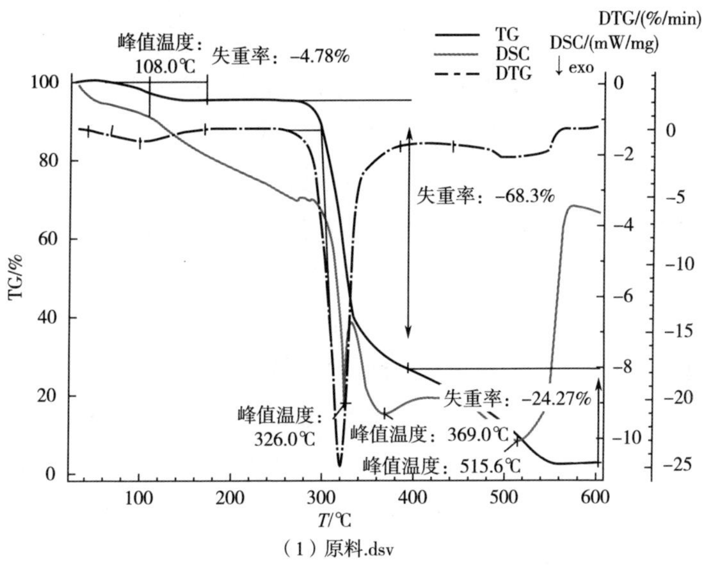

（1）原料.dsv

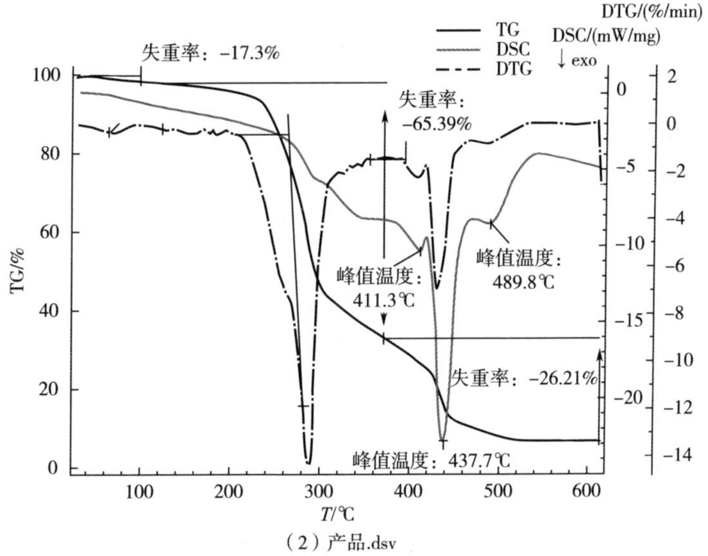

（2）产品.dsv

图 8-3　微晶纤维素和乙酰乙酰化醋酸纤维素热解曲线

对照原料微晶纤维素乙酰乙酰化前后热解曲线，Ⅰ干燥阶段，蒸发水分，产品干燥。纤维素在 29~112℃阶段，质量损失率 3.28%，乙酰乙酰化醋酸纤维素在相同阶段质量损失率 1.87%。这说明原料纤维素易吸潮，干燥时质量损失大。Ⅱ预炭化阶段，物质结构发生变化，一些不稳定基团受热分解。纤维素在 112~267℃，质量损失率 1.57%，乙酰乙酰化醋酸纤维素在相同阶段质量损失率 20.88%。这说明乙酰乙酰化醋酸纤维素中比较活泼的乙酰乙酰基，在受热过程中已有分解，降低了纤维素整体的热稳定性。Ⅲ炭化阶段，聚合物不断脱除不稳定基团，继而发生急剧分解。纤维素在 267~384℃质量损失 67.21%，乙酰乙酰化醋酸纤维素在相同阶段质量损失率 46.38%，这说明在炭化阶段纤维素开始剧烈降解，质量损失率都较大。Ⅳ燃烧阶段，产物进行无焰燃烧。纤维素在燃烧后残余物为 2.65%，乙酰乙酰化醋酸纤维素残余物为 6.74%。

考虑到热稳定性的影响，乙酰乙酰化醋酸纤维素无法采用较高温度进行的造粒工艺，因此以 NaCl 作为致孔剂，采用致孔剂法进行造粒，制备多孔型活泼亚甲基纤维素材料。具体制备条件如下：将合成的乙酰乙酰化醋酸纤维素与 NaCl 分别研磨后，过 300 目筛网，按照一定质量比充分混合，用液压机压实重新造粒，使用球磨机制备 40~60 目材料，用去离子水浸泡，经多次换水浸泡后，50℃条件下真空干燥 48h 后得到多孔型活泼亚甲基纤维素材料。

2. 工艺参数影响

不同 NaCl 添加量对材料比表面积和孔径的影响见表 8-12。

表 8-12　　不同样品的比表面积和平均孔径

样品	NaCl 添加量（质量分数）/%	比表面积/(m^2/g)	平均孔径/nm
未处理	0	171	16.1
1#	50	183	12.3
2#	100	269	13.6
3#	200	327	14.5
4#	300	314	15.7

结果显示，随着 NaCl 添加量的增加，造粒后的多孔型改性活泼亚甲基纤维素的比表面积从 $183m^2/g$ 增加至 $354m^2/g$，与未进行造粒工艺处理的改性纤

维素材料比较，比表面积增加明显；当添加量增加至 300%，比表面积变化不大。随着 NaCl 添加量的增加，平均孔径从 12.3nm 增加至 15.7nm，这可能是由于随着致孔剂添加量的增加，相近生成的孔隙合并导致的结果。

为确定最优的造粒工艺条件，评价不同比表面积样品降低烟气中挥发性醛类化合物的效果。材料分别为造粒后的 1#~4#改性活泼亚甲基纤维素材料，添加量为 30mg/支，结果见表 8-13。

表 8-13　　不同造粒条件样品模拟评价分析结果　　单位：μg/支

样品	甲醛	乙醛	丙烯醛	丙醛	巴豆醛	丁醛	总量
对照	109.8	612.7	77.2	48.9	20.9	28.4	878.0
1#	47.3	451.2	61.3	36.5	16.1	25.2	637.5
2#	36.3	392.8	57.8	33.4	14.6	24.2	559.2
3#	29.5	347.6	52.8	30.5	13.4	22.9	496.7
4#	30.2	354.8	54.6	30.9	14.1	23.1	507.7

模拟评价结果（表 8-14）显示，1#~4#样品多孔型活泼亚甲基纤维素材料均有效降低卷烟烟气中挥发性醛类化合物，其性能随着比表面积的增大呈现出递增趋势，1#~3#样品，材料的巴豆醛和挥发性醛类化合物总量降低率从 23.0%、26.2%增加至 35.9%、42.5%，4#样品巴豆醛和挥发性醛类化合物总量降低率分别为 32.5%和 41.2%，与 3#样品降醛性能接近。依据降醛效果，3#多孔型活泼亚甲基纤维素材料为最优材料。

表 8-14　　不同造粒条件样品醛类化合物降低率　　单位：%

样品	甲醛	乙醛	丙烯醛	丙醛	巴豆醛	丁醛	总量
1#	56.9	26.3	20.9	25.1	23.0	11.4	26.2
2#	66.2	35.9	25.3	31.4	30.1	14.6	35.2
3#	72.6	43.2	31.8	37.3	35.9	19.4	42.5
4#	71.9	42.1	29.4	36.6	32.5	18.7	41.2

3. 不同粒径影响

将合成的乙酰乙酰化醋酸纤维素，按照 3#多孔型活泼亚甲基纤维素材料造粒工艺条件，制备不同粒径的材料，通过模拟评价装置对其降醛效果进行评价，结果见表 8-15。材料为不同粒径的改性纤维素材料，粒径分别为 20~

40目、40~60目、60~80目和80~100目，添加量分别为10mg/支、20mg/支和30mg/支。

模拟评价结果（表8-16）显示，随着改性纤维素材料目数的增加，巴豆醛和挥发性醛类化合物总量的降低效果不断提高，同样是添加量30mg/支的情况下，改性纤维素材料目数从20~40目增加到80~100目，巴豆醛的降低率从27.7%增加至37.0%，挥发性醛类化合物总量的降低率从34.8%增加至46.3%。这可能是由于在同样添加量下，粒径较小的材料与烟气的有效接触面积较大，对于醛类化合物的降低更为有利。

表8-15　不同粒径活泼亚甲基纤维素模拟评价分析结果　单位：μg/支

样品		甲醛	乙醛	丙烯醛	丙醛	巴豆醛	丁醛	总量
对照		107.6	580.5	74.4	41.7	22.4	36.6	863.3
20~40目	10mg	83.3	471.2	64.3	38.5	19.2	33.5	709.9
	20mg	61.4	423.7	60.8	35.4	17.3	31.2	629.9
	30mg	42.9	382.6	57.8	33.5	16.2	30.1	563.0
40~60目	10mg	78.2	454.8	62.6	37.6	18.7	32.8	684.7
	20mg	52.5	398.9	56.8	35.9	16.6	30.9	591.6
	30mg	29.2	340.6	51.8	30.8	14.6	29.5	496.5
60~80目	10mg	75.0	443.0	61.9	36.7	18.4	31.9	666.8
	20mg	50.8	387.5	54.8	34.5	16.3	30.7	574.6
	30mg	27.0	332.2	51.3	27.9	14.3	28.3	481.0
80~100目	10mg	73.1	432.1	60.5	35.3	17.8	31.2	650.1
	20mg	48.5	377.1	53.6	33.4	15.3	30.2	558.0
	30mg	24.4	320.5	50.8	26.7	14.1	27.4	463.9

随着添加量的增加，不同粒径的改性纤维素材料的降醛效果也会有不同程度的提高，以40~60目样品为例，添加量分别为10，20，30mg/支时，巴豆醛的降低率分别为16.6%、25.7%和34.8%，挥发性醛类化合物总量的降低率分别为20.7%，31.5%，42.5%，这应该也是增加材料与烟气的有效接触面积导致的结果。

根据表8-16和图8-4评价结果，增加材料与烟气的有效接触面积将会有

效提高材料的降醛效果，从工业适用性的角度考虑，选用粒径为 40~60 目的材料。

表 8-16　　不同粒径活泼亚甲基纤维素模拟评价降醛效果　　单位：%

样品		甲醛	乙醛	丙烯醛	丙醛	巴豆醛	丁醛	总量
20~40 目	10mg	22.6	18.8	13.6	17.6	14.2	8.6	17.8
	20mg	42.9	27.0	18.3	24.2	22.8	14.6	27.0
	30mg	60.2	34.1	22.4	28.2	27.7	17.8	34.8
40~60 目	10mg	27.3	21.7	15.8	19.5	16.6	10.4	20.7
	20mg	51.2	31.3	23.6	23.2	25.7	15.6	31.5
	30mg	72.9	41.3	30.4	34.0	34.8	19.5	42.5
60~80 目	10mg	30.3	23.7	16.8	21.5	18.1	12.9	22.8
	20mg	52.8	33.2	26.3	26.2	27.2	16.0	33.4
	30mg	74.9	42.8	31.1	40.2	36.3	22.7	44.3
80~100 目	10mg	32.1	25.6	18.7	24.4	20.3	14.6	24.7
	20mg	54.9	35.0	27.9	28.6	31.8	17.6	35.4
	30mg	77.3	44.8	31.7	42.8	37.0	25.0	46.3

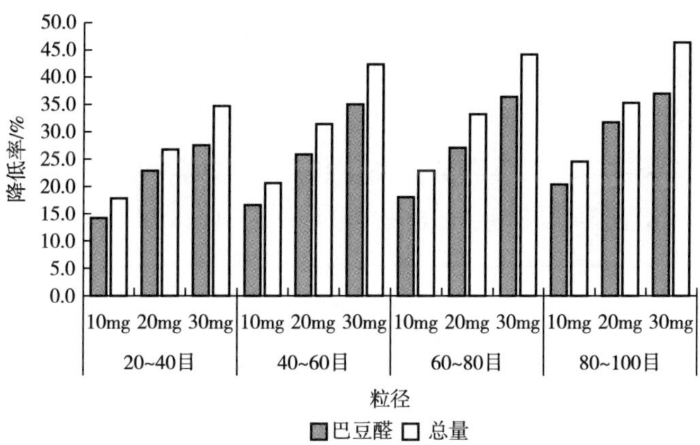

图 8-4　不同粒径改性纤维素材料降醛效果比较

五、材料工业化中试

采用 1000L 反应釜进行工业中试，对工艺条件进行优化，材料生产工艺流程如图 8-5 所示。

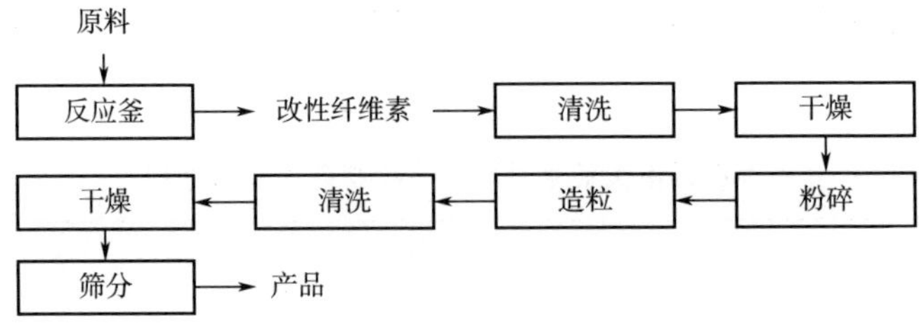

图 8-5　材料生产工艺流程

分别测试实验室制备和工业中试制备的粒径为 40~60 目样品比表面积、孔径、取代度等结构参数。测试结果（表 8-17）显示，工业生产出的材料与实验室制备材料比表面积、平均孔径和取代度基本一致，说明经过中试放大所得到的产品与实验室样品结构基本一致。

表 8-17　测试样品结构参数

材料	比表面积/(m^2/g)	平均孔径/nm	DS
实验室样品	327	13.4	AA1.00，Ac1.83
工业中试样品	316	13.8	AA0.97，Ac1.85

通过模拟评价装置，将工业中试生产的样品与实验室制备样品降醛效果进行对比评价。样品粒径为 40~60 目，添加量为 30mg/支。

结果（表 8-18）显示，与对照相比，实验室样品的甲醛降低率为 71.3%、乙醛降低率为 44.1%、巴豆醛降低率为 34.4%，总量下降了 42.8%；同样条件下，工业中试样品的甲醛降低率为 71.6%、乙醛降低率为 43.2%、巴豆醛降低率为 31.6%，总量下降 41.8%，两个样品降醛性能基本一致。

表 8-18　不同活泼亚甲基纤维素模拟评价结果　单位：μg/支

项目	甲醛	乙醛	丙烯醛	丙醛	巴豆醛	丁醛	总量
对照	108.3	618.9	72.4	49.3	21.3	27.5	878.0
实验室样品	30.9	342.6	52.1	31.2	13.7	23.3	493.8
降低率/%	71.3	44.1	32.7	35.9	34.4	18.0	42.8
工业中试样品	30.6	347.6	53.4	31.9	14.3	24.2	502.1
降低率/%	71.6	43.2	31.0	34.5	31.6	14.8	41.8

第二节　卷烟应用研究

一、活泼亚甲基纤维素材料的卷烟应用方式

将工业生产出的多孔型活泼亚甲基纤维素材料通过二元醋纤复合滤棒、二元纸醋复合滤棒、三醋酸甘油酯溶解添加三种施加方式应用于卷烟，考察不同材料施加方式对其降醛性能的影响。

1. 二元醋纤复合滤棒添加实验

将工业生产出的多孔型活泼亚甲基纤维素材料制作成二元醋纤复合滤棒，二元醋纤复合滤棒参数见表 8-19。将二元醋纤复合滤棒接装卷烟后，烟气成分测试结果见表 8-20 和表 8-21。

表 8-19　二元醋纤复合滤棒参数

样品	材料添加量/(mg/支)	圆周/mm	质量/mg	吸阻/Pa	材料添加量/mg
一元对照滤棒	—	24.1	640	2761	—
二元对照滤棒	—	24.1	694	2443	—
DC1	10	24.1	735	2764	41
DC2	20	24.1	775	2810	81
DC3	30	24.1	811	2767	117

表 8-20　二元醋纤复合滤棒实验卷烟烟气常规成分　单位：mg/支

样品	TPM	烟碱	水分	焦油	CO
一元对照滤棒	13.6	0.9	1.1	11.6	11.3
DC1	13.9	0.9	1.0	12.0	10.9
DC2	13.9	0.9	1.2	11.8	10.8
DC3	14.0	0.9	1.2	11.9	11.5

注：TPM—卷烟主流烟雾颗粒物，余同。

结果显示，添加活泼亚甲基纤维素材料的 3 个实验卷烟的主流烟气中常规成分的释放量与一元对照卷烟基本一致。其中一元对照卷烟焦油释放量为 11.6mg/支，三个实验卷烟的焦油释放量分别为 12.0，11.8，11.9mg/支。

表 8-21 结果显示，与一元对照卷烟相比，随着多孔型改性纤维素材料添加量的增加，主流烟气中醛类化合物释放量逐渐下降，当添加量为 30mg/支时，相对于一元对照，实验卷烟 DC3 的甲醛选择性降低率为 59.5%，乙醛选

择性降低率为 28.6%，巴豆醛选择性降低率为 24.5%，醛类化合物总量选择性降低率为 29.9%。

表 8-21　二元醋纤复合滤棒实验卷烟烟气挥发性醛类化合物分析结果

醛类化合物	释放量/(μg/支)				选择性降低率/%		
	一元对照	DC1	DC2	DC3	DC1	DC2	DC3
甲醛	81.7	64.3	46.6	35.3	24.8	44.7	59.5
乙醛	635.4	561.8	504.9	470.4	15.0	22.2	28.6
丙烯醛	62.9	58.3	55.3	54.3	10.6	13.7	16.3
丙醛	50.9	45.4	42.4	39.8	14.2	18.4	24.4
巴豆醛	22.5	20.2	19.0	17.5	13.6	17.3	24.5
丁醛	29.4	27.0	25.5	24.2	11.6	15.2	20.5
总量	882.7	776.9	693.5	641.5	15.4	23.1	29.9

2. 二元纸醋复合滤棒添加实验

将工业生产出的多孔型活泼亚甲基纤维素材料处理至 200 目以上，配制成一定浓度的涂布液，涂布于滤棒用纤维素纸上，经干燥、分切后得到涂布有减害材料的滤棒用纤维素纸。以相同生产条件下，未涂布制备的样品为对照样品，涂布后制备的样品为实验卷烟样品。将对照和实验滤棒在烟支叶组配方和规格一致的条件下，采用同一种辅材，用同一台卷烟机进行卷制，以保证实验卷烟和对照卷烟烟丝量一致，达到实验设计要求。

二元纸醋复合滤棒参数：滤棒长度 100mm，10mm 纸段+15mm 普通醋纤段。

二元纸醋复合滤棒涂布纸参数（表 8-22）检测结果显示，对比对照纸样，DL-1 和 DL-2 定量增加 7.25g/m^2 和 6.56g/m^2，其中固含量增加 6.56g/m^2 和 6.43g/m^2，材料实际有效涂布量分别为 4.92g/m^2 和 4.82g/m^2，涂布量比较稳定。

表 8-22　二元纸醋复合滤棒涂布纸参数

样品	定量/(g/m^2)	水分/%	涂布量/(g/m^2)	固含量/(g/m^2)	材料添加量/(g/m^2)
对照	29.5	5.92	—	—	—
DL-1	36.75	6.64	7.25	6.56	4.92
DL-2	35.06	5.35	6.56	6.43	4.82

分别对对照和实验卷烟的主流烟气中常规成分、挥发性醛类化合物释放量进行分析检测，结果列于表 8-23。

表 8-23　　二元纸醋复合滤棒实验卷烟烟气常规成分结果　　单位：mg/支

样品	TPM	烟碱	水分	焦油	CO
对照	10.9	0.8	0.8	9.3	9.7
DL-1	10.8	0.8	0.7	9.5	9.4
DL-2	10.6	0.9	0.8	9.2	9.5

检测结果显示，添加活泼亚甲基纤维素材料的 2 个实验卷烟，主流烟气中常规成分的释放量与对照样品基本一致。其中对照卷烟焦油释放量为 9.3mg/支，实验卷烟的焦油释放量分别为 9.5mg/支和 9.2mg/支。

表 8-24 结果显示，与对照卷烟相比，两个实验卷烟 DL-1 和 DL-2 的醛类化合物释放量都有所降低，但降低幅度不大，其中随甲醛选择性降低率分别为 7.9%和 6.8%，乙醛选择性降低率分别为 6.7%和 5.6%，巴豆醛降低率分别为 9.6%和 8.5%，醛类化合物总量降低率分别为 7.5%和 6.4%。与二元醋纤复合添加方式相比，二元纸醋复合添加的降醛效果较差，这可能是由于在涂布过程中使用了黏合剂，在涂布的同时覆盖活泼亚甲基纤维素材料的表面，影响材料的降醛效果。

表 8-24　二元纸醋复合滤棒实验卷烟烟气挥发性醛类化合物分析结果

醛类化合物	释放量/(μg/支)			选择性降低率/%	
	对照	DL-1	DL-2	DL-1	DL-2
甲醛	77.1	72.6	72.1	7.9	6.8
乙醛	539.1	514.8	514.3	6.7	5.6
丙烯醛	58.7	51.9	51.1	13.7	12.6
丙醛	41.5	39.1	39.0	7.9	6.8
巴豆醛	24.3	22.5	22.2	9.6	8.5
丁醛	24.0	22.8	22.2	7.2	6.1
总量	764.6	723.8	720.8	7.5	6.4

3. 三醋酸甘油酯溶解添加

将工业生产出的多孔型活泼亚甲基纤维素材料溶解在烟用三醋酸甘油酯

中，通过在滤棒成形过程添加应用于卷烟，分别对其主流烟气中常规成分和挥发性醛类化合物释放量进行分析测试。

三醋酸甘油酯滤棒参数（表 8-25）：滤棒长度 100mm，甘油酯溶液添加量为 8%，单支滤棒材料添加量 2.5mg。

表 8-25　　三醋酸甘油酯滤棒参数

样品	备注	圆周/mm	质量/mg	吸阻/Pa
对照	—	24.13	637	2989
DZ1	添加材料	24.04	632	3028
DZ2	添加材料	24.14	634	2948

检测结果（表 8-26）显示，对照卷烟和实验卷烟的 TPM（卷烟主流烟雾颗粒物）、烟碱、焦油、CO 等指标均保持一致，对照卷烟和实验卷烟的焦油释放量分别为 9.6mg/支、9.7mg/支和 9.5mg/支。

表 8-26　　三醋酸甘油酯实验卷烟烟气常规成分结果　　单位：mg/支

样品	TPM	烟碱	水分	焦油	CO
对照	11.9	0.9	1.5	9.6	11.6
DZ1	11.9	0.9	1.3	9.7	11.3
DZ2	11.8	0.9	1.4	9.5	11.0

结果（表 8-27）显示，与对照卷烟相比，两个实验卷烟 DZ-1 和 DZ-2 的醛类化合物释放量都有所降低，其中甲醛选择性降低率分别为 25.9% 和 24.6%，乙醛降低率分别为 12.4% 和 12.1%，巴豆醛降低率分别为 14.0% 和 12.7%，醛类化合物总量降低率分别为 13.5% 和 12.8%。与二元醋纤复合添加方式相比，降低率较低，这与实际材料添加量少有关，但材料溶解在三醋酸甘油酯中会增加其黏度，继续增加材料的溶解量，将会影响滤棒成形。

表 8-27　　三醋酸甘油酯实验卷烟烟气挥发性醛类化合物分析结果

醛类化合物	释放量/(μg/支)			选择性降低率/%	
	对照	DZ1	DZ2	DZ1	DZ2
甲醛	86.8	65.1	64.6	25.9	24.6
乙醛	520.9	461.6	452.4	12.4	12.1

续表

醛类化合物	释放量/(μg/支)			选择性降低率/%	
	对照	DZ1	DZ2	DZ1	DZ2
丙烯醛	52.9	49.1	48.5	8.0	7.2
丙醛	30.4	27.0	27.6	12.1	8.2
巴豆醛	21.4	18.6	18.5	14.0	12.7
丁醛	26.5	24.7	25.5	7.7	3.0
总量	738.8	646.5	637.0	13.5	12.8

综合以上三种材料施加方式的降醛效果，选择二元醋纤复合滤棒为最优工业应用方式。

二、活泼亚甲基纤维素材料在卷烟上的应用

根据工业应用方式研究结果，选用二元醋纤复合滤棒为添加方式进行卷烟应用。二元实验滤棒与正常卷烟吸阻一致，二元对照控制丝束规格和用量与二元实验滤棒一致。材料添加量为30mg/支，材料粒径40~60目，其他卷烟和滤棒参数同正常卷烟。

1. 烟气测试结果

正常卷烟和实验卷烟的烟气测试结果见表8-28、表8-29和表8-30。

表8-28结果显示，实验卷烟主流烟气中常规成分的释放量与正常卷烟基本一致，焦油释放量分别为11.7mg/支和11.4mg/支。

表8-28　　卷烟烟气常规成分结果　　单位：mg/支

样品	TPM	烟碱	水分	焦油	CO
正常卷烟	13.4	0.9	1.1	11.4	11.1
实验卷烟	13.7	0.9	1.1	11.7	10.9

表8-29结果显示，与正常卷烟相比，实验卷烟主流烟气中醛类化合物释放量明显降低，甲醛选择性降低率为55.5%，乙醛选择性降低率为31.7%，巴豆醛选择性降低率为27.4%，醛类化合物总量选择性降低率为32.1%。

表 8-29　　卷烟烟气挥发性醛类化合物分析结果

醛类化合物	释放量/(μg/支)		实验卷烟的选择性降低率/%
	正常卷烟	实验卷烟	
甲醛	84.5	40.1	55.5
乙醛	642.9	457.5	31.7
丙烯醛	65.1	54.3	19.5
丙醛	53.4	42.6	23.1
巴豆醛	23.7	17.9	27.4
丁醛	28.0	23.1	20.3
总量	897.5	635.5	32.1

表 8-30 结果显示，实验卷烟主流烟气中 7 种有害成分的分析结果表明，相对于正常卷烟样品，除巴豆醛明显降低，实验卷烟 H 均降低 0.5，7 种有害成分释放量变化不明显。其中 CO 选择性降低率为 4.7%，HCN 选择性降低率为-2.5%，NNK 选择性降低率为 5.7%，NH_3 选择性降低率为 0.3%，B [a] P 选择性降低率为 4.4%，苯酚选择性降低率为 2.0%。

表 8-30　　卷烟主流烟气 7 种有害成分释放量分析结果

样品名称	CO/(mg/支)	HCN/(μg/支)	NNK/(ng/支)	NH_3/(μg/支)	B [a] P/(ng/支)	苯酚/(μg/支)	巴豆醛/(μg/支)	H
正常卷烟	11.1	104	4.5	7.0	10.5	17.4	23.7	9.2
实验卷烟	10.9	110	4.4	7.2	10.3	17.6	17.9	8.7
选择性降低率/%	4.7	-2.5	5.7	0.3	4.4	2.0	27.4	7.5

2. 感官质量评价结果

其感官质量评吸结果（表 8-31）显示，与正常卷烟相比，实验卷烟无异味，刺激性略有增加，整体风格和总体感官质量保持一致。

表 8-31　　卷烟感官质量变化情况评吸结果

样品	光泽(5)	香气(32)	谐调(6)	杂气(12)	刺激性(20)	余味(25)	总分(100)
正常卷烟	5.00	29.17	5.00	10.90	17.90	22.12	90.1
实验卷烟	5.00	29.24	5.00	10.88	17.69	22.19	90.0

3. 稳定性

将实验卷烟和正常卷烟置于室温避光条件下，按0，3，6个月分别取样，进行卷烟主流烟气中主要有害成分释放量分析和感官评吸，考察挥发性醛类化合物释放量和感官质量的变化情况，结果见表8-32和表8-33。

放置6个月内，相对于正常卷烟，实验卷烟主流烟气中巴豆醛选择性降低率为24.5%~27.4%，醛类化合物总量选择性降低率为28.3%~32.1%。

实验卷烟中除醛类化合物以外，添加减害材料后对感官质量和其他烟气成分释放量影响较小，放置6个月内，各指标相对标准偏差均在7%以内，其整体风格和总体感官质量均与正常卷烟保持一致且稳定。

表8-32　卷烟主流烟气挥发性醛类化合物释放量分析结果　单位：μg/支

放置时间	样品	甲醛	乙醛	丙烯醛	丙醛	巴豆醛	丁醛	总量
0个月	正常卷烟	84.5	642.9	65.1	53.4	23.7	28.0	897.5
	实验卷烟	40.1	457.5	54.3	42.6	17.9	23.1	635.5
3个月	正常卷烟	88.5	663.3	65.2	51.1	21.9	29.6	919.7
	实验卷烟	41.2	467.3	53.2	40.5	16.1	24.3	642.5
6个月	正常卷烟	86.1	683.6	63.1	54.6	22.7	30.6	940.7
	实验卷烟	42.2	489.4	52.7	43.8	17.4	25.6	671.1

表8-33　卷烟主流烟气挥发性醛类化合物释放量选择性降低率　单位：%

放置时间	样品	甲醛	乙醛	丙烯醛	丙醛	巴豆醛	丁醛	总量
0个月	实验卷烟	55.5	31.7	19.5	23.1	27.4	20.3	32.1
3个月	实验卷烟	51.6	27.8	16.7	19.0	24.5	16.3	28.3
6个月	实验卷烟	53.4	30.9	19.1	22.3	25.6	18.7	31.2

第九章
功能性沟槽滤棒成形纸的制备及其在降低烟气巴豆醛释放量上的应用

根据巴豆醛分子结构中羰基易与亲核功能基发生亲核反应的原理及巴豆醛具有一定水溶性，挑选一些富含亲核功能基的材料或一些具有保润作用的功能材料与试剂，制备成功能涂料对纤维素沟槽纸进行实验室涂布以期进行人工唇实验或工业涂布，挑选的功能材料约30余种，主要是葡萄糖胺（PTTA）、醋纤（CA）、壳聚糖（KJT）、柠檬酸三乙酯（TEC）、甘氨酸（GAS）、一种含胺基聚合物（OPTI）、丙二醇（BEC）、没食子酸丙酯（PG）、三聚甘油单硬脂酸甘油酯、双乙酰酒石酸单双甘油酯、聚丙烯酸、KH570、聚丙烯酰胺、羟乙基纤维素1000~1500、羟乙基纤维素5000~6400、羟乙基纤维素250~450、三乙醇胺、谷氨酸钾盐单水化合物、KH570、丙烯酰胺、亚硫酸钠、赖氨酸、抗坏血酸、1-丙基三甲基硅-3-甲基咪唑氯盐、丙二醇、微晶纤维素、羧甲基纤维素、聚乳酸纤维、聚丙烯酰胺、磷酸氢二钠、磷酸二氢钾、甲壳素黏胶纤维、铜氨纤维、聚丙烯酸钠、天丝（Tencel）纤维、丙二醇脂肪酸酯等。

第一节　功能性纤维素成形纸制作和功能性沟槽滤棒成形技术

沟槽滤棒纤维素成形纸是一种新型烟用丝束包覆材料，是为配合烟草行业对卷烟降焦的要求而研制的新型特种纸，可与普通滤棒成形纸、高透滤棒成形纸及打孔接装纸配套使用，由于产品表面有皱折，使用时需要压楞起槽，故也称为滤棒瓦楞原纸。由于其流通范围小、产品用量少，而未受广泛关注，因此在国家标准中没有真正的定义和命名。在烟草行业中由于其使用功能而产生的名字较多，如沟槽纸、瓦楞纸、纤维素纸等。由于其降焦效果明显，在许多高档卷烟中都采用纤维素成形纸制成的沟槽滤棒。其具有对焦油截滤率高、防伪、外观新颖三大功能，但对烟气某些有害成分如苯酚和巴豆醛的

降低率却非常小。如何以沟槽棒为基础，对纤维素成形纸进行功能改进，将功能材料有效地嵌合在纤维素成形纸上，使得纤维素成形纸除了传统的包覆丝束作用外，还能选择性降低烟气有害成分，是决定显著降低卷烟烟气有害物质的功能材料能否在卷烟工艺上有效实施的关键。本章主要研究功能涂料的制备与功能涂料在纤维素成形纸上凹版印刷压涂，使得功能性纤维素成形纸在低焦油规格卷烟产品上能够高效选择性降低烟气苯酚和巴豆醛的释放量。

一、纤维素成形纸功能涂料的制备

经过反复实验，综合考虑纤维素成形纸功能涂料对卷烟烟气有害成分巴豆醛和苯酚等的选择性减害效果，同时满足涂布质量和涂布操作的要求，如涂料的流变性、黏度、渗透性、浓度等。涂料的这些特性取决于涂料的配方、配比和它们之间的适应性。选择合适的功能材料既可保证纤维素成形纸的透气性，令其物性不受影响，又不会使滤棒成形过程中出现变形，也不会影响滤棒黏接强度。功能涂料配方是根据卷烟烟气选择性减害要求、涂布要求、涂布设备和操作等因素综合考虑而定的。

二、功能纤维素成形纸的制备

1. 功能纤维素成形纸的制备工艺

涂布是在原纸的表面涂刷涂料的一种加工方法，原纸经过涂布加工处理，可以获得很好的表面状况，改善原纸的印刷适应性、防护性能和装饰性能。如果使用特殊的涂料，还可以赋予原纸特殊性能。自改革开放以来，凹版印刷技术在国内发展极其迅速，自动化程度高，操作方便，适用于多色印刷是该技术独特的优点。上述制备的功能涂料经过凹版印刷技术压涂在纤维素成形纸上，凹版印刷涂布工艺示意图如图 9-1 所示。

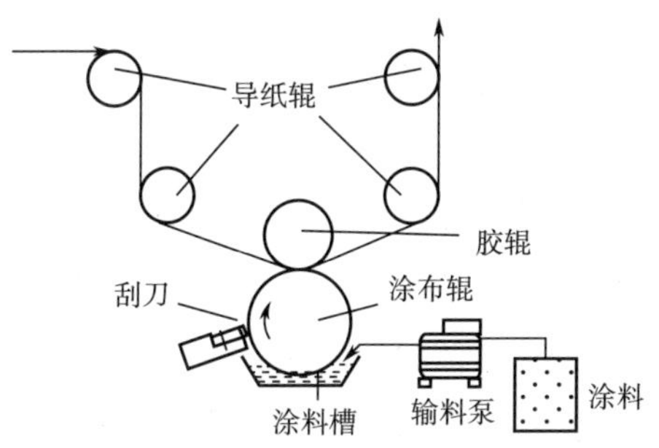

图 9-1　凹版印刷压涂流程示意图

功能纤维素成形纸凹版印刷压涂工艺流程通过输料泵将涂料匀速地输入涂料槽中，以保证涂料槽料液一定的液面。涂布辊是一经过特殊设计的转辊，其表面均匀地刻有很小的网孔，网孔的大小根据纤维素成形纸上墨量的要求而设定，涂布辊转动时，涂料槽的料液进入网孔内，然后经不锈钢刮刀将过量的涂料刮落，纤维素纸经过导纸辊后与涂布辊相切，涂布辊上的涂料压涂在原纸上，功能材料在原纸表面形成一层组织均匀、厚度一致的涂布层，然后经导纸辊进入干燥系统进行干燥，最后卷成功能纤维素成形纸。

2. 纤维素成形纸涂布工艺调节

（1）涂布辊转速调节　涂布时，功能涂料由涂布辊把涂料从涂料槽中带起，经过刮刀、胶辊将功能涂料压涂在纤维素成形纸的原纸表面，原纸表面所黏附的涂料量与涂布辊的转速和涂料的黏度有关。当涂料的黏度一定时，涂布辊的转速越快，单位时间向纸面转移的涂料越多，从而可以增加涂布量；若转速减慢，涂布量将随之降低。根据实际的功能涂料性质需要现场调节涂布辊转速以期达到最优涂布效果。

（2）功能涂料物性的调节　为了保证涂布质量和涂布操作，对所配制的功能涂料有较多的要求，如涂料的流变性、黏度、渗透性、浓度等。涂料的这些特性取决于涂料的配方、配比和它们之间的适应性。选择合适的功能材料配比即可保证纤维素成形纸的透气性，原纸物性不受影响，又不会使滤棒成形过程中出现变形，也不会影响滤棒黏接强度。项目所开发的功能涂料配方是根据卷烟烟气选择性减害要求、涂布要求、涂布设备和操作等因素综合考虑而定。针对不同的功能材料，经过反复实验，不断调整功能材料和溶剂之间的配比，得到兼顾各要求的最优比例。

（3）送纸速度与张力的调节　在纤维素纸涂布过程中，导纸辊导纸的速度对功能材料在纤维素成形纸上的上墨量及功能纤维素成形纸烘干程度有着很大的影响。速度过快，功能材料在纤维素成形纸上渗透不充分，且在一定的烘干温度下，纤维素成形纸上功能涂料中的溶剂得不到充分的挥发，导致纤维素成形纸下线时检测的上墨量定量不准。速度过慢，虽然功能材料转移效果好，但有可能导致功能纤维素成形纸烘得过干以致使得原纸内的水分流失，对纤维素成形纸的物性有影响。同时在送纸过程中，送纸张力的调节也非常重要，张力太小，送纸不顺畅；张力过大，纸张拉力过大，而纤维素成形纸是一种含大量纤维素，表面粗糙，且有大量褶皱的特种纸，容易导致纤

维素成形纸在纵向和径向双向拉长，影响功能纤维素成形纸的厚度及硬挺度，也易影响后续滤棒成形过程中的沟槽槽形。故在涂布过程中，需要根据功能涂料实际情况进行调整，以达到最优状态。

（4）功能纤维素成形纸的干燥　涂布功能涂料后的纤维素成形纸的干燥是通过对压涂的涂料中溶剂的彻底挥发完成的，需要将溶剂由液态转变为气态，并利用烘干装置将生成的废气排出。通常情况下，加热温度越高，烘干也越快。但温度不能太高，因为温度太高，纤维素成形纸的弹性会发生变化并产生翘曲等现象。另外涂料中溶剂的挥发速度与该表面的空气流动速度也息息相关，表面的空气流动速度越快，则溶剂的挥发速度也越快。由于影响干燥的速度主要有纤维素成形纸表面的温度和纤维素成形纸表面的空气流动速度两个因素。凹版印刷技术中常采用悬挂式干燥装置对纤维素成形纸表面进行单面干燥，该装置利用电热管（红外线）加热，并运用空气动力学原理，利用鼓风机将风较均匀地吹至各个电热管加热部位的纤维素成形纸表面，加速纤维素成形纸表面的热风流动，使纤维素成形纸表面的溶剂快速干燥和挥发。根据功能涂料中溶剂的选择调整烘干体系的温度和送纸速度，以确保功能纤维素成形纸从涂布线上收卷时溶剂挥发干净且原纸水分没有损失。在实际涂布过程中，采取两种检测方法测定功能材料在纤维素成形纸上的上墨量，并参考这二者数据以确定功能纤维素纸下线是否烘干。首先对原纸取样称取定量 $m_{原纸}$，功能纤维素成形纸涂布经烘箱下线取样称取定量 $m_{功能纤维素纸}$，再将两种纸样放进实验室烘箱 120℃，90min 进行烘干，分别称取纸样的净干质量 $m'_{原纸}$、$m'_{功能纤维素成形纸}$，如果 $m_{功能纤维素纸}-m_{原纸}=m'_{功能纤维素纸}-m'_{原纸}$，则说明纤维素成形纸经过涂布烘干环节收卷时功能涂料中的溶剂全部挥发且原纸水分没有丢失。

（5）功能纤维素成形纸的熟化　功能涂料经过涂布工艺转移至纤维素成形纸表面，经过涂布烘箱环节将溶剂挥发，但是因为纤维素成形纸的固有特性，其纤维素含量高、具有一定厚度、表面粗糙，功能材料需要一定的时间才能充分扩散到纤维素成形纸内部，这就需要涂布下线后的纤维素成形纸进行存放熟化，以期功能材料不浮留在表面而是达到彻底的扩散平衡。这对后续的滤棒成形过程中接纸环节或压槽环节具有重要的实际意义，如若熟化不彻底，滤棒成形过程中接纸时因为功能材料浮留在纤维素成形纸表面导致接纸不牢固、容易断纸导致停机，另外功能材料浮留在纤维素成形纸表面也可能导致轧辊压槽不清晰，槽形不清楚进而滤棒成品检测不合格。为此课题组进行了长时间的摸索实验，分别对下线的功能纤维素成形纸进行3，7，10，15，20d不同存放时间滤棒成形过程中接纸情况和沟槽成形情况考察，最后确定涂布功能材料后的纤维素成形纸存放15d基本能达到滤棒成形过程工艺要求。

（6）产品性能　功能纤维素成形纸的表面因负载了一层功能材料，当卷烟主流烟气通过滤嘴时，分布其上的功能材料因其特殊的物理化学性质，对烟气中的有害成分能选择性地降低或去除。以原纸上涂布乙酰丙酸（APA）与聚乙二醇（PEG）复配功能材料为例，对其进行卷烟辅料质量检测，各检测项目指标如表9-1所示。

表9-1　　功能纤维素成形纸性能

检测项目	涂布APA与PEG
定量/(g/m^2)	86.5
透气度/CU	839
厚度/μm	201.8
水分/%	7.0
宽度/mm	22.4
白度/%	85.3

由表9-1可知，在原纸上涂布一层功能涂料，除了纤维素成形纸的定量增加外，对其他的参数没有太大影响。

功能纤维素成形纸的制作技术包括纤维素成形纸功能涂料的制备和功能涂料在原纸上的压涂、功能涂料的烘干、涂布工艺参数的调节、功能纤维素成形纸的熟化与分切。首先将功能材料与溶剂充分混合均匀，制成选择性减害涂料。并研究涂布机凹版涂布技术，即将功能涂料压涂在纤维素成形纸上，再经过合适的工艺温度进行烘干处理，熟化后经分切机分切成功能纤维素成形纸。研究确定涂料的制作工艺和压涂工艺，通过实验确定最佳的涂料送料压力（0.3Pa）、压涂机转速（70m/min）和纤维素成形纸烘干温度。同时经过反复实验确定各种功能涂料最佳配比、上墨量检测方法与熟化时间。该技术通过功能涂料的研制及凹版印刷压涂的研究成功地解决了功能涂料负载在纤维素成形纸上的工艺可行性问题，并且功能涂料在纤维素成形纸上体现了很好的稳定性。

3. 功能沟槽滤棒成形技术研究

功能纤维素成形纸沟槽滤棒由于只是在原有滤棒生产线的基础上改变纤维素成形纸，固有滤棒成形过程中，无需对成形工艺设备进行调整，即可进行沟槽滤棒成形。以下主要研究沟槽滤棒成形工艺参数及功能纤维素成形纸适应性调整。

以滤棒吸阻、外观、圆度和硬度为主要指标，以现有滤嘴成形设备为基础，成功完成对功能纤维素纸沟槽滤嘴的成形技术研究，解决沟槽滤棒成形过程中出现的爆口、塌槽、毛边等现象，确保功能纤维素成形纸沟槽滤棒的工艺可行性。该技术研制的功能纤维素成形纸在滤棒成形车间进行沟槽滤棒成形时的各项工艺参数如表 9-2 所示，有槽部分与无槽部分的长度比为 22∶6。沟槽滤棒的制备技术标准及质量判定如表 9-3 所示。

表 9-2　　功能沟槽滤棒生产工艺参数

项目	工艺参数
环境温度/℃	23±2
环境相对湿度/%	60±5
气体压力/MPa	≥0.5
预拉辊压/MPa	0.10±0.02
比例辊压/MPa	0.25±0.02
进给辊压/MPa	0.25±0.02
主电机速度/(m/min)	210.0±1.0
胶箱温度/℃	135.0±1.5
胶管温度/℃	155.0±1.5
胶嘴温度/℃	165.0±1.5
成形温度/℃	250（−15~0）
纤维素成形纸预加温度/℃	60
制冷温度/℃	15.0±0.5
开松比	1∶1.25
三醋酸甘油酯施加比例/%	7~8
热熔胶施加量/(g/min)	≥7.0
丝束展幅宽度/mm	225±25

注：①三醋酸甘油酯施加比例为三醋酸甘油酯用量与丝束质量之比。

②冬天、春天按以上标准执行；夏天、秋天时，热熔胶箱、胶管、胶嘴温度各下降 5℃。

③气温低于 20℃时，纤维素成形纸必须放置车间平衡 1h 以上。

表 9-3　　沟槽滤棒技术标准及质量判定

<table>
<tr><th rowspan="2">项目单位</th><th colspan="4">标准及质量判定</th></tr>
<tr><th>标准</th><th>合格</th><th>预警（ST）</th><th>不合格</th></tr>
<tr><td>圆周/mm</td><td>23.98±0.15</td><td>$A \leq 3$</td><td>—</td><td>$A>3$</td></tr>
<tr><td>吸阻/Pa</td><td>2550±150</td><td>2550±150
$A \leq 3$</td><td>2550±150
$A>3$</td><td>2550±200
$A>3$</td></tr>
<tr><td>圆度/mm</td><td>≤0.35</td><td>$A \leq 3$</td><td>$3<A<6$</td><td>$A \geq 6$</td></tr>
<tr><td rowspan="2">硬度/%</td><td rowspan="2">90.0±3.0</td><td colspan="3">硬度小于86.5%的支数大于2支为不合格
硬度小于87.0%，及大于93%范围内</td></tr>
<tr><td>$A \leq 3$</td><td>$3<A<6$</td><td>$A \geq 6$</td></tr>
<tr><td>长度/mm</td><td>112.0±0.5</td><td>$A \leq 3$</td><td>—</td><td>$A>3$</td></tr>
<tr><td>沟槽位置漂移/mm</td><td>9.0±1.0</td><td>$A \leq 3$</td><td>—</td><td>$A>3$</td></tr>
<tr><td>水分/%</td><td>≤8.0</td><td colspan="2">—</td><td>>8.0</td></tr>
<tr><td>定量/(g/20支)</td><td>15.60±0.20</td><td colspan="3">—</td></tr>
</table>

注：①质量判定中，A 为滤棒检测值超过标准范围的支数。

②19mm+9mm（沟槽滤芯+空白滤芯），切割形式为一切四，烟支接装后沟槽向外，分切后端面沟槽清晰、均匀，不应有大沟槽或无沟槽等。

三、功能涂布材料筛选

试制样的制备：筛选的材料如若是纤维，则称取定量的纤维直接添加到人工唇捕集器中（图 9-2）；如若是试剂则通过添加水、乙醇或其他有机试剂制备成溶剂，对纤维素成形纸进行实验室涂布，然后烘干、剪切成碎末状，取定量的功能纤维素成形纸装填在人工唇测评装置中。

对比样的制备：将空白的纤维素成形纸剪切成碎末状取定量装填在人工唇模拟状的不锈钢空腔管中，然后接吸烟机进行烟支烟气的抽吸。

图 9-2　降低烟气巴豆醛释放量纤维素成形纸功能材料人工唇测评模拟装置

在吸烟机吸烟过程中，烟气通过捕集器时首先经过装填有功能纤维素成形纸的人工唇，烟气与功能纤维素成形纸接触，纤维素上的功能材料对烟气巴豆醛进行物理吸附或化学吸附以达到截留烟气巴豆醛的效果。利用人工唇测评模拟装置的便利性，筛选一系列材料通过人工唇定性了解对烟气巴豆醛释放量的影响效果。人工唇测评装置检测功能纤维素成形纸降低卷烟主流烟气巴豆醛释放量结果如表 9-4 所示。

表 9-4　　人工唇检测功能纤维素成形纸降低烟气巴豆醛释放量

样品	人工唇检测功能纤维素成形纸添加量/g	吸阻/Pa	巴豆醛降低率/%
PTTA（1）	0.079	980	25.5
OPTI（1）	0.072	1049	30.7
CA（1）	0.074	970	19.8
KJT（1）	0.074	1019	20.6
TEC（1）	0.074	1029	25.4
GAS（1）	0.076	1019	23.3
BEC（乙醇溶液）	0.076	990	12.2
没食子酸丙酯	0.074	1000	29.9
三聚甘油单硬脂酸甘油酯	0.076	1029	22.8
双乙酰酒石酸单双甘油酯	0.075	1019	21.8
聚丙烯酸	0.073	1009	23.1
KH570	0.075	1029	29.4
聚丙烯酰胺阴离子	0.074	1019	19.4
羟乙基纤维素 1000~1500	0.110	1009	12.7
羟乙基纤维素 5000~6400	0.105	990	21.1
羟乙基纤维素 250~450	0.074	1029	11.7
微晶纤维素	0.075	1019	13.7
羧甲基纤维素	0.074	1049	
聚乳酸纤维	0.075	1039	13.6
聚丙烯酰胺	0.074	1029	13.8
磷酸氢二钠	0.076	1019	7.4

续表

样品	人工唇检测功能纤维素成形纸添加量/g	吸阻/Pa	巴豆醛降低率/%
磷酸二氢钾	0.072	1000	15.5
甲壳素黏胶纤维	0.074	990	9.8
天丝（Tencel）纤维	0.076	1029	8.9
铜氨纤维	0.075	1000	11.0
竹纤维	0.073	1009	6.3
聚丙烯酸钠	0.078	990	8.1
丙二醇脂肪酸酯	0.075	1049	8.6

功能材料 PTTA、CA、KJT、TEC、GAS、OPTI、BEC、没食子酸丙酯、三聚甘油单硬脂酸甘油酯、双乙酰酒石酸单双甘油酯、聚丙烯酸、KH570 制备成功能溶剂后对纤维素成形纸进行实验室涂布，装填在人工唇空腔管内对卷烟主流烟气巴豆醛释放量的影响显著，降低巴豆醛释放量分别达到 25.5%，19.8%，20.6%，25.4%，23.3%，30.7%，12.2%，29.9%，22.8%，21.8%，23.1%，29.4%。

依据人工唇模拟装置定性的检测结果，项目组挑选前六种试剂，改变功能涂料浓度对纤维素成形纸实验室涂布，使得功能材料在纤维素成形纸上的涂布量逐渐增加，然后进行人工唇模拟抽吸分析烟气巴豆醛释放量。结果（表 9-5）表明，改变上述六种功能材料溶剂的浓度对纤维素成形纸实验室涂布后，利用人工唇检测的烟气巴豆醛结果表明筛选的六种功能材料无论是定性还是定量都能确定对烟气巴豆醛具有较好的降低效果，而且随着功能材料溶剂浓度的增加，功能材料在纤维素成形纸上的上墨量增加，对烟气巴豆醛的降低效果逐步增加。

表 9-5　人工唇检测纤维素纸功能材料浓度对烟气巴豆醛降低效果的影响

样品	人工唇检测功能纤维素成形纸添加量/g	吸阻/Pa	巴豆醛降低率/%
PTTA（1）	0.079	980	25.5
PTTA（2）	0.082	960	31.2
PTTA（3）	0.085	941	15.9

续表

样品	人工唇检测功能纤维素成形纸添加量/g	吸阻/Pa	巴豆醛降低率/%
OPTI（1）	0.072	1049	30.7
OPTI（2）	0.075	1058	23.4
OPTI（3）	0.076	990	10.6
CA（1）	0.074	970	19.8
CA（2）	0.076	1000	17.2
CA（3）	0.077	1029	15.5
KJT（1）	0.074	1019	20.6
KJT（2）	0.076	960	22.5
KJT（3）	0.082	990	12.8
TEC（1）	0.072	1029	25.4
TEC（2）	0.074	1000	18.5
TEC（2）	0.075	1019	15.0
GAS（1）	0.072	1019	23.3
GAS（2）	0.074	970	29.6
GAS（3）	0.076	960	17.8

将这些功能材料进行复配后（功能溶剂配比 1：1）对纤维素成形纸进行实验室涂布，人工唇实验检测其烟气巴豆醛降低结果如表 9-6 所示。

表 9-6　人工唇检测功能材料复配纤维素成形纸烟气巴豆醛降低结果

样品	人工唇检测功能材料复配纤维素成形纸添加量/g	吸阻/Pa	巴豆醛降低率/%
CA+TEC	0.075	1019	23.2
KJT+BEC	0.074	1000	15.6
GAS+BEC	0.074	1019	21.8
PTTA+BEC	0.075	1029	26.5
CA+BEC	0.074	1039	11.9

由表 9-6 可知，筛选的功能材料复配后对纤维素成形纸进行实验室涂布，

利用人工唇模拟装置，对烟气巴豆醛仍具有显著降低作用，这为后续工业化涂布纤维素成形纸筛选功能材料提供了坚实的实验数据。

第二节　功能性沟槽滤棒纤维素成形纸在降低烟气巴豆醛释放量上的应用

一、功能涂料种类对烟气巴豆醛释放量的影响

根据人工唇实验结果，筛选降低巴豆醛效果的较好试剂对纤维素成形纸进行工业化涂布，然后进行单沟槽（有槽部分与无槽部分的长度比均为22∶6）滤棒成形后卷烟（具体样品见后文）检测。

1. 单一功能涂料涂布

（1）烟气分析结果　主流烟气巴豆醛和焦油释放量分析结果（表9-7）显示，在纤维素成形纸上涂布功能材料TEC、KJT、BEC、CA和OPTI的样品21#（TEC）、22#（KJT）、23#（BEC）、24#（CA）、27#（OPTI）能显著降低烟气巴豆醛释放量，降低率分别为17.9%，26.3%，29.0%，27.7%，34.7%。扣除对焦油的降低效果，涂布TEC、KJT、BEC、CA和OPTI的样品对烟气巴豆醛选择性降低效果分别是6.2%，21.4%，26.5%，11.9%，30.3%，尤其是OPTI、BEC和KTJ对巴豆醛具有高选择性降低作用，结果见图9-3。

表9-7　　单沟槽功能滤棒对烟气影响

样品	功能组分	烟碱/（mg/支）	焦油/（mg/支）	焦油降低率/%	巴豆醛/（μg/支）	巴豆醛降低率/%	巴豆醛选择性降低率/%
对照1	—	1.0	10.9	—	17.0	—	—
19#	磷酸二氢钾	0.9	10.0	8.3	14.6	14.4	6.1
20#	聚丙烯酸	0.9	10.0	7.9	14.8	13.3	5.4
21#	TEC	1.0	9.6	11.7	14.0	17.9	6.2
22#	KJT	1.1	10.4	4.9	12.6	26.3	21.4
23#	BEC	1.0	10.6	2.6	12.1	29.0	26.5
24#	CA	0.9	9.2	15.7	12.3	27.7	11.9
25#	PTTA	1.0	9.5	12.3	14.6	14.4	2.1
26#	磷酸二氢钠	1.0	10.0	7.8	14.9	12.8	5.1

续表

样品	功能组分	烟碱/（mg/支）	焦油/（mg/支）	焦油降低率/%	巴豆醛/（μg/支）	巴豆醛降低率/%	巴豆醛选择性降低率/%
对照 2	—	0.9	9.6	—	—	—	—
27#	OPTI	1.0	9.2	4.4	11.1	34.7	30.3
28#	抗坏血酸	1.0	9.1	5.3	14.8	12.9	7.6

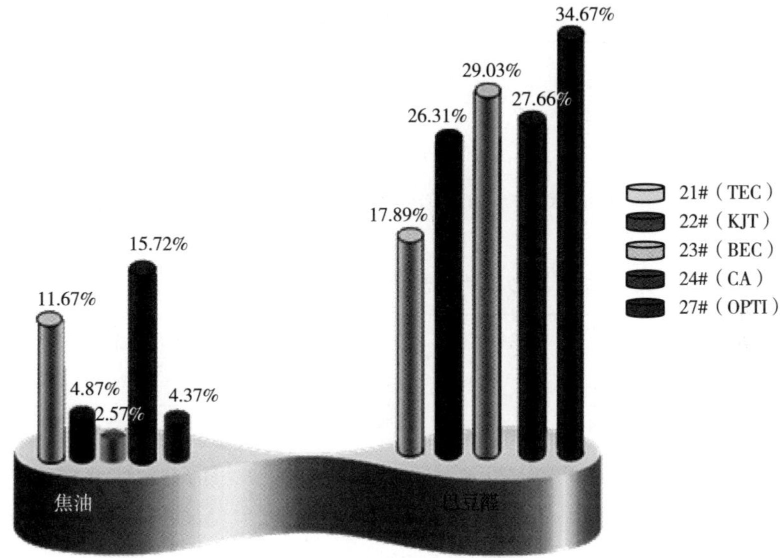

图 9-3　五种功能沟槽滤棒对烟气焦油和巴豆醛的影响

对降低烟气巴豆醛释放量效果好的涂布 OPTI、BEC 和 KTJ 的卷烟和对照样 7 种成分分析结果（图 9-4）表明，在纤维素纸上涂布 KJT 和 OPTI 功能材料分别能够降低巴豆醛 16.3%和 25.7%，对巴豆醛选择性降低率为 23.3%和 35.0%，此外，KJT 和 OPTI 还能显著降低烟气 HCN 54.2%和 56.2%，降低苯酚 6.1%和 26.2%。

（2）感官评价结果　对涂布 TEC、KJT、BEC、CA 和 OPTI 的卷烟样品 21#，22#，23#，24#，27#功能沟槽滤棒卷烟和对照样进行感官质量评吸，结果（表 9-8）显示，涂布 TEC、KJT、BEC、CA 和 OPTI 的卷烟样品与对照样相比，卷烟抽吸内在品质没有明显的负面影响。

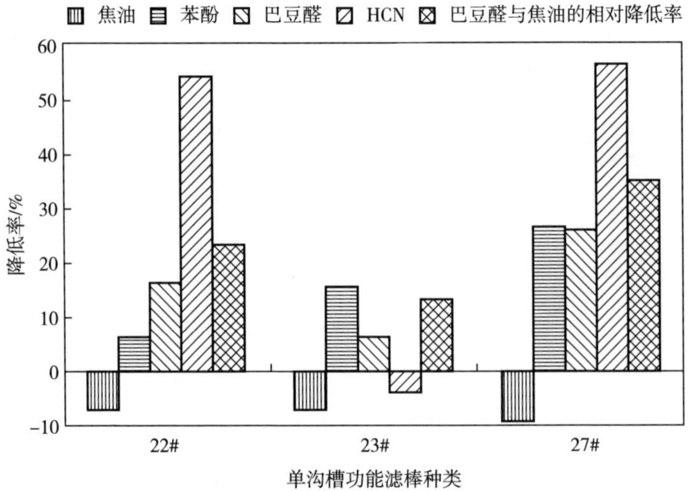

图 9-4 三种单沟槽功能滤棒对烟气焦油、苯酚、巴豆醛和 HCN 的影响

表 9-8 功能纤维素成形纸单沟槽滤棒卷烟感官质量评吸结果

样品	材料	光泽(5)	香气(32)	谐调(6)	杂气(12)	刺激性(20)	余味(25)	合计(100)
对照	—	5.0	30.5	5.1	11.0	18.0	22.9	92.4
21#样	TEC	5.0	30.3	5.1	11.0	17.8	22.7	91.8
22#样	KJT	5.0	30.3	5.0	11.0	18.0	22.9	92.1
23#样	BEC	5.0	30.3	5.0	11.0	17.9	22.8	92.0
24#样	CA	5.0	30.5	5.1	11.0	18.0	22.9	92.1
27#样	OPTI	5.0	30.4	5.0	10.9	17.9	22.8	92.0

2. 功能涂料复配涂布

（1）烟气分析　将功能材料 OPTI 与 TEC、KJT、BEC、PTTA、乙酸进行复配，在纤维素成形纸上涂布，然后制备成功能单沟槽滤棒，考察对卷烟常规烟气和有害成分烟气的影响，结果见表 9-9~表 9-11。

研究表明，实验功能材料 OPTI 与 TEC、KJT、BEC、PTTA、乙酸进行复配后对纤维素成形纸涂布改性，制备成功能沟槽滤棒，烟气焦油均上升约 5%以上，与前文研究结果有所不同，可能是检测造成的差值。无论 OPTI 是单独对纤维素成形纸涂布还是和其他功能材料如 TEC、KJT、BEC、PTTA、乙酸复配对纤维素成形纸涂布，制备成功能沟槽滤棒卷烟均能显著降低烟气巴豆醛

的释放量，降低效果分别是 36.8%，35.4%，24.9%，31.1%，30.2%，29.2%，对烟气巴豆醛选择性降低效果分别是 42.2%，41.9%，32.7%，37.2%，39.5%，35.7%。同时，功能材料 OPTI 及与其他材料复配后制备成的功能沟槽滤棒卷烟在降低烟气巴豆醛的同时更能显著降低烟气 HCN 的释放量，降低效果分别是 50.4%，44.5%，54.7%，41.3%，59.4%，58.3%。

对烟气羰基化合物的影响研究表明，OPTI 单独或与 TEC、KJT、BEC、PTTA、乙酸进行复配制备成功能沟槽滤棒，在降低烟气巴豆醛释放量的同时还能更显著地降低羰基化合物甲醛的释放量，分别是 66.1%，52.7%，43.5%，38.0%，52.4%，41.6%。

表 9-9　　OPTI 与其他材料复配对烟气的影响

样品	功能涂料（质量比）	焦油/（mg/支）	CO/（mg/支）	氨/（μg/支）	B［a］P/（ng/支）	HCN/（μg/支）	苯酚/（μg/支）	巴豆醛/（μg/支）
对照	—	9.2	11.9	8.6	15.6	91.8	11.3	17.0
28#	OPTI	9.7	12.0	8.8	12.6	45.6	11.0	10.8
29#	OPTI：TEC=3：1	9.8	11.7	8.5	14.8	50.9	10.9	11.0
30#	OPTI：KTJ=3：2	10.0	12.4	8.1	13.8	41.6	9.3	12.8
31#	OPTI：乙酸=4：1	9.8	11.8	9.8	14.3	54.0	11.7	11.7
32#	OPTI：BEC=3：1	10.1	12.2	8.4	13.2	37.3	10.4	11.9
33#	OPTI：PTTA=6：1	9.8	11.8	7.7	11.8	38.3	10.5	12.1

表 9-10　　涂布功能涂料后焦油、HCN、巴豆醛降低率

样品	功能涂料（质量比）	焦油降低率/%	HCN降低率/%	巴豆醛降低率/%	巴豆醛选择性降低率/%
对照	—	—	—	—	—
28#	OPTI	−5.4	50.4	36.8	42.2
29#	OPTI：TEC=3：1	−6.5	44.5	35.4	41.9
30#	OPTI：KTJ=3：2	−7.8	54.7	24.9	32.7
31#	OPTI：乙酸=4：1	−6.1	41.3	31.1	37.2
32#	OPTI：BEC=3：1	−9.3	59.4	30.2	39.5
33#	OPTI：PTTA=6：1	−6.5	58.3	29.2	35.7

表 9-11　OPTI 与其他材料复配对羰基化合物的影响

样品	甲醛/(μg/支)	乙醛/(μg/支)	丙酮/(μg/支)	丙烯醛/(μg/支)	丙醛/(μg/支)	巴豆醛/(μg/支)	2-丁酮/(μg/支)	丁醛/(μg/支)
对照	99.0	584.3	261.3	67.6	38.6	17.0	54.7	26.1
28#	33.6	495.2	261.2	58.8	33.2	10.8	52.2	25.7
29#	46.8	479.7	252.3	56.2	31.6	11.0	50.2	25.2
30#	55.9	521.7	281.7	60.5	38.1	12.8	58.3	26.9
31#	61.4	429.1	235.2	46.0	30.0	11.7	51.5	23.0
32#	47.1	485.0	275.3	57.7	34.4	11.9	57.2	25.9
33#	57.9	376.9	204.6	41.7	25.7	11.6	45.2	19.2

（2）感官评价结果　感官质量评价结果（表 9-12）表明，与对照相比，OPTI 与乙酸复配后对烟气余味、杂气影响较为明显，而其他复配对感官影响较小。OPTI 与 BEC 复配后制备功能滤棒卷烟与对照样相比内在吸食品质最为接近，其次为 OPTI 与 KJT 复配和单独使用 OPTI。

表 9-12　功能性沟槽滤棒卷烟感官质量评吸结果（上墨量 13.0g/m^2±1.0g/m^2）

样品	功能涂料(质量比)	光泽(5)	香气(32)	谐调(6)	杂气(12)	刺激性(20)	余味(25)	合计(100)
对照	—	5.0	30.5	5.4	11.0	17.9	22.9	92.7
28#	OPTI	5.0	30.4	5.4	11.0	17.7	22.9	92.4
29#	OPTI：TEC=3：1	5.0	30.4	5.4	11.0	17.8	22.9	92.3
30#	OPTI：KTJ=3：2	5.0	30.3	5.4	11.0	17.9	22.9	92.4
31#	OPTI：乙酸 C=4：1	5.0	30.0	5.5	10.5	18.0	22.5	91.5
32#	OPTI：BEC=3：1	5.0	30.5	5.4	11.0	17.8	22.9	92.6
33#	OPTI：PTTA=6：1	5.0	30.5	5.5	10.5	18.0	22.5	92.0

通过上述研究，筛选出对巴豆醛具有高效降低效果的五种功能材料 TEC，KJT，BEC，CA，OPTI。其中，OPTI 功能沟槽滤棒能够选择性降低烟气巴豆醛超过 30%，同时可显著降低 HCN 和苯酚释放量，对卷烟感官内在质量无明显负面影响。

二、功能材料上墨量对烟气巴豆醛释放量的影响

前文研究表明 OPTI 能够降低烟气巴豆醛、HCN 和苯酚释放量，本节研究

OPTI 上墨量（涂布量）对烟气常规和巴豆醛、HCN、苯酚的影响。

（1）烟气分析结果　如表 9-13 和图 9-5 显示，在纤维素成形纸上功能材料 OPTI 的上墨量不同，对烟气焦油的影响并不明显，但是对烟气巴豆醛、HCN、苯酚的影响非常显著。随着 OPTI 在纤维素成形纸上的上墨量增加，对烟气巴豆醛、HCN、苯酚的降低效果逐步增加。当上墨量由 1.5g/m^2 逐步增加为 5，9，13g/m^2 时，对烟气巴豆醛降低效果由 18.9%逐步增加为 22.7%，29.6%，35.8%；HCN 的降低效果由 28.0%逐步增加为 42.8%，52.4%，57.2%；苯酚的降低效果由-1.0%逐步增加为 0.6%，3.1%，11.3%。

表 9-13　　纤维素成形纸上 OPTI 上墨量对烟气成分的影响

样品	上墨量/（g/m^2）	烟碱/（mg/支）	焦油/（mg/支）	CO/（mg/支）	HCN/（μg/支）	HCN 降低率/%	苯酚/（μg/支）	苯酚降低率/%	巴豆醛/（μg/支）	巴豆醛降低率/%
对照	—	0.9	9.0	12.1	87.6	—	10.1	—	17.1	—
34#	1.5	1.0	9.1	12.4	63.1	28.0	10.2	-1.0	13.9	18.7
35#	5	0.9	8.8	12.2	50.2	42.8	10.1	0.6	13.2	22.7
36#	9	1.0	9.1	12.4	41.7	52.4	9.8	3.1	12.0	29.6
37#	13	1.0	9.0	11.9	37.5	57.2	9.0	11.3	11.0	35.8

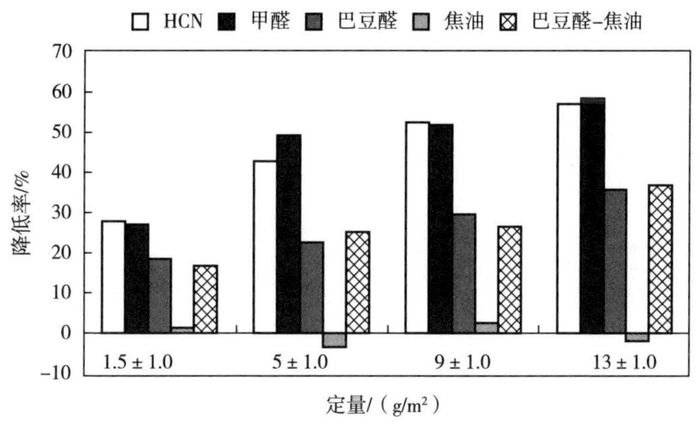

图 9-5　纤维素成形纸上 OPTI 不同上墨量对烟气有害成分的影响

（2）感官评吸结果　感官评吸（表 9-14）表明，五种卷烟的抽吸品质基本一致，没有明显的差别。当 OPTI 在纤维素成形纸上上墨量最低时（1.5g/m^2），对烟气抽吸品质几乎没有影响，随着上墨量的增加，感官评析的分数略有降低，当上墨量为 13g/m^2 时，在香气质刺激性方面略弱于对照，但与对照无明显差别。

表 9-14　　OPTI 上墨量对烟气吸食品质的影响

样品	上墨量/(g/m^2)	光泽(5)	香气(32)	谐调(6)	杂气(12)	刺激性(20)	余味(25)	合计(100)
对照	—	5.00	30.50	5.50	11.00	18.00	22.90	92.90
34#	1.5	5.00	30.45	5.35	11.00	17.70	22.90	92.40
35#	5	5.00	30.50	5.40	11.00	17.90	22.90	92.70
36#	9	5.00	30.00	5.50	10.50	18.00	22.50	91.50
37#	13	5.00	30.50	5.35	11.00	17.80	22.90	92.55

三、功能沟槽滤棒存放时间对烟气巴豆醛降低效果的影响

本节考察 OPTI 功能沟槽滤棒卷烟存放时间（第 1 周，第 4 周，第 8 周，第 10 周）对烟气巴豆醛的影响（图 9-6）。涂布 OPTI 的沟槽样品在存放 10 周内，对烟气巴豆醛的降低率保持在 25%～40%，降低烟气巴豆醛效果显著，说明存放时间不会对 OPTI 功能材料降低烟气巴豆醛的效果有影响。

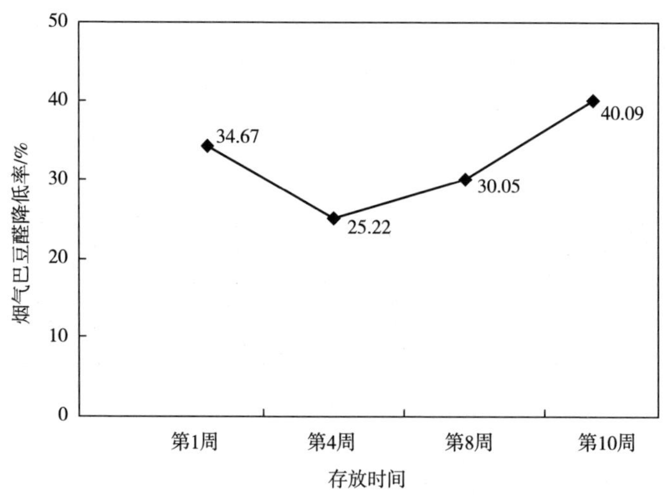

图 9-6　OPTI 功能沟槽滤棒存放时间对烟气巴豆醛的影响

参考文献

[1] 邓照西，冷一欣，蒋彩云．醋酸丁酸纤维素合成研究［J］．化学应用与研究，2008，20（4），418-421.

[2] 韩富根．烟草化学［M］．北京：中国农业出版社，2010.

[3] 贾雪平，杨春．表面功能化的介孔分子筛 SBA-3 的表征［J］．化学学报，2002（9）：1596-1600.

[4] 聂聪，赵乐，彭斌，等．应用后合成法制备的胺基功能化材料降低卷烟主流烟气中挥发性羰基化合物研究［J］．中国烟草学报．2010，16（增）：50-54.

[5] 聂聪，赵乐，彭斌，等．卷烟滤嘴添加剂减害性能模拟评价装置［P］．CN20134965.0，2006.

[6] 谢剑平，刘惠民，朱茂祥，等．卷烟烟气危害性指数研究［J］．烟草科技，2009，2：5-15.

[7] 谢剑平．卷烟危害性评价原理与方法［M］．北京：化学工业出版社，2009.

[8] 徐如人，庞文琴，等．分子筛与多孔材料化学［M］．北京：科学出版社，2004.

[9] 余晶晶，王昇，王冰，等．LC-ESI-MS/MS 法检测卷烟滤嘴中 8 种挥发性羰基化合物［J］．烟草科技，2013（9）：41-48.

[10] 张一平，费金华，于英民，等．介孔分子筛 SBA-15 表面的胺基功能化［J］．石油学报（石油加工），2006（10）：35-37.

[11] 郑珊，高濂，郭景坤．温和条件下介孔分子筛 MCM-41 的修饰与表征［J］．无机材料学报，2000（10）：844-848.

[12] Antonelli D M，Ying J Y. Mesoporous materials［J］. Corr. Opin. Colloid. Interface. Sci.，1996，1：523-529.

[13] Baker，R R. Temperature variation within a cigarette combustion coal during the smoking cycle［J］. High Temp Science，1975，7：236-247.

[14] Baker，R R. Variation of the gas formation regions within a cigarette combustion coal during the smoking cycle［J］. Beitr Tabakforsch，1981，11（1）：1-17.

[15] Baker R R，Bishop L J. The pyrolysis of tobacco ingredients［J］. J Anal Appl Pyrol，2004，71：223-311.

[16] Baker R R. The generation of formaldehyde in cigarettes-Overview and recent experiments［J］. Food Chem Toxicol，2006，44（11）：1799-1822.

[17] Braun P V，Osenar P，Stupp S I. Semiconducting Superlattices Templated by Molecular Assemblies［J］. Nature，1996，380：325-328.

[18] Chen C Y, Li H X, Davis M E, et al. Studies on mesoporous materials: I. Synthesis and Characterization of MCM-41 [J]. Microporous Mater, 1993, 2: 17-26.

[19] Ciesla U, Schacht S, Stucky G D, et al. Formation of a porous zirconium oxo phosphate with a high surface area by a surfactant-assisted synthesis [J]. Angew. Chem, Int. Ed., 1996, 35: 541-543.

[20] Fan J, Yu C Z, Gao T, et al. Cubic Mesoporous Silica with Large Controllable Entrance Sizes and Advanced Adsorption Properties [J]. Angew. Chem. Int. Ed., 2003, 42: 3146-3150.

[21] Hoffmann D, Hecht S S. Advances in tobacco carcinogenesis [M]. London: Springer Berlin Heidelberg, 1990.

[22] Huo Q S, Leon R, Petroff P M, et al. Mesostructure Design with Gemini Surfactants-supercage Formation in a 3-Dimensional Hexagonal Array [J]. Science, 1995, 268: 1324-1327.

[23] Huo Q S, Margolese D I, Ciesla U, et al. Generalized Synthesis of Periodic Surfactant Inorganic Composite-Materials [J]. Nature, 1994, 368: 317-321.

[24] Huyghues-Despointes A, Yaylayan V A, Keyhani A. Pyrolysis/GC/MS analysis of 1-[(2′-Carboxy) pyrrolidinyl] -1-deoxy-*D*-fructose (proline Amadori compound) [J]. Journal of Agriculture and Food Chememistry, 1994, 42: 2519-2524.

[25] Kazuhisa M, Frank D, Bart T, et al. Analysis of the reaction products from micro-vial pyrolysis of the mixture glucose/proline and of a tobacco leaf extract: Search for Amadori intermediates [J]. Journal of Chromatography A, 2015, 1422: 27-33.

[26] Kimura T, Kamata T, Fuziwara M, et al. Formation of Novel Ordered Mesoporous Silicas with Square Channels and Their Direct Observation by Transmission Electron Microscopy [J]. Angew. Chem. Int. Ed., 2000, 39: 3855-3859.

[27] Kresge C T, Leonowicz M E, Roth W J, et al. A New Family of Mesoporous Molecular-Sieves Prepared with Liquid-Crystal Template [J]. J. Am. Chem. Soc., 1992, 114: 10834-10840.

[28] Kresge C T, Leonowicz M E, Roth W J, et al. Ordered Mesoporous Molecular-Sieves Synthesized by a Liquid-Crystal Template Mechanism [J]. Nature, 1992, 359: 710-712.

[29] Paine J B, Pithawalla Y B, Naworal J D. Carbohydrate pyrolysis mechanisms from isotopic labeling Part 3. The Pyrolysis of D-glucose: Formation of C3 and C4 carbonyl compounds and a cyclopentenedione isomer by electrocyclic fragmentation mechanisms [J]. Journal of Analytical and Applied Pyrolysis, 2008, 82: 42-69.

[30] Perfetti T A, Rodgman A. The complexity of tobacco and tobacco smoke [J]. Beitr Tabakforsch, 2011, 24 (5): 215-232.

[31] Ryoo R, Kim J M, Ko C H, et al. Disordered Molecular Sieve with Branched Mesoporous

Channel Network [J]. J. Phys. Chem., 1996, 100: 17718-17721.

[32] Sakamoto Y, Diaz I, Terasaki O, et al. Three-Dimensional Cubic Mesoporous Structures of SBA-12 and Related Materials by Electron Crystallography [J]. J. Phys. Chem. B, 2002, 106: 3118-3123.

[33] Shunai Che, Alfonso E. G., Toshiyuki Y. A novel anionic surfactant templating route for synthesizing mesoporous silica with unique structure [J]. Nature Materials, 2003, 2: 801-805.

[34] Stucky G D, Huo Q S, Firouzi A, et al. Directed Synthesis of Organic/inorganic Composite Structures [J]. Stud. Surf. Sci. Catal., 1997, 105: 3-28.

[35] Tanev P T, Chibwe M, Pinnavaia T J, et al. A Neutral Templating Route to Mesoporous Molecular-Sieve [J]. Science, 1995, 267: 865-867.

[36] Tanev P T, Chibwe M, Pinnavaia T J, et al. Titanium-Containing Mesoporous Molecular-Sieve for Catalytic-Oxidation of Aromatic-Compounds [J]. Nature, 1994, 368: 321-323.

[37] Toshiyuki Yokoi, Hideaki Y., Takashi T. Synthesis of anionic-surfactant-templated mesoporous silica using organoalkoxysilane-containing amino groups [J]. Chem. Mater. 2003, 15: 4536-4538.

[38] Walter T, Smith J R, Nabeel F, et al. Pyrolysis of valine α-aminobutyric acid and proline [J]. Tobacco Science, 1975, 19: 151-153.

[39] Xie J P. Development of a novel hazard index of mainstream cigarette smoke and its application on risk evaluation of cigarette products [C] //CORESTA Congress, Shanghai, China, 2008, Plenary Session, Invited Paper.

[40] Yu C Z, Yu Y H, Zhao D Y, et al. Highly Ordered Large Caged Cubic Mesoporous Silica Structures Templated by Triblock PEO-PBO-PEO Copolymer [J]. Chem, Commun., 2000, 575-576.

[41] Zhao D Y, Feng J L, Hue Q S, et al. Triblock Copolymer Synthesis of Mesoporous Silica with Periodic 50 to 300 Angstrom Pores [J]. Science, 1998; 279: 548-552.

[42] Zhao D Y, Hue Q S, Feng J L, et al. Nonionic Triblock and Star Diblock Copolymer and Oligomeric Surfactant Syntheses of Highly Ordered, Hydrothermally Stable [J]. Mesoporous Silica Structures, J. Am. Chem. Soc, 1998, 120: 6024-6036.

[43] Zhao D Y, Huo Q S, Feng J L, et al. Novel Mesoporous Silicates with Two-Dimensional Mesostructure Direction Using Rigid Bolaform Surfactants [J]. Chem. Mater, 1999, 11: 2668-2672.